Walter A. Sontag

DAS WILDE LEBEN
DER VÖGEL

Walter A. Sontag

DAS WILDE LEBEN
DER VÖGEL

Von Nachtschwärmern,
Kuckuckskindern und
leidenschaftlichen Sängern

C.H.Beck

Mit 45 Farbabbildungen und 2 Schwarz-Weiß-Abbildungen

© Verlag C.H.Beck oHG, München 2020
www.chbeck.de
Umschlaggestaltung: Rothfos & Gabler, Hamburg
Umschlagabbildungen: Verschiedene Kuckucksarten © De Agostini Picture Library /
Bridgeman Images
Satz: Fotosatz Amann, Memmingen
Druck und Bindung: Pustet, Regensburg
Gedruckt auf säurefreiem, alterungsbeständigem Papier
(hergestellt aus chlorfrei gebleichtem Zellstoff)
Printed in Germany
ISBN 978 3 406 74978 0

myclimate
klimaneutral produziert
www.chbeck.de / nachhaltig

Inhalt

Vorwort
Die Einzigartigkeit der Vögel

Vögel sind in Erscheinungsbild und Verhalten außerordentlich verschieden. Das Potpourri ihrer Mannigfaltigkeit reicht von rasanten Flugkünstlern bis zu stummelflügeligen Bodenbewohnern. Spatz und Strauß, Kolibri und Kondor, Pinguin und Albatros: Sie alle haben Platz im Angebot der Lebensräume von den polaren Eiswüsten bis zu den üppigen Tropenwäldern, von der Hochsee bis in höchste Gebirgszonen, von den fernsten Inseln bis in die urbanen Ballungsräume und Metropolen. Es ist diese enorme Mannigfaltigkeit der Lebensformen und Lebensentwürfe, die uns in den Bann ziehen. Dank der modernen Forschungsmethoden stieg die Zahl der bekannten derzeit lebenden Vogelarten auf über zehntausend Spezies an. Sämtliche nur denkbaren Varianten sind möglich zwischen Schlichtheit und farbenprächtiger Extravaganz, zwischen Tarnung und auffälligem Gehabe.

Der Formenfülle entspricht eine ebenso spektakuläre Vielfalt der (Über-)Lebensstrategien: Dauersegler, Meistertaucher, stummelflügelige Versteckkünstler und die große Palette flugfähiger «Standardmodelle». Nächtlichen Einzelgängern stehen schwarmbildende und in Millionenscharen brütende Spezies gegenüber. Neben klassischen Eltern- und Patchworkfamilien haben sich Fortpflanzungsstrategien durchgesetzt, bei denen die Nachkommen vater- oder mutterlos – als parasitäre «Kuckuckskinder» –, ja in einigen Fällen sogar vollkommen selbständig und «elternlos» aufwachsen.

Doch die Mannigfaltigkeit der Arten ist nur die eine Seite. Weit weniger Beachtung fand lange die Tatsache, dass die Vielfalt viel weiter reicht, nämlich bis zum einzelnen Individuum. Wer über längere Zeiträume, etwa über mehrere Jahre, eine Gruppe artgleicher Vogelindividuen, zum

Beispiel Stare, beobachten kann, wird feststellen, dass die vermeintlich nicht unterscheidbaren Gruppenmitglieder über spezielle Eigenheiten verfügen. Mit einem Wort: Sie repräsentieren Persönlichkeiten. Schon im Aussehen finden sich oftmals gewisse Abweichungen, nicht selten sogar auffallende Unterschiede. Und mit dem Verhalten verstärken sich die Verschiedenheiten.

Vor dem Hintergrund eigener Forschungserlebnisse stehen Streifzüge durch diese individuell getönten «Lebensentwürfe», also die mannigfachen Strategien und Taktiken in der Vogelwelt, im Mittelpunkt des Buches. Der Fundus zahlloser Berichte und vieler Studien bietet schon jetzt tiefe Einblicke. Dabei wird deutlich: Amsel ist nicht gleich Amsel, Kohlmeise nicht gleich Kohlmeise. Lebensalter, Geschlecht, genetische Mitgift, die Zufälligkeit der Umgebung: Sie alle prägen die einzelne Existenz. Der Vorreiter der individualisierten Annäherung war der Schweizer Zoologe Heini Hediger, der Begründer der Tiergartenbiologie und Vertreter einer «empirischen» Tierpsychologie. Jahre später entdeckte schließlich auch die Soziobiologie das tierliche Individuum.

Wie kommt es zu der faszinierenden Vielfalt *innerhalb* der Arten? Was sind die Ursachen, was sind die Vorteile? Ein Beispiel: Heckenbraunellen, gewissermaßen als «graue Mäuse der Vogelwelt» mitten in unseren Gärten präsent, leben monogam oder in polygamen Verhältnissen, sei es in Vielweiberei, Vielmännerei oder in Mehr-Männchen-mehr-Weibchen-Mischehen. Alles ist möglich: Anything goes. Jede dieser Partnerschaften regelt die Fürsorge für Nachkommenschaft in anderer, in eigener Weise. Und so lässt sich in allen Bereichen des Vogelreichs unter den Artgenossen, etwa in der Nahrungssuche, in Abfolge und Verlauf der Lebenszyklen oder der Wanderungen eine Fülle von Alternativen beobachten – vollkommen entgegen dem Bild des sogenannten arttypischen Verhaltens, das mehrere Zoologen-Generationen dominierte. Neue Befunde zeigen beispielsweise, dass der vermeintliche Erfolg des brutschmarotzenden Kuckucks auf äußerst wackeligen Beinen steht: So «tricksen» manche Wirtsvögel den eierlegenden Parasiten aus, attackieren, ja ertränken einzelne Kuckucksweibchen oder lassen den schon fast flüggen Jungvogel schließlich doch noch verhungern.

Zwischen dem Schlupf aus dem Ei und dem letzten Flügelschlag äußert sich ein erstaunlicher Facettenreichtum im zyklischen Geschehen von Heranwachsen, Gefiederwechsel, Fortpflanzung und Ortswechsel.

Der einzelne Vogel oszilliert zwischen Kooperation und Konflikt, oftmals im Arrangement mit einem oder auch mehreren Partnern und oft in der Fürsorge für die eigene Nachkommenschaft. Für den täglichen Daseinskampf kommt eine Vielzahl von Sinnesfähigkeiten zum Einsatz, von der optischen bis zur geruchlichen und magnetischen Wahrnehmung. Die geschnäbelten Akteure stehen durch den enormen Verlust natürlicher Lebensräume und das Wuchern der urbanen Umwelt einer zusätzlichen Herausforderung gegenüber. Wie bewältigen sie die vom Menschen verursachten Veränderungen der Umwelt? Wie gelingt das manchen Arten, manchen Individuen, und warum scheitern andere? Auch das Pendant steht im Visier: Wie reagiert der Mensch auf das Auftreten der Vogelkreatur in seiner Umgebung, oder wie sollte er reagieren?

I. DIE ÜBERWÄLTIGENDE MANNIGFALTIGKEIT

1. Auf der Suche nach der gefiederten Vielfalt

Ein früher Pionier

Und jetzt war alles vorüber, ich hatte nicht ein einziges Exemplar aufzuweisen aus den unbekannten Ländern, die ich durchzogen hatte,
kein Mittel der Rückerinnerung an jene wilden Szenen, denen ich beige-
wohnt. Aber alles Bedauern war, wie ich mir sagen mußte, vergeblich ...»[1]
So lautete das niederschmetternde Resümee des dreißigjährigen Alfred
Russel Wallace (1823–1913) nach dem Brand auf der *Helen,* dem Zweimas-
ter, mit dem der Naturforscher die Reise aus Brasilien zurück in die Heimat angetreten hatte. Rund siebenhundert Meilen von den Bermudas entfernt war der größte Teil seiner Kollektion samt zahlreichen Skizzen und
Notizen den Flammen zum Opfer gefallen. Einen einzigen Papagei konnten die Schiffbrüchigen aus dem Atlantik fischen. In Manaos, dem Ausgangspunkt für die Rückreise zwei Monate zuvor, hatte Wallace noch
34 lebende Tiere besessen, darunter zwei Hellrote Aras (siehe Abb. 1-1
oben links), zwanzig weitere Papageien in zwölf Arten, einen «Fasan» und
einen Tukan.[2] Es müssen Tausende, ja Zehntausende Gegenstände, Pflanzen und Tiere unterschiedlichster Provenienz und Gattung gewesen sein,
die er auf seiner vierjährigen Erkundungstour durch die unerschlossenen
Weiten des Amazonasbeckens zusammengetragen hatte – Fische, Insekten, geschossene Vögel oder schlicht aufgesammelte Weichtiere und
andere Objekte. So wie es ihm einige Jahre später bei der Forschungsfahrt
in die südostasiatische Inselwelt gelingen sollte.

Obwohl ihn das Inferno auf hoher See um die meisten Früchte seiner
Sammel- und Forschungstätigkeit bringt, stellt der Pionier der Evolutions-
forschung gut fünfzig Jahre später in seinen Lebenserinnerungen fest:
«Die Reise war das zentrale und alles beherrschende Ereignis meines
Lebens.» Wo Wallace seinen Fuß hinsetzt oder Stromschnellen bezwingt,

Abbildung 1-1: Vier Vogelarten, denen Wallace in Brasilien begegnet ist bzw. hätte begegnen können. Oben links: Hellroter Ara *(Ara macao)*, Río Esquinas. Oben rechts: Linienspecht *(Dryocopus lineatus)*, Los Chiles am Río Frío. Unten links: Cayenneralle *(Aramides cajaneus avicenniae)*, La Gamba. Unten rechts: Graugelb-Todi *(Todirostrum cinereum)*, La Gamba. Alle Aufnahmen (Costa Rica): Georg Krohne

herrscht noch die pure Wildnis. Hitze, Mücken und Krankheiten machen das (Über-)Leben zu einem wahren Abenteuer. Indigene sind seine oft unberechenbaren und unwilligen Helfer. Im Blätterdach über ihm hausen Faultiere, Wollaffen und Uakaris; Jaguare durchstreifen den Tropenwald; Flussdelphine, Seekühe und Unmengen an Fischen, von Alligatoren umlauert, durchziehen die Gewässer; und das Heer der Gliederfüßer dominiert überall. Von diesem Fluidum lässt er sich vier Jahre lang Tag für Tag umgarnen. Wallace gewinnt Einblicke in die Vielheit der tierischen Bewohner Amazoniens – auf ganz unterschiedlichen Ebenen. Zunächst einmal ist es die Fülle der Arten an sich, seien es Käfer, Schmetterlinge, Affen oder eben die Vögel. Allein unter den Papageien vermag er zwischen Ara und Sperlingspapagei mindestens dreißig verschiedene Vertreter auszumachen, und nicht weniger als 16 Tukanarten begegnen ihm von der Amazonasmündung bis zum Rio Negro. Auch Mitglieder der Gruppe der *Schreivögel* lernt er kennen. Fast ausschließlich auf Lateinamerika beschränkt, umfassen sie nach heutigem Wissen über tausend Arten, also circa ein Zehntel aller lebenden Vogelspezies.[3] Ihr Lauterzeugungsorgan im unteren Kehlkopf kommt mit weniger Muskelpaaren aus als das unserer Singvögel. Dementsprechend «bescheidener» ist ihr Stimmvermögen. Doch gerade wegen der Stimme fällt Wallace einer ihrer Vertreter besonders auf: der schneeweiß gefiederte Einlappenkotinga *(Procnius albus)*. Er lässt um die Mittagszeit seinen Ruf wie eine Glocke erschallen, wenn all die anderen Vögel stumm erscheinen.[4] Im Deutschen heißt er auch Zapfenglöckner, da an seinem Schnabel ein eigenartiges fleischiges Gebilde herunterhängt. Nach heutigem Wissensstand ist er die weltweit stimmgewaltigste Vogelart. Der Schallpegel seines Gesangs von bis zu 125 Dezibel wird von keiner anderen Vogelart auch nur annähernd erreicht.[5]

Das Leib-und-Magen-Thema des englischen Forschungsreisenden bilden freilich die regionalen Verbreitungsmuster der Fauna und die Verbreitungstendenzen einzelner Arten. Folgerichtig führt ihn sein Weg vom gelernten Landvermesser zum Begründer und ersten Architekten der Biogeographie.[6] Doch für die Beantwortung dieses Fragenkreises werden ihm in der Heimat die bei der Schiffskatastrophe vernichteten Tierpräparate und Aufzeichnungen bitter fehlen. Indes gibt es eine weitere Ebene der Mannigfaltigkeit. Da wird Wallace früh fündig, und zwar in der Vogelwelt.[7] Er entdeckt nämlich ihren Variantenreichtum in der äußeren Gestalt und dem Bau der wichtigsten sichtbaren Organe. Gleichzeitig – und das erscheint ihm paradox – sind diese unterschiedlich gebauten Organe offenbar auf die Ausbeutung vollkommen identischer Nahrungsquellen ausgerichtet. «Welche Vögel hätten merkwürdigere und unterschiedlichere Schnabelformen aufzuweisen als der Ibis, der Löffler und der Reiher? Und doch sieht man sie Seite an Seite im Flachwasser desselben Strandes nach derselben Nahrung suchen ...» Die gleiche Überlegung beschäftigt ihn bei den fruchtfressenden Vögeln, die «sich vom selben Baume nähren». Wie lassen sich derartige Rätsel auflösen? Dahinter verbergen sich zutiefst evolutionsbiologische Fragen – nach der Entstehungsgeschichte, nach der Funktion von Körperbau und Verhalten, nach der Konkurrenz der Organismen oder gar ihrem wechselseitigen Nutzen.

Was Wallace bei seiner ersten großen Tropenunternehmung nicht vergönnt war, sollte ihm zwischen Singapur und Neuguinea in überreichem Maße zuteilwerden. Acht Jahre treibt es den überragenden Tier- und Pflanzenkenner durch den Sunda-Archipel, unterteilt in sechzig bis siebzig einzelnen Exkursionen. Was Wallace unprätentiös so bezeichnet, stellt in Wahrheit jeweils eine eigene Expedition dar. Der Ertrag dieser Folge von Entdeckungsfahrten in eine zersplitterte Inselwelt beläuft sich auf über einhunderttausend «naturgeschichtliche Gegenstände». Darunter finden sich mehr als achttausend Vögel. Nun triumphierte die Suche nach der Vielfalt der Organismen.

Wallace ist vom Zauber der niederländischen Besitzungen gepackt, vom landschaftlichen Szenarium, von allem, was lebt, wächst, schillert, sich bewegt. Er studiert die Gepflogenheiten der Eingeborenen wie der Tiere, verhandelt mit Häuptlingen und schickt Jäger aus. Sammeln, sammeln, notieren. Auch wenn er staunend etwa über den Orang-Utan und den Pelzflatterer oder «fliegenden Maki», ein kleines, zum Gleiten befähigtes Säugetier Borneos, berichtet, steht doch die Vogelfauna ganz oben auf der Liste. Auf Sumatra gelangt er in den Besitz einer ganzen Familie des Doppelhornvogels *(Buceros bicornis;* siehe Abb. 11-2).[8] Die Umstände dieser Aquisition sind ein Beweis dafür, dass bei dieser Spezies das Männchen seine in einer Bruthöhle eingemauerte Partnerin und den Nachwuchs mit Nahrung versorgt. Auf Sulawesi trifft er auf den Maleo, das Hammerhuhn *(Macrocephalon maleo),* das seine Eier ohne eigenes Zutun im heißen Lavasand an der Küste ausbrüten lässt.[9] Und auf der Molukkeninsel *Batchian* überbringt ihm sein Diener einen herrlich glänzenden, ihm völlig unbekannten Vogel, an dessen oberer Flügelbiegung vier lange weiße, «standartenartige» Federn entspringen.[10] Damit ist der Bänderparadiesvogel *(Semioptera wallacei;* siehe Abb. 10-3) für die Wissenschaft entdeckt. Überhaupt haben es Wallace die Paradiesvögel angetan. Er, «der einzige Engländer, der diese wundervollen Vögel in ihren Heimatswäldern gesehen und viele derselben erhalten hat»,[11] widmet ihnen später ein eigenes Kapitel. Solche grellen Highlights der Mannigfaltigkeit werden jedoch noch übertroffen von der überwältigenden Dichte ausgeprägter Kontraste und feiner Nuancierungen in Aussehen und Lebensweise seiner Sammel- und Studienobjekte.

Die Ausbeute ist so gewaltig, dass Wallace nach seiner Rückkunft im Frühjahr 1862 nicht einmal die Zeit findet, einen Reisebericht zu verfassen. Er sieht sich von einer Unmenge verpackter Kisten umgeben. Zu Hause stapeln sich dreitausend Vogelbälge von etwa eintausend Arten. Tausend Arten! Das sind weit mehr als sämtliche Brutvogelarten Europas zusammengenommen – wohlgemerkt: nach heutigem Stand! Sechs Jahre wird es dauern, bis Wallace die Niederschrift seiner Aufzeichnungen und Schlussfolgerungen endlich in Angriff nimmt. Doch das Resultat, der umfassende Reisebericht «Der Malaiische Archipel», ist ein bahnbrechendes, bis in die Gegenwart wirksames Dokument über Biogeographie. Für die Nachwelt wird seine Erkenntnis gültig bleiben, dass die schmale Meeresstraße zwischen Bali und Lombok eine markante tiergeographische Trennungslinie zieht. Östlich davon leben Vertreter des indomalaiisch geprägten Asien. Nach Westen zu stößt man dagegen zunehmend auf Vertreter der papuanisch-australischen Region: Kakadus, Paradiesvögel, Großfußhühner, unter den Säugern sogar Beuteltiere und so fort. Für Vogelkundler und Zoologen lässt sich das Inselgewirr bis Neuguinea als verbreitungsgeschichtliche Brücke zum Fünften Kontinent verstehen. Viele Tierformen kommen einzig in diesem «Zwischenreich» vor, mit dessen Bezeichnung *Wallacea* der Name des Entdeckers verewigt ist.

Wallace, mit Darwin einer der Baumeister der Evolutionstheorie, wurde mit zahlreichen Ehrungen und einem langen Leben belohnt. Er benahm sich in der Wissenschaft äußerst integer, man könnte sagen, als englischer Gentleman. Der Risiken seiner Tätigkeit war er sich durchaus bewusst. Schon den Bericht seiner ersten Expedition schloss er – trotz des verhängnisvollen Endes – bescheiden und dankbar mit den Worten: «froh, noch einmal die englische Erde zu betreten». Kein Zweifel: Wallace bleibt bis heute eine der großen, sperrigen Forschergestalten auf dem Weg zur Aufdeckung der überbordenden natürlichen Formenfülle.

Grelles Getöse und metallisches Klicken

Zwei Jahre nach der glorreichen Rückkehr des britischen Evolutionsforschers aus dem malaiischen Archipel erblickte eineinhalbtausend Kilometer weiter östlich der Entdecker einer biologischen Vielfalt ganz anderer Couleur das Licht der Welt: Jakob Johann von Uexküll (1864–1944). Auf Gut Keblas im heutigen Estland geboren, absolvierte der adelige Deutschbalte ein Zoologiestudium an der Universität Dorpat (jetzt Tartu). In der praktischen Forschung wandte er sich vornehmlich Wassertieren zu, von Blutegeln bis Langusten und Seeigeln, doch sein Interesse galt der gesamten Breite des Organismenreichs. In seinen *Streifzügen* durch die Tierwelt bildeten Graugans, Rohrdommel und ihre geschnäbelten Verwandten zentrale Figuren. Uexküll war ein dezidierter Individualist und lebte de facto als ein Privatgelehrter. Doch seine enorme Wachheit für alles Lebende und die Fähigkeit, das Beobachtete in ein umfassendes Konzept zu gießen, machten ihn paradoxerweise gleich in mehreren Disziplinen der Biologie und verwandter Wissensgebiete zu einem einflussreichen Vordenker. Entscheidend war sein Befund, dass ein Tier jeweils nur über eine *eingeschränkte* Wahrnehmung der Umwelt verfügt, und zwar entsprechend seiner biologischen Ausstattung. Infolgedessen hat jedes Tier auch ein eigenes Zeit- und Raumempfinden, sei es nun Affe, Pferd oder Katze. «Ebenso ist die Welt einer Krähe, die eines Wasserhuhns, eines Falken trotz Vogel-Gemeinsamkeiten jeweils spezifisch.» So fasste Adolf Portmann die Sicht Uexkülls als Wegbereiter einer neuen Biologie zusammen.

Bei den Beispielen aus der Vogelwelt griff Uexküll insbesondere auf die Arbeit von Konrad Lorenz zurück, dem zu dieser Zeit gerade aufsteigenden Stern in den Verhaltenswissenschaften. Dessen Untersuchungen an Dohlen, Graugänsen und Staren integrierte er in sein theoretisches Konzept. Ihn faszinierte die Idee, dass beispielsweise eine Dohle (Abb. 5-3) die Artgenossen, je nach Situation, in verschiedenen Rollen wahrnimmt, als unterschiedliche «Kumpane», wie es Uexküll mit Berufung auf Konrad Lorenz nennt. Demnach dominieren in der Kindheit Eltern- und Geschwisterkumpane, später sind es nach dieser Vorstellung die Flug- und sozialen Kumpane, und schließlich hat es die nun erwachsene Dohle mit Geschlechtskumpanen und mit einigem Glück auch mit Kindkumpanen zu tun.[12]

Unter bestimmten Bedingungen lassen sich sogar *Ersatzkumpane* «erwirken». Dies kann zu kuriosen Ergebnissen führen. Uexküll berichtet: «Im Amsterdamer Zoo befand sich ein junges Rohrdommelpärchen, dessen Männchen sich in den Direktor des Zoo ‹verliebt› hatte. Um die Paarung nicht zu hindern, machte er sich längere Zeit unsichtbar. Das hatte den Erfolg, daß das Männchen sich an das Weibchen gewöhnte. Es kam zu einer glücklichen Ehe, und als das Weibchen auf seinen Eiern brütend

Abbildung 1-2: Schleiereulen, weißbäuchige Unterart. Lesbos (Griechenland), 18.9.2014. Aufnahme: Michael Luger

saß, wagte es der Direktor, sich wieder sehen zu lassen. Aber was geschah? Kaum erblickte das Männchen seinen ehemaligen Liebeskumpan, so jagte es das Weibchen vom Neste weg und schien durch wiederholte Verbeugungen anzudeuten, er möge den ihm zukommenden Platz einnehmen und das Brutgeschäft weiterführen.»[13]

Mannigfaltigkeit schlägt sich also nicht allein im Aussehen eines Vogels oder im Erscheinungsbild seines Lebensraums nieder. Was unsereinem zunächst eindeutig oder immergleich vorkommen mag, kann bei verschiedenen Spezies nach vollkommen unterschiedlichen Prinzipien ablaufen. Deutlich wird dies beim Blick auf nachtaktive Vögel, in unseren Breiten etwa die Eulen. Diese meist düster gefärbten Gesellen leben und ernähren sich zwar in demselben Lebensraum wie viele Singvögel und wie nur bei Licht jagende Greife, aber in der Wahrnehmung der Umgebung unterscheiden sich die drei Gruppen grundlegend. Obwohl sie alle über ausgezeichnete Augen verfügen, klafft ihre «Weltsicht» im wahrsten Sinn weit auseinander. Sowohl die Singvögel als auch Habicht und Bussard verlassen sich beim Nahrungserwerb in erster Linie auf ihre Augen. Dagegen ist es etwa beim Waldkauz das Gehör, das bei der Beutejagd die Hauptrolle spielt.[14] Diese Fähigkeit wurde en détail von mehreren Forschern über Jahrzehnte mit großer Intensität an der Schleiereule untersucht, die allerdings ausgesprochen offene, weitgehend baumlose Biotope bevorzugt. Wohl kommt auch sie nicht ohne eine optische Kenntnis des heimatlichen Terrains zum Erfolg.[15] Doch erst die enorme Präzision beim akustischen Lokalisieren der Beute, vorzugsweise einer Maus, macht das Fangglück möglich. Wie ist derartige Genauigkeit erreichbar?

Beginnen wir mit dem Kopfgefieder, das der Schleiereule (siehe Abb. 1-2) den Namen gibt.[16] Der großflächige Gesichtsschleier dient wie die Ohrmuscheln des Menschen der Schallleitung in Richtung der Ohröffnungen. Kaum erstaunen dürfte, dass die Schnecke im Innenohr für Vogelverhältnisse außerordentlich lang und mit rund 16 000 «lauschenden» Haarzellen ungewöhnlich stark bestückt ist. Für die Richtungsbestimmung einer Schallquelle ausschlaggebend ist freilich die asymmetrische Anordnung der beiden Ohren und damit die Fähigkeit zu feinem räumlichem Hören. Denn bei der Richtungsbestimmung kommt es auf die minimalen Abweichungen in der Wahrnehmung zwischen den Ohren an. Die zeitliche Differenz der an den beiden Ohröffnungen ankommenden Wellen liegt im Mikrosekundenbereich! Und ebenso unterscheiden sich die beiderseits eintrudelnden Schallenergien kaum. Die Position einer im Laub raschelnden Maus oder Ratte muss jedoch unter Umständen über ein paar Meter Distanz[17] vertikal *und* horizontal exakt ermittelt werden. Und über diese an sich schon höchst anspruchsvolle Leistung hinaus ist der eigentliche Zweck nicht zu vergessen: Das im Kopf Gehörte gilt es, effizient bis in das Zufassen mit den Fängen umzusetzen. Schließlich sind die ausgewählten Opfer – Wühlmäuse[18], Taschenratten[19] und so fort – auf der Hut und äußerst mobil. Demnach ist keineswegs garantiert, dass der Zugriff auch tatsächlich gelingt.[20] Israelische Forscher nahmen die Erfolgsaussichten genauer unter die Lupe, indem sie zwei Schleiereulen in einer künstlichen Versuchssituation mit verschiedenen Leckerbissen köderten. Lag der gebotene Happen ruhig in der Arena, endete fast jeder Anflug mit dem Einstreichen des Beutestücks.[21] Wurde er jedoch mit einer Schnur, eine laufende Maus imitierend, schnell den Boden entlanggezogen, war lediglich jeder fünfte Versuch von Erfolg gekrönt. Eine gewichtige Rolle spielte dabei die Fortbewegungsrichtung des Opfers. Seitwärts ausscherende Tiere entwischen anscheinend (so gut wie) immer. Jedoch unterstreicht allein die hohe Versorgungsquote mit erjagtem Frischfleisch während der Nestlingszeit die Effizienz dieser Nachtvögel.[22]

Die Perfektion geht so weit, dass gewisse Eulenvögel allein aufgrund ihres Gehörs unter der Schneedecke oder in ihren Gangsystemen laufende Nager punktgenau abpassen und mit den Fängen greifen.[23] Für derartige Überraschungsangriffe sind Eulen dank einer weiteren Besonderheit bestens gerüstet. Die Eigenschaften ihres Gefieders erlauben nämlich einen nahezu geräuschlosen Flug. In einer klassisch gewordenen Arbeit von 1934 im *Journal of the Royal Aeronautical Society* zählte Robert R. Graham als Grund dafür drei Merkwürdigkeiten im Feinbau von Eulenfedern auf. Zum einen vermindert die gezähnte Vorderkante der großen äußeren Schwungfedern am Flügelrand entstehende Luftgeräusche. Den gleichen Zweck erfüllt ein Saum aus verlängerten, lockeren Fransen an der Schwingenhinterkante. Obendrein dämpft ein samtiger «Pelz» auf der Federoberseite die Luftgeräusche. Die dennoch entstehenden, extrem leisen Fluggeräusche liegen unterhalb des Wahrnehmungsoptimums der Mäuse.[24] Gleichzeitig – optimal für die Jägerin – stellen sie für die Eule selbst keine Störung dar, weil das von den dahinhuschenden Nagern erzeugte Rascheln oder Knistern im Ton wesentlich höher ist.

Der lautlose Auftritt begünstigt die Eulen auch gegenüber anderen Beutetieren als den besonders begehrten Ratten und Mäusen. Die über fast alle Kontinente verbreitete Schleiereule bedient sich beispielsweise auch gerne an den Schlafgesellschaften der Sperlinge und Stare.[25] Es kommt schlicht auf die Ernährungslage an. Eine kürzlich veröffentlichte Studie aus einem Weinbaugebiet in Kalifornien demonstriert das überzeugend.[26] Dort lockten Forscher mit Hilfe von Nistkästen Schleiereulen in ein Areal, das von Taschenratten regelrecht überflutet war. Diese Nager richten im kalifornischen Rebanbau beträchtliche Fraßschäden an, denn sie sind nicht nur zahlreich, sondern zudem dreimal so groß wie die ebenfalls ansässigen Wühlmäuse. Die Schleiereulen fanden offenbar ein Schlaraffenland vor. Und von ihnen profitierten wiederum die Winzer. Auf dem Speiseplan der nächtlichen Jäger machten die Taschenratten fast drei Viertel aller Beutetiere aus. Im Vergleich zu einem nahe gelegenen Kontrollgebiet ohne Nistkästen war die Zahl der von den Ratten stammenden Erdhügel markant geringer. In einer Nisthöhle mit drei Jungeulen wurde über eine Infrarotkamera der Beuteeintrag festgehalten. Allein in den ersten acht Wochen nach dem Schlupf registrierten die Forscher 316 Nahrungstransporte. Für die gesamte Aufzuchtperiode errechneten die Forscher pro Jungvogel mehr als 150 Nager.

Abgesehen von der Ernährungslage ist jedoch ganz generell festzuhalten: Eule ist nicht gleich Eule. Nehmen wir den Uhu, einen überaus stattlichen Vertreter seiner Gilde mit über eineinhalb Metern Flügelspannweite. Zu seinem Opferspektrum gehören wehrhafte, tagsüber tätige Konkurrenten wie Habicht und Mäusebussard und mit Waldkauz und Waldohreule sogar Angehörige aus der eigenen nachtaktiven Verwandtschaft.[27] Vielfach sind Eulen auch am Tag unterwegs. Wie schon angedeutet, verstehen sie sich nicht nur aufs Lauschen und Horchen. Aus Versuchen mit noch jungen Schleiereulen weiß man, dass das beeindruckende Richtungshören erst dank der Unterstützung durch die Sehorgane erworben wird.[28] Die großen Eulenaugen sind in der Beweglichkeit zwar drastisch eingeschränkt, dafür aber ausgesprochen lichtstark, also für Dämmerung und Nacht geeicht. So ist die Lichtempfindlichkeit des Auges beim Waldkauz ungefähr hundertmal größer als bei der Taube.[29] Tagsüber sehen beide etwa gleich scharf; im Vergleich zu den Taggreifvögeln müssen sie dennoch als reine «Waisenknaben» gelten.[30] Leider liegen über die wenigsten Arten genauere Angaben vor. Doch zwei Falkenspezies, deren Sehschärfe untersucht wurde, übertreffen Waldkauz bzw. Taube etwa um das Fünffache und die Schleiereule circa um das Zwölffache.

Mögen Amsel, Habicht, Kauz und Star in noch so enger Nachbarschaft leben – sie erfahren dieselbe Außenwelt auf völlig unterschiedliche Weise. Das entspricht exakt Uexkülls Diktum, dass jede Tierform die Umwelt in einer Art Seifenblase umschließt und erlebt. Diese «Seifenblase» bildet gewissermaßen einen Filter, den der einzelne Organismus, ob Fliege, Eichhörnchen oder Vogel, dauerhaft und abgeschottet von den anderen mit sich herumträgt. Uexküll begriff den Filter in einem sehr umfassenden Sinn und wandte seine Vorstellung ausdrücklich auch auf den Menschen bzw. die Mitmenschen an. Eines aber lässt sich mit Gewissheit behaupten: Jede Tierform hat mit ihren Sinnen einen gesonderten Zugang zur Außenwelt.

Erst recht wird uns das an Extrembeispielen bewusst. Der karibisch-südamerikanische Fettschwalm (Steatornis caripensis) und viele Salanganen (Collacaliini) aus dem indopazifischen Raum stellen solche Fälle dar.[31] Ähnlich den Eulen, verbringen diese exotischen Vögel den ganzen oder einen wesentlichen Teil ihres Alltags in Dunkelheit, namentlich in Höhlen, in denen sie kolonieweise ihre Brut aufziehen.[32] In gedecktem Braun eher plump wirkend, mit einem hakenartigen

Schnabel, weitem Schlund und einem kleinen Borstenwald drumherum ausgestattet, sind die großen Fettschwalme im Vogelreich absolute Exzentriker:[33] Untypisch für Vögel, zeichnet sie ein großes Geruchsorgan aus. Schon ihrem Entdecker Alexander von Humboldt fiel das gellende Getöse auf, mit dem sie den Höhlenraum erfüllen. Zur Nahrungssuche begeben sie sich nachts nach draußen, um fetthaltige Früchte zu ernten. Der Name geht auf die geradezu bizarre Eigentümlichkeit der Nestlinge zurück, sich bis zum siebzigsten Lebenstag ein enormes Fettpolster anzufressen.

Demgegenüber zählen die grazilen, artenreichen Salanganen zu den Seglern. Berühmt sind sie für die Gewohnheit, ihre Nester mit Hilfe des eigenen Speichels zu errichten. Manche von ihnen verwenden dafür sogar *ausschließlich* Speichelsekret. Getrocknet bildet dieser die Grundessenz, die vielfach in der sogenannten Schwalbennestersuppe auf dem Teller von Feinschmeckern endet.[34]

Was die meisten insektenfressenden Salanganen mit den lateinamerikanischen Fruchtfressern verbindet, ist Art und Weise der Navigation in ihren lichtlosen Quartieren. In ihrer jeweiligen Finsternis erzeugen Salanganen wie Fettschwalme metallisch klickende Laute. Deren Echo gibt ihnen Auskunft über die Raumdimensionen, so dass sie nicht auf die Höhlenwände prallen oder womöglich mit den Koloniegenossen zusammenstoßen. Dabei setzen ihnen die relativ tiefen und somit auch für den Menschen gut vernehmbaren Rufe in der Wahrnehmung gewisse Grenzen. Im Experiment kollidierten Fettschwalme mit Plastikscheiben von weniger als 20 Zentimetern Durchmesser.[35] Mit dem überaus subtilen Echolotsystem vieler Fledermäuse können sie folglich nicht mithalten.

2. Ordnung schaffen im Chaos der Vielfalt

Wenn ich aus meiner Wohnung im Herzen einer Millionenmetropole schaue, sieht es ziemlich trostlos aus: Hochhäuser, eine große Straßenkreuzung, noch mehr Straßen, Asphalt und Beton, die Oberleitung einer Bahnlinie zwischen Lärmschutzwänden einige Meter unter mir. Wo vor wenigen Jahren neben der Bahnlinie unbebautes Ödland dahindämmerte, entsteht soeben ein neuer Stadtteil. Bis vor kurzem war dort noch jedes Jahr für gewisse Zeit die Stimme der Nachtigall zu vernehmen. Trete ich aus der Haustür, ist manchmal doch ein Vogel zu hö-

Abbildung 2-1: Ausgefärbtes Amselmännchen. Wasserpark (Wien), 4.4.2005. Aufnahme: Christoph Roland

ren, allerdings kein Spatz, dafür öfter mal Tauben. Gelegentlich verirren sich Stieglitze hierher, und im Sommer sirren vielleicht ein paar Mauersegler am Himmel. Von Zeit zu Zeit patrouilliert die eine oder andere Krähe zwischen den zugeparkten Häuserfluchten. Um die Ecke stürzten letzthin sogar zwei Turmfalken, im Streit miteinander verkrallt, auf den Bürgersteig. Wie mochte das noch vor einem Jahrhundert in genau derselben Metropole, damals sogar eine der weltgrößten, gewesen sein?

Auskunft darüber oder wenigstens einen Hinweis darauf gibt eine Notiz aus der *Gefiederten Welt* von 1905.[36] Über die geflügelten Bewohner des Wiener Stadtparks, gut eineinhalb Kilometer von meinem Domizil entfernt, verfasste ein Dr. Ernst Mascha eine natur- wie kulturgeschichtlich aufschlussreiche Mitteilung. Ihn interessierten offenbar die Weißen und Weißgefleckten, also abnorm Gefärbten, unter den dort lebenden Vögeln. Vor allem Spatzen und Amseln waren betroffen. «Die Zahl der von mir mit Bestimmtheit unterschiedenen weißgefleckten Spatzen im Wiener Stadtpark beläuft sich auf etwa 12–15 ...» Wie viele normal Befiederte mochten es dort erst gewesen sein! Etwa zur gleichen Zeit zitierte ein

Abbildung 2-2: Amselweibchen. Deutsch Schützen (Burgenland), 20.1.2013.
Aufnahme: Otto Samwald

Abbildung 2-3: Vorjähriges Amselmännchen. Würzburg, 2.2.2014.
Aufnahme: Georg Krohne

anderer Vogelfreund im selben Journal detaillierte Beobachtungen eines
Julius Stäheli zum gleichen Thema, aber aus einer anderen Stadt.[37] In den
Anlagen des Züricher Kantonsspitals hatte Stäheli über die Jahre vor allem
zahlreiche, offenbar lebenstüchtige Nachkommen eines «merkwürdige
Junge zeugenden Amselpaares» registriert. Besonders mitteilenswert war
dem Schweizer Vogelliebhaber erschienen, dass die Albinoamseln sämtlich dem weiblichen Geschlecht angehörten.

Wie erfahren demgegenüber *wir*, die Generation des entgrenzten
Technik- und Digitalzeitalters, die Natur und im Speziellen die Vogelwelt?
Kennzeichen unseres sparsam zugelassenen Grüns sind quadratmeter-
weise eingekerkerte Bäume, ästhetisch gestaltete Parkanlagen, weitgehend gebüschfrei, in automobilgefluteten Städten. In den Vororten setzen
sich klinische Bepflanzung und gründliche Pflege in Gärten ohne Schaf-
garbe und Hirtentäschel fort, und auf dem sogenannten Land wachsen
ausgeräumte Agrarsteppen ohne Raine, ohne Hecken, ohne Kleingetier

und in der Konsequenz ohne Vögel. Das ist die Wirklichkeit für die große Mehrheit unter uns. Wer kennt Gartenrotschwanz, Schwarzkehlchen oder gar Ortolan aus eigener Anschauung, wer kennt überhaupt noch ihre Namen? Dennoch: Viele Stadt- und Landbewohner «schauen Vögel», hier und heute, vielfach mit frischem Elan. Sie stellen Listen auf, zählen ihre Vögel – von dem Artenrausch eines A. R. Wallace freilich astronomisch weit entfernt. *Citizen Science* nennt sich dieser Trend, ein neuer Seitenzweig in den Wissenschaften. Diese Bürger versuchen das, was vom früheren Formenreichtum geblieben ist, zu unterscheiden, zu erfassen, mitunter sogar Neuzugänge ausfindig zu machen. Im Vergleich zu den krabbelnden, flatternden und schwirrenden Sechsbeinern scheinen die Vögel ja leicht identifizierbar. Erst wenn gewisse Meisen im Fernglas auftauchen oder ein Goldhähnchen im dichten Gezweig vor das pure, unbewaffnete Auge huscht, wird es wirklich schwierig: Sumpf- oder Weidenmeise, Sommer- oder Wintergoldhähnchen? Für weniger Geübte kann freilich schon eine weibliche Amsel, vor allem bei ungünstigem Licht, zur Herausforderung werden: Nicht doch eine Singdrossel? Spätestens jetzt stellt sich die Frage nach der Zuordnung, nach der Art, nach Männchen oder Weibchen, jung oder alt … Aber was macht überhaupt einen Vogel aus?

Was macht einen Vogel zum Vogel?

Als 1996 in der Provinz Liaoning im Nordosten Chinas die Überreste zweier befiederter Fossilien geborgen wurden, ahnte niemand, dass damit ein wissenschaftliches Tabu fallen würde. Die Erstbeschreiber der gut erhaltenen Relikte glaubten, einen weiteren Vertreter aus der Vogelahnengalerie der Provinz gefunden zu haben.[38] Schließlich galt bis dahin: Nur Vögel tragen Federn. Zudem hatte sich die Region seit den 1990er Jahren als Fundgrube für fossile Vögel entpuppt. Bald darauf jedoch nahmen sich andere Wissenschaftler die vermeintlich ältesten Überbleibsel des Vogelreichs vor. Sie kamen zu einem vollkommen anderen, aber ebenso spektakulären Schluss:[39] Es handele sich keineswegs um eine Vogelart – und schon gar nicht um das älteste Vogelfossil. Bis dahin hatten die Solnhofener *Archaeopteryx*-Funde unangefochten den Rang als Rekordhalter geführt. Bei den beiden *Sinosaurapteryx*-Exemplaren hat man es dagegen nach heutiger Auffassung mit dem ersten Nachweis für die Existenz gefiederter Dinosaurier jenseits der eigentlichen Vogelverwandtschaft zu tun. Diese wissenschaftliche Sensation dürfte für die Erstbeschreiber von *Sinosaurapteryx* Ausgleich genug dafür gewesen sein, dass ihre Exemplare viel später als die Solnhofener Urvögel in der Erdgeschichte auftauchten: nämlich über 30 Millionen Jahre nach ihnen in der frühen Kreidezeit.[40]

Die Vögel entsprangen zwar auch der großen Gruppe der Dinosaurier, allerdings der Fraktion der (vermutlich meist fleischfressenden) Theropoden[41] und damit in deutlicher Distanz zu *Sinosaurapteryx*. Für die heutigen Vogelkundler bedeutet dies, dass der Besitz eines Federkleids, bis vor kurzem *das* unumstößliche Kennzeichen für Vögel, als Alleinstellungsmerkmal gefallen ist. Was aber bleibt dann als untrügliches Kennzeichen, welche äußeren Besonderheiten, welche Eigenschaften? Zweibeinigkeit, der Hornschnabel, das von einer harten Kalkschale umschlossene Ei? Damit mag man bei großzügiger Betrachtung noch hinkommen, wenn man hoppelnde Kängurus, den eher geschmeidig angelegten Schnabeltier-Schnabel und die weicheren Reptilieneier vernachlässigt. Doch wie steht es mit der Fähigkeit, die Gelege auszubrüten? Erwähnt wurde bereits die Begegnung von Wallace mit dem Hammerhuhn, das die abgelegten Eier im vulkanischen Sand Sulawesis sich selbst überlässt.[42] Sämtliche Vertreter der Großfußhühner lassen das Brutgeschäft vom aufgeheizten Strandboden oder durch Mikroorganismen erledigen (siehe Kapitel 9).[43]

Das Flugvermögen kann als universale Errungenschaft der Ornis schon gar nicht herhalten. Einerseits: Der Afrikanische Strauß, Emu, die Pinguine und viele Inselrallen haben aus ganz unterschiedlichen Gründen diese ursprünglich vogelgenuine Fertigkeit «verloren» – und das sind lediglich einige Beispiele. Und andererseits: Insekten, manche Fische und Säugetiere können fliegen; die bescheidenen Gleitflugkünste der Flugdrachen und Flugfrösche seien einmal ausgeklammert.

Man kann im Gegenzug aber auch fragen: Welche Eigenarten finden sich entgegen der Erwartung auch in der Vogelwelt? Hier lässt sich die amerikanische Winternachtschwalbe *(Phalaenoptilus nuttallii)* anführen, die die unwirtlichste Jahreszeit heruntergekühlt in Körperstarre zu überdauern vermag.[44] Ebenso ausgefallen mutet es an, dass Pinguine Hunderte Meter hinabtauchen können und etliche Minuten offenbar unversehrt in der eiskalten Tiefe verbringen.[45] Auch die ungewöhnliche

Fähigkeit von Fettschwalm und Salanganen, das Echo der eigenen Stimme zur Orientierung in tropischen Felskatakomben zu nutzen (siehe Kapitel 1), zählt zu den erstaunlichen Erfindungen unter Vögeln. Statt danach zu fragen, was ein Vogel ist, sollte es also vielleicht besser heißen: «Was alles kann ein Vogel sein?»

Allerdings gibt es mit dem Atemapparat einen großen – dem unmittelbaren Blick entzogenen – Bereich, worin sich die Vögel tatsächlich von allen anderen bekannten Mitgeschöpfen grundsätzlich abheben, auch von den Kriechtieren. Streng genommen, das heißt aus stammesgeschichtlicher Sicht, gehören die Vögel ja unzweifelhaft zu den Reptilien. Und es geht noch genauer! Ihre nächsten Verwandten sind die Krokodile. Das untermauern auch die Untersuchungen der genetischen Substanz, heutzutage der sicherste Beleg für die Verwandtschaftsanalyse.

Was nun die Atmungsorgane betrifft, werden an Vögel höchste Anforderungen gestellt. Schließlich muss der Gasaustausch die Versorgung des Muskelstoffwechsels dieser bewegungsfreudigen, vor allem flugaktiven Tiere gewährleisten. Für diese Herausforderung sind sie mit einem raffinierten Lungen-Luftsack-System ausgestattet. Hierbei steht ihnen zur Ventilation ein verzweigtes Gebilde aus Luftsackkammern samt Ausbuchtungen zu Gebote, das den gesamten Rumpf durchzieht.[46] Atem- und Flugmuskulatur der Vögel arbeiten ganz und gar unabhängig voneinander, sind also vollständig entkoppelt. Etwas anderes wäre wohl auch kaum vorstellbar. Denn – abgesehen vom Körperbau – wie sollten zwei so spezialisierte Organkomplexe mit abweichenden und zudem wechselnden Rhythmen gleichzeitig ein und demselben Taktgeber folgen?

Schon das plötzliche Auf-und-davon-Fliegen vor überraschend angreifenden Feinden verlangt eine außergewöhnliche, nämlich punktuelle energetische Leistung. Dem steht das Extrem der Dauerbeanspruchung der Zugvögel gegenüber, die auf ihren Wanderungen in die Winterquartiere und zurück in die Brutgebiete große Entfernungen zurücklegen. Allein die Tatsache, dass die Atemfrequenz beim fliegenden Vogel zwei- bis zehnmal so hoch liegt wie in der Ruhephase, unterstreicht die Flexibilität des gesamten Atemapparats.[47] Im Höchstfall steigt die Atemrate, etwa bei Tauben, sogar bis zum Zwanzigfachen an.

Der krumme Weg zur Artbestimmung

Eindeutige, allen Vogelformen – und womöglich ausschließlich ihnen – zukommende Kennzeichen festzumachen, erweist sich als schwierig genug, wie die geschilderten Eigentümlichkeiten gezeigt haben. Was grenzt nun umgekehrt die einzelnen Vogelarten ein? Wie hätte der frühe Ornithologe Friedrich II. in seinem berühmten Text *Über die Kunst, mit Vögeln zu jagen* geantwortet? In diesem siebenteiligen Fragment behandelte der Stauferkaiser nicht nur die Falknerei, sondern die Vogelkunde insgesamt: von der Anatomie über die Lebensgewohnheiten bis zum Flugvermögen.[48] Orientierungspunkte für seine Einteilung bildeten die Ansprüche der Gefiederten an ihre Umwelt und ihre Nahrungswahl.

Heutzutage würden wenige, breit gefasste Kriterien für die saubere Einordnung und Charakterisierung einer Vogelart kaum mehr genügen, allein schon weil die Zahl bekannter Vogelformen um ein Vielfaches gestiegen ist. Es gilt ja nicht nur den Spatz von der Amsel zu unterscheiden oder den Strauß vom Emu. Mit den erwähnten Goldhähnchen und Graumeisenvertretern wurden bereits zwei Beispiele für Arten aus der einheimischen Fauna angeführt, die sich nach ihrem Aussehen kaum trennen lassen. Es gibt Spezies, die selbst der Experte nicht oder nur unter großen Mühen auseinanderzuhalten vermag, womöglich erst in der Hand oder mit Hilfe von Messstab und Schieblehre. Man denke nur an Nachtigall (siehe Abb. 2-4) und Sprosser, zwei zum Verwechseln ähnliche Arten. Gewisse Unterschiede sind immerhin in der Stimme zu bemerken, wenn man aufmerksam und lange genug diesen fulminanten Sängern zuhört.[49]

Unweigerlich stellt sich hier die Frage, nach welchen Kriterien die Vogelwelt überhaupt einzuteilen ist. Normalerweise machen kleine äußerliche Unterschiede offenbar noch keine andere Art aus. Ja derartige individuelle Unterschiede sind geradezu die Voraussetzung, dass Vogelarten etwa mit wechselnden Umweltbedingungen besser fertigwerden und sich an veränderte Umgebungsbedingungen anpassen können. So reagieren verschiedene Individuen in voneinander abweichender Manier.

Wie also lassen sich die Vögel einteilen? Bewährt hat sich zunächst Linnés binäres Klassifikationssystem. Darin hatte der schwedische Naturkundler in der Mitte des 18. Jahrhunderts erstmals die ihm bekannte tieri-

Abbildung 2-4: Singende Nachtigall. Breitenbrunn (Burgenland), 24.4.2015. Aufnahme: Otto Samwald

sche Vielfalt hierarchisch in zwei Kategorien, nämlich Gattungen und Arten, unmissverständlich geordnet.

Dieses auf äußerlichen Ähnlichkeiten beruhende Konzept bildete die Richtschnur. Und bis heute hat es sich vielfach bewährt! Auf dieser Basis lassen sich beispielsweise die einander ähnlichen Winter- und Sommergoldhähnchen als zwei Arten unter dem Dach der Gattung Goldhähnchen *(Regulus)* vereinen. Allerdings muss man ebenso wie bei Garten- und Waldbaumläufern und den beiden einheimischen Graumeisen sehr genau hinsehen, will man sie nach ihrem Aussehen korrekt bestimmen. Stimmlich sind all diese Artenpaare dagegen zuverlässig unterscheidbar. Erst Christian Ludwig Brehm, der Vater des berühmten Verfassers der universalen Tierenzyklopädie, erkannte überhaupt, dass es sich jeweils um zwei eigenständige Spezies handelt.[50] Brehms Einsichten sind umso bewundernswerter, als er ohne die modernen bioakustischen Hilfsmittel auskommen musste. Über die «Sprachdifferenzen» der Goldhähnchen wusste er dennoch Bescheid.[51] In der Rückschau bleibt es freilich ein wenig rätselhaft, weshalb die beiden in den heimischen Goldhähnchen verborgenen Arten so lange dem Expertenblick entgingen. Bevor es kalt wird, zieht es das Sommergoldhähnchen in südlichere Gefilde, während die Zwillings-art (siehe Abb. 3-1) das ganze Jahr hier verbringt. Weitere Unterschei-dungsmerkmale sind der schwarze Augenstreif und der breite weiße Überaugenstreif des Sommergoldhähnchens. Allerdings sind die lebhaf-ten fünf bis sieben Gramm leichten «Federbällchen»[52] in freier Natur gern im Zweigwerk, oft in luftiger Höhe, unterwegs. Dort relativieren sich leicht scheinbar sichere Merkmalsunterschiede. Und bei der Scheitelfarbe der Winzlinge – Gelb mit keinem, wenig oder viel Orange – hapert es in-dividuell, alters- und genderbedingt ebenfalls.[53]

Christian Ludwig Brehm (1787–1864) gehörte zu den herausragenden Repräsentanten des «Goldenen Zeitalters der zentraleuropäischen Orni-thologie» zwischen 1820 und 1850.[54] Neben Brehm zählten zur führenden Troika dieser fruchtbaren Ornithologen-Periode der Däne Frederik Faber und Johann Friedrich Naumann. Sie alle wirkten noch vor Darwins epo-chemachendem Werk über die Entstehung der Arten. Doch ihre Arbeiten präsentierten bereits bedeutsame Erkenntnisse zur Vogelwelt.

Nach der weitgehenden Erkundung der Fauna unserer Breiten setzte im 19. Jahrhundert mit voller Wucht der Run in die Ferne ein.[55] Von den Azoren bis nach Sibirien, von Brasilien bis Polynesien wurden Vögel ge-schossen, gesammelt, verschifft. Ein treffendes Beispiel ist die Galapagos-Expedition der California Academy of Sciences von 1905 bis 1906. Allein diese Sammelreise erbrachte 8688 Vogelbälge (zusätzlich 2000 Eier und viele Nester); bei einem acht Jahre zuvor von Baron Walter Rothschild fi-nanzierten Vorläuferunternehmen, bei dem der flugunfähige Galapagos-Kormoran *(Phalacrocorax harrisi)* entdeckt worden war, hatte sich die Aus-beute auf «lediglich» 3075 gefiederte Exemplare belaufen.

In den Museen stapelten sich die Balgserien. Wie in freier Natur wim-melte es in den Museumskollektionen von mehr oder weniger ähnlichen Vogelformen. Forschergeist und der Wettbewerb um noch zu entde-ckende Vogelformen gingen eine fruchtbare Symbiose ein. Die Kategori-sierung der bekannten und unbekannten Exoten nahm ihren Lauf und Mutationen wurden dechiffriert. Kurzum, das morphologische, das heißt auf äußeren Merkmalen fußende Artkonzept erwies sich als erfolgreiches Instrument, um Ordnung in unser Bild von der Vogelfauna zu bringen. Aber all die gefiederten Vertreter waren eben nur nach Millimetern, Farb-

und Zeichnungsnuancierungen bestimmbar. So vermochten die Beschreibungen und Herkunftsangaben zu den gesammelten Bälgen ein grundsätzliches Problem nicht zu verdecken, nämlich dass offenkundig viele Vogelformen nur unter Schwierigkeiten oder womöglich gar nicht der Forderung nach eindeutiger Unterscheidbarkeit beziehungsweise Zuordnung genügen. Wie ist es dann aber möglich, dass sie von Generation zu Generation als unvermischte Arten weiterbestehen? Woran erkennen sich etwa Sprosser und Nachtigall? Äußerlich kann man die beiden lediglich an Feinheiten unterscheiden, zum Beispiel an der unscheinbaren äußersten und zugleich kleinsten Handschwinge am Flügelrand. Sie ist beim Sprosser gerade sieben Millimeter kürzer als bei der Schwesterspezies. Erstaunlicherweise scheinen die Vögel gut zu erkennen, wer zur eigenen Art gehört. Zumindest fast immer. Vor allem, wenn es darauf ankommt, nämlich im Zusammenhang mit der Fortpflanzung. Dort, wo sich ihre Verbreitungsgebiete überschneiden, halten sich Bastardierungsereignisse in Grenzen (siehe Kapitel 3).

Oft ist es der Gesang, der mit Sicherheit auf die Art schließen lässt, wenn dem Ornithologen zur sicheren Bestimmung die Augen versagen. Das herrlich klingende «gedehnte Crescendo-Motiv Dü-dü-dü…», das wir von der Nachtigall kennen, tritt beim Sprosser nur in verkürzter Form auf, oder es fehlt sogar ganz. Außerdem trägt der Sprosser seinen Gesang gemächlicher vor als die Zwillingsart, wie es in einer Art Konzertführer der europäischen Vogelwelt heißt.[56] Das 600-seitige Dossier der beiden Vogelstimmenjäger Hans-Heiner Bergmann und Hans-Wolfgang Helb ist mit Details zum Gesangs- und Rufrepertoire der einzelnen Vogelarten gespickt.

Rufe und Gesänge blieben freilich lange ein schwer zugängliches Terrain, denn die technischen Möglichkeiten zur Erfassung und optischen Darstellung des Lautrepertoires waren noch längst nicht entwickelt. Stattdessen behalf man sich mit sprachlichen Lautmalereien. Ein gelungenes Beispiel dafür ist der Klang der «Wie wie wie hab ich dich liiieb»-Strophe der Goldammer.[57] Über unser abendländisches Notensystem war dem Repertoire der geschnäbelten Sänger ebenfalls nicht ernstlich beizukommen. Der gewaltige Nuancenreichtum im Gezwitscher, Krächzen und Pfeifen ließ sich auf diese Weise nicht fassen. Ein Starenmännchen beherrscht bis zu zwölf verschiedene Pfiffe, 35 Zwitscherphrasen, 14 Ratter- oder Klickmotive und 14 Hochfrequenzphrasen.[58]

Das beachtliche Stimminventar der Vögel macht es deutlich: Die Unterscheidung zwischen Arten, die ursprünglich auf sicht- und messbaren Daten aufbaute, lässt sich grundsätzlich auch auf nichtkörperliche und dem Auge verborgene Merkmale ausdehnen. Doch sind das alles Eigenschaften, die den Systematikern vor zwei, drei oder mehr Ornithologengenerationen, wenn überhaupt, höchstens eingeschränkt und womöglich – wie im Fall der Lautrepertoires – nicht mit objektiven Methoden zugänglich waren. Und das in einer ausgesprochenen Blütezeit der Sammeltätigkeit!

Den Weg zur Einbeziehung solcher biologischen Merkmale für die Arterkennung öffnete Ernst Mayr (1904–2005) mit seinem 1942 veröffentlichten Manifest zur Systematik und Entstehung der Arten. In diesem wuchtigen Werk entwarf der Kurator am American Museum of Natural History die Synthetische Evolutionstheorie und das damit verbundene Konzept der *Biospezies*.

Mayr begreift die Arten als «exklusive» Fortpflanzungsgemeinschaften, die einzig und allein Artgenossen (dauerhaft) zur Fortpflanzung kommen lassen. Dadurch ist die jeweilige Art oder *Biospezies* von allen anderen Arten, auch den nächstverwandten, abgegrenzt. Dieser Alleinvertretungsanspruch kann auf unterschiedlichen Ebenen wirksam werden, etwa in Verhaltensweisen, die einer Paarung vorgelagert sind. Mayrs Artenverständnis berücksichtigt alle Sinne, Wahrnehmungsmöglichkeiten und Verhaltensäußerungen der Tiere. Dazu gehören also beispielsweise auch der Gesang und die Balzgewohnheiten der Vögel.

Die Tür zu einem auf möglichst alle Tiere anwendbaren Artbegriff war aufgestoßen. Die Suche danach, wie Nachtigall und Sprosser oder die sich so ähnlichen Graumeisen zueinander auf Distanz bleiben, konnte beginnen.

3. Alles im Angebot: Der Katalog der Vögel

Woran erkennen sich Stare und Goldhähnchen?

Goldhähnchen gehören zu den kleinsten Singvögeln Mitteleuropas. Aber so putzig die gefiederten Winzlinge aussehen, so vehement verteidigen sie ihre Reviere.[59] Dazu benutzen sie ihren Gesang. Während die Wintergoldhähnchen strikte Nadelwaldbewohner sind,[60] ist die Bindung der Sommergoldhähnchen (Abb. 3-1) an Fichten und andere kurznadelige Bäume deutlich schwächer ausgeprägt.[61] Doch sind beide Arten an vielen Orten gemeinsam anzutreffen. Das gilt auch für das geographische Dreieck zwischen Hochschwarzwald, Bodensee und oberer Donau, das dem Kölner Biologiestudenten Peter H. Becker in den frühen 1970er Jahren als Untersuchungsgebiet diente. Den Beginn seiner Ornithologenkarriere widmete er den Gesängen der Goldhähnchen und ihrer Bedeutung. Auskunft erhoffte er sich von Versuchen, wie die einander so ähnlichen Waldbewohner auf stimmliche Äußerungen der Schwesterart antworten, ob als Kontrahenten oder eher «gleichgültig» oder möglicherweise gar nicht. Deshalb spielte er ihnen an verschiedenen Stellen, wo die beiden Arten nebeneinander vorkamen, auf Tonband jeweils Gesang der eigenen und der Zwillingsart vor.[62]

Die Männchen beider Arten reagierten beim vorgespielten Gesang der eigenen Spezies in erwarteter Weise und näherten sich stets dem Lautsprecher auf weniger als zehn Meter. Im Umkreis des Lautsprechers unternahmen sie aufgeregt Suchflüge, oft bis unmittelbar an die Schallquelle. Offenkundig suchten sie den vermeintlichen Rivalen. «Heftiges Flügelzucken ist zu beobachten, die Scheitelfedern werden aufgestellt», beschreibt Becker die Verfassung der provozierten Revierinhaber. Die Erregung kann so heftig ausfallen, dass unter Umständen sogar «ein Männchen sein Weibchen angreift». Dagegen stieß der Gesang der jeweiligen

Abbildung 3-1: Sommergoldhähnchen. Grünau im Almtal (Oberösterreich), 27.5.2012. Aufnahme: Otto Samwald

Zwillingsart nur auf schwaches Interesse. Die Goldhähnchen erkannten also eindeutig den Artgesang.

Becker fand sogar die entscheidenden Eigenschaften heraus, die den Artgesang so attraktiv machen. Mit allerlei künstlich produzierten Strophen und Klangfolgen stellte er die Winzlinge gewissermaßen auf die Probe. Die manipulierten Klangattrappen enthielten beispielsweise Mischstrophen aus dem Gesang beider Arten ebenso wie rückwärts vorgespielte Gesangselemente und umgekehrt wiedergegebene Strophen. Als entscheidend allerdings entpuppte sich das Auf und Ab der Gesangselemente innerhalb einer Strophe. Sequenzen aus Lautelementen gleicher oder ähnlicher Tonhöhe rief nur Hähne der Sommergoldhähnchen auf den Plan. Zeichneten sich dagegen die dargebotenen Elementfolgen durch einen fortgesetzten markanten Tonhöhenwechsel aus, erregte dies die Männchen der Wintergoldhähnchen und ließ die Vertreter der Schwesterform kalt. Das passt genau zum Aufbau der natürlichen Gesänge. Denn der Hauptteil der Wintergoldhähnchen-Strophe besteht in einer längeren Passage von Auf-und-Ab-Elementen. Er ist immer gleich und zielt offenbar auf Arterkennung.

Beckers Klangattrappen-Experimente repräsentieren ein hervorragendes Beispiel für eine erfolgreich vollzogene Artentrennung.[63] Auf den Gesang der Zwillingsart sprechen die Goldhähnchen nicht an. Auch vertreiben sie sich nicht gegenseitig, anders als Eindringlinge der eigenen Couleur, aus ihren jeweiligen Territorien. Die Beziehung zum nahen Verwandten drückt ein mehr oder weniger neutrales «Desinteresse» aus.

Bei den damaligen Versuchen wurde die Reaktion der weiblichen Vögel stillschweigend übergangen. Einige Jahre später ermöglichten allerdings neue Methoden die Messung der Herzfrequenz weiblicher Singvögel, während sie dem Gesang der Männchen eigener und fremder Provenienz lauschten.[64] Nun stellte sich heraus, dass sich ihr Herzschlag beim Vorspielen artgemäßer Melodien beschleunigte.

Unter den Goldhähnchen gibt es eine Reihe weiterer Verhaltensweisen, die sexuellen Avancen und Annäherungsbemühungen der Schwesterart entgegenwirken könnten. So präsentieren sich die Sommergoldhähnchen in der Anpaarungszeit mit einem intensiven Pluster-Imponieren, das sie sozusagen zur Übergröße aufbläht; solches Gehabe fehlt der Zwillingsspezies.[65] Schon diese Abweichung könnte artfremde Anwärter abblocken oder ihr Interesse senken. Kein Wunder also, dass Verpaarungen aus dem Freiland kaum bekannt sind.[66] Damit übereinstimmend, erwies sich die Nötigung zur artsprengenden Partner- und Elternschaft im Gehege als äußerste Herausforderung.[67] Die Innsbrucker Zoologin Ellen Thaler, die viele Jahre ihres Forscherlebens diesen Zwergen widmete und sie im Freiland auf Schritt und Tritt verfolgte, unternahm diesen Versuch. Ihr Resümee: «Auch in Volieren gelangen Mischverpaarungen nur nach sehr zeitaufwendigen Vorarbeiten.»

Einer möglichen Bastardierung steht aber im Vogelreich nicht nur die vorbeugende Verhinderung von Begattung und Zeugung entgegen. Es gibt ein ganzes Arsenal von Kreuzungsbarrieren, die vor allem auf längere Sicht eine Artenvermischung unterbinden. Sollte eine Befruchtung erfolgen, können bereits die Embryonen im Ei vorzeitig absterben. Ein weiteres Risiko besteht darin, dass geschlüpfte Bastarde verminderte Überlebenschancen haben und womöglich schon als Nestlinge oder flügge Vögel vor dem Erwachsenenstadium verenden. Ebenso können herangewachsene Hybriden unfruchtbar oder nur eingeschränkt fortpflanzungsfähig sein. All diese Blockierungsmechanismen wirken im Sinne von Mayrs Biospezieskonzept.

Einen Nachweis für den vorzeitigen Tod junger Vogelbastarde schon als Embryo und als Nestling glaubte Peter Berthold bei zwei nahverwandten Vertretern der Starenvögel erbracht zu haben.[68] Der frühere Leiter der Vogelwarte in Radolfzell und als Naturschützer weitbekannte Ornithologe befasste sich in den 1960er Jahren intensiv mit der Brutreife und Fortpflanzungsbiologie des Stars. Aus der kalten Saison kennen wir Stare als Vögel mit perlartig getupftem Gefieder. Vor der Fortpflanzung verwandelt es sich weitgehend in ein grünschwarz schillerndes Federkleid (siehe Abb. 3-2). Dieser hierzulande bis vor kurzem sehr häufige Brutvogel besiedelt fast ganz Europa. Allerdings wird er im Südwesten, also in weiten Teilen der Iberischen Halbinsel, auf Korsika, Sizilien und Sardinien, von dem tiefschwarzen Einfarbstar ersetzt. Berthold brachte weibliche Exemplare des Einfarbstars in großen Volieren mit männlichen Staren zusammen. Ihm fiel auf, dass die Starenmänner mit wesentlich größerem Engagement um die einheimischen Starenweibchen, etwa Besucherinnen aus der Umgebung, warben als um die ihnen zugedachten Einfarbstar-Partnerinnen. Das ging so weit, dass die Starenmänner mit dem Schnabel in die Volierentrennwände «Gucklöcher» hackten und oftmals Seite an Seite mit den artgleichen Nachbarinnen, nur durch die Volierenbegrenzung getrennt, nebeneinandersaßen.

Nachdem das Interesse der «chancenlosen», nun brütenden Nachbarinnen und Gäste abgeflaut war, gelangen schließlich Berthold doch etliche Mischverpaarungen. Allerdings überlebte keiner der gezeugten Hybriden die Kindheit. Beispielsweise kamen einige mit Dottersackanomalien auf die Welt, und bei denjenigen, die am weitesten gediehen, schienen die Köpfe im Wachstum zurückgeblieben. Ebenso scheiterten künstliche Aufzuchtversuche. Ein Mischlingspaar, bei dem Berthold artreine Starennestlinge gegen die eigene Brut ausgetauscht hatte, zog die eingetauschten Starenkinder vollständig auf. Die dem freilebenden Starenpaar untergeschobenen Mischlinge starben dagegen sehr bald trotz der Fütterung durch die Stiefeltern. Die Kette dieser Misserfolge überrascht, denn genetisch sind die beiden Arten fast identisch.

Tatsächlich versprechen Verpaarungen unter umgekehrtem Vorzeichen, also Einfarbstar-Männchen mit Starenweibchen, mehr Erfolg.[69] In dieser Konstellation formieren sich nämlich in der nordostspanischen

Abbildung 3-2: Starenmännchen. Fürstenfeld (Steiermark),
18.3.2014. Aufnahme: Otto
Samwald

Überschneidungszone ab und zu Paare, die offenbar gemeinsame Nachkommen großziehen.[70] Die beiden Arten weiteten dort in der zweiten
Hälfte des vorigen Jahrhunderts ihr Verbreitungsgebiet aus. Mittlerweile
gibt es viele Brutkolonien mit beiden Arten. Dennoch zählte Anna Motis
in einem Gebiet Kataloniens, in dem 1977 zum ersten Mal «unser» Star
und der Einfarbstar in Kontakt gerieten, unter 790 Brutpaaren lediglich
vier Mischpaare. Wie leicht oder schwer die beiden Nahverwandten zuei-
nanderfinden, bleibt aber eine komplizierte Frage. Jedenfalls sind die
männlichen Einfarbstare in Auseinandersetzungen meistens ihren anders-
artigen Geschlechtsgenossen überlegen, die schon deshalb kaum Aussicht
auf «Mischehen» haben.

Bei genauerer Überprüfung zeigte sich in der katalanischen Studie,
dass ein halbes bis ein Prozent der Koloniemitglieder einen Mix der Gefiedermerkmale beider Arten aufwies. Im Großen und Ganzen jedoch halten die Arten zueinander Distanz. Offenbar wirkt der trennende Filter
nach Geschlechterkombination und Art unterschiedlich.

Hier fügen sich elegant die Ergebnisse aus Freilandstudien an Nachti-

gall und Sprosser ein.[71] Die Verbreitungsgebiete der beiden Spezies grenzen aneinander und überlappen sich mancherorts, etwa in Schleswig-Hol-
stein. Rolf Lille, der sich im Osten Hamburgs und im südlichen Holstein
neun Jahre lang intensiv mit diesen Vertretern der Altweltschnäpper[72] be-
schäftigte, zählte immerhin zwölf erfolgreiche Mischbruten sowie sechs
Bastardindividuen.[73] In einem Brandenburger Überlappungsareal wurden
etwas später sogar über zweihundert Hybridvögel beringt. Der dort
lebenden Populationen von Sprosser und Nachtigall hatte sich der Ama-
teurornithologe und Vogelberinger Joachim Becker angenommen.[74]

Becker listete die Mischbruten auf und verfolgte die Brutverläufe. So
wusste er, ob die Nestlinge flügge wurden oder zum Beispiel der Gelb-
halsmaus zum Opfer fielen. Er vermaß die Bastardvögel und notierte die
Generationenfolgen in allen Details. Die Mischpaare − einschließlich einer Anzahl von Hybriden − führten ein Sechstel aller Bruten der beiden
Geschwisterarten durch. Demnach scheint es in diesem Fall mit der Arterkennung der «Partnerarten» nicht weit her zu sein. Vermutlich sind während der Eiszeit aus einer Ursprungsform zwei Spezies hervorgegangen.
Doch offenkundig ist die Aufspaltung nicht vollkommen. Deshalb pflanzen sich etliche Bastarde munter fort und setzen lebensfähige Nachkommen in die Welt.

Auf den ersten Blick täuscht die hohe Zahl an Bastarden ein nahezu
ungehemmtes Potential zur Vermischung vor. Richtig daran ist, dass die
männlichen Hybriden uneingeschränkt zu Vätern werden können. Obendrein bezeugt der Nachweis eines neunjährigen Mischlingsmännchens
ihre Vitalität. Der gravierende Makel für eine widerstandslose Bastardierung gründet sich freilich auf dem Fehlen weiblicher Pendants. Unter den
Tausenden beim Oderbruch kontrollierten Individuen befand sich kein
einziges fortpflanzungsfähiges Hybridweibchen. Selbst zwei Fälle möglicher «Rückkreuzungsweibchen» ließen sich nicht mit Sicherheit bestätigen. Daran ist zu ersehen, dass bei diesem Artenpaar ebenfalls die
Spaltung in zwei Biospezies bestehen bleibt.

Mayrs Entwurf und die wundersame Artenvermehrung

Wie die skizzierten Beispiele andeuten, bewährte sich das Biospezies-Konzept in überaus vielen Fällen und avancierte im 20. Jahrhundert zumindest unter Ornithologen zum dominierenden Artkonzept. Vögel eignen sich dafür in besonderem Maße, weil ihr gestaltlich und farblich nuancenreiches Äußeres, die Fülle komplexer Verhaltensweisen und der enorme Reichtum an Lautäußerungen bei dieser Betrachtungsweise sämtlich zur Artbestimmung herangezogen werden können. Da verwundert es kaum, dass Mayr bereits als Jugendlicher ein begeisterter Vogelbeobachter war. Der im Allgäu geborene studierte Mediziner stieg über einen abenteuerlichen Werdegang schließlich zum Star-Professor an der Harvard-Universität auf.[75] Entdeckt wurde sein Talent durch den Begründer der modernen Ornithologie Ernst Stresemann. Der Kustos am Berliner Naturkundemuseum war es auch, der den «werdenden Stern», so Stresemann wörtlich, schließlich zum Fachwechsel von der Medizin zur Zoologie überredete.[76] Von Berlin aus führte der weitere Lebensweg über drei Forschungsreisen in Neuguinea und der Südsee noch vor der Machtübergabe an Hitler an das American Museum of Natural History in New York, die erste seiner beiden Wirkungsstätten in Amerika.[77]

Mayr konnte sich auf die Ideen und herausragenden Vorarbeiten seines Berliner Mentors und dessen Mitarbeiter Bernhard Rensch stützen. Diese beiden hatten zuvor selbst den Sunda-Archipel besucht und die bunt gemischte Pracht zwischen Papageien und Mennigvögeln, Blütenpickern und Liesten (Eisvögeln) erleben dürfen.[78] Ebenso zersplittert wie der südostasiatische Inselkosmos war ihre Formenvielfalt. Sie ebnete den Weg zu den genialen Einfällen, wie in der Systematik der Vögel Ordnung zu schaffen sei. Die Zeichnungs- und Farbmuster der gefiederten Inselformen, die häufig geographische Nachbarn repräsentierten, zogen Rensch und Stresemann bei der Bändigung des überquellenden Cocktails aus Arten und Unterarten heran. Allein Stresemann beschrieb im Lauf seines Lebens Hunderte Vogelformen neu für die Wissenschaft. Etliche Mutationsstudien an Spechten, Schmätzern und vielen anderen unterstreichen sein entscheidendes Verdienst: die Einbindung der Genetik in die Betrachtungsweise der Systematiker. Seine wohl spektakulärste Ergänzung zum Register der Ornis gelang ihm mit der Entdeckung des schneeweißen

Balistars (*Leucopsar rothschildi;* siehe Abb. 4-2) auf der Nordwestspitze der kleinen Sunda-Insel. Diesem langbeschopften Mitglied der Starenfamilie wurde sein ästhetisches Charisma freilich zum Verhängnis. Vogelliebhaber aller Welt wollten in den Besitz der magisch schönen Vögel gelangen. Ihrer Gier ist zuzuschreiben, dass am Anfang unseres Jahrtausends gerade ein halbes Dutzend in freier Natur übrig geblieben war.[79] Noch immer tobt der Kampf zwischen Schutzmaßnahmen und Verfolgung, zwischen Bewachen und Auswildern einerseits und illegalem Fang und Tierhandel andererseits.

Der große Durchbruch gelang Mayr in den USA.[80] Dort fand er mit dem gleichfalls in die Neue Welt emigrierten Theodosius Dobzhansky, einem ukrainischstämmigen Genetiker, den entscheidenden kongenialen Partner. Der vitale Feld- und penible Museumsforscher und der an Marienkäfern sowie Fliegen forschende Genetiker ergänzten sich ideal. Der Vogelkundler hatte Neuguinea und den benachbarten Salomon-Archipel als naturgeschichtliches Laboratorium erkannt. Dort sammelte er Material beispielsweise zu den Populationen gewisser formenreicher Eisvogelverwandter (Lieste, *Halcyon*) und Dickköpfe *(Pachycephala)*, die sich geographisch voneinander getrennt «auseinander»-entwickeln konnten und dadurch den Rang neuer Unterarten bzw. Arten erlangten.[81] Eine zeitweise Trennung macht es möglich, dass solche Populationen wieder aufeinandertreffen, ohne sich zu vermischen.

Mit dem neuen Fundament der Evolutionsbiologie war die Voraussetzung für eine geordnete Übersicht über die Vogelfauna geschaffen. Das Projekt eines vereinheitlichten Registers der Vögel erfüllte sich schließlich in *Peters' Check-list,* dem monumentalen Versuch von 1931 bis 1987, weltweit sämtliche Vogelarten und -unterarten zu erfassen. Die Bände 8 bis 15 gab kein anderer als Ernst Mayr heraus.[82] Er fügte selbst über vierhundert Vogelformen zu den Faunenlisten der Welt hinzu.[83]

Was freilich in der ordnenden Aufbruchsphase und auch in den Jahrzehnten danach fehlte, waren technische Hilfsmittel wie bioakustische Analysegeräte und Apparate zur Untersuchung der Körpereiweiße und der DNS. Die genetische Substanz war nicht einmal gefunden! Digitales Hightech lag in ferner Zukunft. Ebenso standen die sensationellen paläontologischen Entdeckungen zu den Ursprüngen der heutigen Vogelfauna noch vollkommen aus. Beispielsweise konnten Mayr und seine Kollegen von der riesigen Gruppe der *Gegenvögel,* von denen kein einziges

Mitglied bis in die Gegenwart überlebt hat, nicht den Hauch einer Ahnung haben. Selbst meine Studentengeneration wusste noch nichts von der Existenz dieser geheimnisvollen Vögel aus dem Erdmittelalter. Erst in den 1980er Jahren wurde das erste Exemplar dieser Gruppe, die vor der großen Aufspaltung des modernen Vogeltypus in viele verschiedene Formen erloschen war, beschrieben.[84]

Bereits die Entwicklung bioakustischer Untersuchungsmethoden bewirkte eine Zunahme anerkannter Spezies. Zugleich förderten die Fortschritte auf dem Gebiet der Molekulargenetik und der Statistik die Erkennung bislang nicht unterscheidbarer Varianten. Das führte erneut zu einer regelrechten Explosion der Artenvielfalt, genauer ausgedrückt: der registrierten Artenvielfalt. In den letzten dreißig Jahren schnellte unter den Vögeln die Artenzahl auf ca. 11 000 Spezies nach oben. Die noch feinere Differenzierung in Unterarten und Populationen ist dabei gar nicht berücksichtigt. Beeindruckende Beispiele für den Artenzuwachs stellen die Eulen und unter den Singvögeln die Laubsänger dar. Das tonangebende *Handbook of the Birds of the World* vermeldete für den zwanzigjährigen Zeitraum zwischen Beginn und Ende seiner Bandfolge allein 15 neue Eulenarten.

Beruht die Unterscheidung einzig oder im Wesentlichen auf wenigen Abschnitten der Erbsubstanz oder gewisser Körperproteine, spricht man von Molekülspezies.[85] Selbst gewiefte Fachleute können solche Arten mit herkömmlichen Methoden oft nicht oder nur unter Schwierigkeiten identifizieren. Dazu zählt beispielsweise unser Zilpzalp, dem die nahverwandten Formen Spaniens und der Kanarischen Inseln stark ähneln; dementsprechend wurden alle drei bis vor einigen Jahren von den Ornithologen noch als eine einzige Spezies behandelt – und doch gelten sie inzwischen als «gute», das heißt eindeutige Arten.[86] Die heutige Vielfalt der Untersuchungsmethoden birgt allerdings auch Zündstoff.[87] Denn sie ziehen abweichende Auffassungen über den Artbegriff und einander widersprechende Einteilungen in der Feinsystematik der Vogelwelt nach sich.

Dank der modernen Methoden lassen sich nun auch die Verwandtschaftsverhältnisse der Vogelgruppen untereinander wesentlich besser begreifen. Dieses Verständnis reicht sogar viele Millionen Jahre zurück bis ins Erdmittelalter. So kennen wir mittlerweile auch die Ausgangsbasis für die heute lebende Vogelfauna. Sie ruht auf vier ungleichen Säulen. Der Ursprung aller vier Gruppierungen liegt noch vor der berühmt-berüchtigten Kreidezeit-Tertiär-Grenze, mit der das Massensterben der Dinosaurier verbunden war. Dem zahlenmäßig sehr kleinen Verband der Urkiefervögel gehören beispielsweise der Afrikanische Strauß, die australisch-papuanischen Kasuare und die neuseeländischen Kiwis an. Ihnen gegenüber stehen die Neukiefervögel mit drei Untergruppen, den Hühnervögeln, den Gänseartigen und dem übergroßen Lager der *Neoaves*.[88] Unter ihrem Dach versammelt sind alle restlichen Gefiederten vom Kaiserpinguin bis zum Hummelkolibri, vom Austernfischer bis zum Spatz.

4. Von der Art zur Persönlichkeit

Jonathan Franzen sucht den Insel-Rayadito

Im Südsommer 2011 steuerte eine Gruppe von Botanikern von Robinson Crusoe Island aus die 200 Kilometer entfernte, noch einsamer gelegene Nachbarinsel Masafuera an (Abb. 4-1). Mit im Boot befand sich ein Passagier ohne botanische Ambitionen: Jonathan Franzen. Der amerikanische Romancier gehört zur Spezies der spätberufenen Vogelfreunde. Nach eigenen Worten vernarrte er sich erst in seinen Vierzigern in die Rufe der Towhee-Ammer, das Lied des Kernbeißers und das apart schimmernde Federkleid des Goldregenpfeifers. Nun gehört er zu den manischen Spähern nach allem, was fliegt und zwitschert, und längst engagiert er sich für ihren Schutz, auch in Europa.[89] So beschreiben seine Reportagen aus Zypern und Malta den Kampf gegen das systematisch betriebene Massentöten unter den Zugvögeln. Dort erliegen Bienenfresser, Schnäpper und Turteltauben der Flinte oder verfangen sich an Leimruten. Auf den knappen Landflächen wird der bunt gemischten Vogelschar die Wanderung über das Mittelmeer, je nach Jahreszeit ins Winterquartier oder zum Brutgebiet, zur Falle.

Diesmal ging es Franzen jedoch um eine geradezu asketische Inselerfahrung auf dem kargen, nicht mehr aktiven Vulkanrudiment, das sich in den Weiten des Pazifischen Ozeans gleichsam als ein winziger Landfleck ausnimmt – unbesiedelt, oft von dichtem Nebel umhangen und Hunderte Meilen fernab vom chilenischen Festland. Über der Basaltlava kümmert, soweit möglich, eine dürftige Vegetation dahin, vielfach von den eingeschleppten Ziegen zerfressen, von den Winden zerzaust.[90] Trotzdem wachsen um die 42 Pflanzenformen ausschließlich an diesem gottverlassenen unwirtlichen Ort von nicht einmal der halben Fläche Heidelbergs, und über 20 andere teilt sich Masafuera allein mit der Nachbarinsel. Ge-

Abbildung 4-1: Masafuera – einsame Insel im Pazifik mit wenigen Tier- und Pflanzenarten. Aber davon kommen etliche nur hier vor. 19.2.2011. Aufnahme: Patricio López-Sepúlveda

rade derartigen, auf einen äußerst kleinen Lebensraum begrenzten Lebensformen fieberten die Mitglieder der Vienna-Concepcion Expedition entgegen.

Zwei Motive treiben den ornithophilen Schriftsteller an. In der Abgeschiedenheit von Alejandro Selkirk Island, wie Masafuera mittlerweile offiziell heißt, setzt er sich mit dem frühen Tod des von Depressionen gebeutelten Dichterkollegen David Foster Wallace auseinander. Die Asche des Verstorbenen, die ihm die Witwe am Vorabend seiner Reise zum Stillen Ozean mitgab, wird er in einem regenfreien Augenblick über den Felsen verstreuen. Den zweiten Grund, weshalb er die Mitfahrgelegenheit in der Botanikerriege genutzt hat, verkörpert ein kleiner, bräunlich gefärbter Sperlingsvogel mit merkwürdig stachelartig auslaufenden Schwanzfedern. In wenigen Exemplaren haust er im zerfurchten Relief des 1300 Meter über die Meeresfluten aufragenden Kolosses. Dort und nur dort führt der spatzengroße Masafuera-Rayadito, zu Deutsch Insel-Stachelschwanzschlüpfer *(Aphrastura masafucrae)*, sein unauffälliges Dasein. In einer steilen Felswand entdeckte man erstmals in den 1990er Jahren ein Nest des versteckt lebenden flinken Akrobaten.[91] Futter tragende Altvögel hatten auf den Standort aufmerksam gemacht. Der Rayadito zählt zu den Töpfervögeln (Furnariidae), die in zahlreichen Arten die Neue Welt besiedeln und der Abteilung der Schreivögel (siehe Kapitel 1) angehören. Genetische Untersuchungen erlauben neuerdings eine Schätzung zum Alter des Inselschlüpfers. Demnach hat er sich vor rund 600 000 Jahren auf den Hängen des vulkanischen Ungetüms entwickelt, das heißt biologisch gesehen, von seinem nächsten Verwandten auf dem südamerikanischen Halbkontinent abgetrennt.[92] Da war Masafuera bereits um die 400 000 Jahre alt, himmelwärts gepresst über einer Bruchlinie am Rand der Nazca-Platte.

Die Suche nach dem Rayadito gestaltet sich schwierig. Obwohl die Vegetation seines Lebensraums niederwüchsig ist und kein Baum über fünf Meter misst, bietet die Flora besten Sichtschutz. Denn in den Hochlagen dominieren Farnteppiche, und entlang den tiefer gelegenen Hängen und Klüften wachsen Baumfarne. Im dichten Farnwald taucht der Rayadito unter und sucht nach Gliederfüßern.[93] Mag sein Reich noch so rau und wenig einladend erscheinen, so geht es doch während des Australsommers an manchen Stellen des Inselbergs außerordentlich lebendig zu. Dann brüten in der Nachbarschaft mehr als eine Million Seevogelpaare. Die beiden Arten, Sturmvögel der Gattung *Pterodroma,* gelten ebenfalls als endemische Vertreter.[94] Es sind schwachbeinige Hochseevögel, die außerhalb der Brutzeit über dem Pazifik umherstreifen und zur Fortpflanzung hier Station machen. Ihre Brut, ein einzelnes Junges, ziehen sie in Erdhöhlen auf. Die eigentliche Aktivität beschränkt sich allerdings auf die Nacht. Auch kehren sie nur in der Dunkelheit von ihren Meeresausflügen zu ihrem Nistplatz heim. Und noch eine Besonderheit kommt ihnen zu: Sie verfügen, für Vögel untypisch, über einen phänomenalen Geruchssinn.[95] Er könnte ihnen wesentlich beim Aufsuchen des Nistplatzes zugutekommen, wie es von einigen entfernteren Verwandten beschrieben wurde (siehe Kapitel 13).[96]

Franzen hat es aber vor allem auf die absolute Rarität, den kleinen Töpfervogel, abgesehen. Obwohl sich der geübte Birdwatcher redlich abmüht, bekommt er keinen einzigen Rayadito zu Gesicht.

Amsel ist nicht gleich Amsel

Ohne Zweifel spielen Inseln im Alltag und in der Geschichte der Ornithologie eine besondere Rolle – nicht selten auch eine tragische, woran das bereits erwähnte Schicksal des Balistars (Abb. 4-2) erinnert. Inseln offenbarten sich früh den Fernost- und Südseefahrern Wallace, Mayr und Co. als günstige Schauplätze der Artbildung. Den Paradefall dafür gibt der vielfach zerteilte Galapagos-Archipel mit seinen Darwinfinken und Spottdrosseln ab. Doch die meerumspülten Areale repräsentieren keineswegs vielfältige Üppigkeit per se. Normalerweise sind sie nämlich artenarm. Ihre Eigenart besteht darin, dass sie vielfach einen oder einige Vertreter beherbergen, die sonst nirgendwo oder lediglich auf benachbarten «Satelliteninseln» anzutreffen sind. Da es zahllose solcher isolierten Landbereiche gibt, bescheren sie in Summe einen enormen Artenreichtum. Häufig bilden sie Refugien für Vogelformen, die in der räumlichen Abgeschie-

Abbildung 4-2: Balistar-Paar. Die Art ist nur noch in Tierhaltungen sicher. Vogelpark Irgenöd (Bayern), 7.8.2018. Aufnahme des Verfassers

denheit überdauern konnten. Vielleicht verhält es sich so beim Balistar. An solchen Orten fallen gewissermaßen individuelle und artliche Einzigartigkeit zusammen.

Doch muss man nicht auf eine möglichst einsame Insel reisen, um den Zauber der Vogelwelt zu studieren, wie das fortgeschrittene «Birder» gern tun. Glücklich der, der sich am einzelnen Vogel begeistert. Wer so denkt, lässt sich in seinem Enthusiasmus keineswegs vom «Zuordnungspluralismus» der Systematiker, also von der abweichenden Ein- und Unterteilung der geflügelten Vielfalt, beeindrucken. Zwar sind auch die weniger ambitionierten Hobby-Ornithologen auf das Aufspüren möglichst vieler Vogelformen aus, seien es nun Arten, Unterarten oder Populationen. Vor allem aber kommt es ihnen auf die unmittelbare Begegnung mit ihren Lieblingen im angestammten Lebensraum an.

Jede dieser Begegnungen ist einzigartig, ob im Au- oder Mischwald, im Wattenmeer oder Hochgebirge oder «nur» im eigenen Garten. Das liegt aber nur zum Teil an den äußeren Umständen, in erster Linie vielmehr an den Vögeln selbst. Häufig zeigt sich dies schon im Alltag in unserer nächsten Umgebung. Wer gelegentlich etwa dem Gesang einer Amsel lauscht, wird ihn sofort als Amselgesang erkennen, sehr bald aber auch bemerken, dass jede Amsel anders singt.[97] Mit geschärften Sinnen wird jeder Höroder Sichtkontakt mit Amseln, Spatzen und ihren Verwandten in irgendeiner Weise zum singulären Ereignis. Streng genommen hat dabei jeder Beobachter sogar die Wissenschaft auf seiner Seite. Denn die Frage nach der *Persönlichkeit* eines Vogels stößt auch in den Instituten und Universitäten auf wachsendes Interesse. Kohlmeisen gelten für diese Studien als besonders beliebte Forschungsobjekte.

Lauter Individualisten?

Jedes Vogelindividuum ist ein Solitär. Diese Erfahrung machte ich bei meinen ersten Untersuchungen an Starenvögeln, die ich über Jahre in einer großen Gartenvoliere beobachtete. Allerdings handelte es sich nicht um unsere einheimischen Stare, sondern um afrikanische Vertreter der über einhundert Arten umfassenden Vogelfamilie. Tag für Tag ließ sich das Leben dieser Lappenstare (*Creatophora cinerea;* Abb. 4-2) wie auf einem

Präsentierteller verfolgen. Es waren stets um die acht Individuen. Das war übersichtlich, und so lernte ich Vorlieben und Eigenarten der einzelnen Lappenstare kennen. Die erste Aufgabe bestand darin, möglichst alle Tiere gesund und lange am Leben zu erhalten. Nur so ließ sich ein Bild von dauerhaft gültigen Eigenschaften einzelner Vögel gewinnen. Insbesondere interessierten mich das Gruppenleben und die Balzgewohnheiten. Schließlich schritten «meine» Vögel zur Fortpflanzung. Bereits zuvor hatte ich das Beobachten dieser Savannenbewohner in der großen Flughalle des Frankfurter Zoos einüben können, wo im Lauf der Jahre Dutzende erbrütet und aufgezogen wurden. Einige meiner «Gartengäste» entstammten der Frankfurter Zoozucht, aber die meisten waren direkt aus Kenia nach Deutschland gelangt.

Der Artname geht auf die Eigentümlichkeit zurück, dass ein Teil der Vögel *zeitweise* lappenartige Anhänge wie große Klunker am Kinn trägt. Diese können sich zurückbilden. Ein außerordentliches Merkmal besteht in dem enormen Variantenreichtum, aufgrund dessen man einzelne Individuen gut voneinander zu unterscheiden vermag. Der Kopf kann fast vollkommen befiedert sein. Häufig sind jedoch die oberen Kopfbereiche fast bis zu den Nackenfedern teilweise oder vollständig unbefiedert. Außerdem gibt es unter den Lappenstaren in Färbung und Zeichnung der Flügel starke Unterschiede. Alter, Geschlecht, saisonbedingte Einflüsse und ganz individuelle Nuancen – diese Faktoren wirken zusammen und schaffen eine breite Palette unterschiedlich aussehender Artgenossen. Im ursprünglichen Lebensraum vorwiegend in Schwärmen, großen Brutkolonien und Nesternachbarschaften organisiert, sind das für die Lappenstare beste Voraussetzungen zum persönlichen Erkennen. Dabei ist die im Vergleich zu uns Menschen enorme Zeitdehnung zu bedenken, mit der Vögel ihre Umwelt, also auch Schwarmmitglieder und Verbandsgenossen, wahrnehmen (siehe Kapitel 13). Minimale Unterschiede können sie demgemäß selbst an fliegenden Individuen registrieren.

Auch meine Vögel sahen sehr unterschiedlich aus. Drei meiner Achtergruppe besaßen herrlich lange Lappen, wiesen aber Abweichungen im dunkel-hellen bzw. schwarz-weißen Flügelmuster auf. Freilich machte erst das Verhalten meine Stare zu «echten» Persönlichkeiten. Eine derartige Einsicht erlangt derjenige leicht, der Vögel zu Hause in Käfigen oder in einer Voliere hält: Er kennt jeden seiner Pfleglinge, ja lebt mit ihnen regelrecht zusammen und betrachtet sie gewissermaßen als Familien-

Abbildung 4-3: Lappenstare. Bloemfontain (Free State, Südafrika), 7.12.2010. Aufnahme des Verfassers

mitglieder. Für ihn stellt sich die Begegnung mit dem Einzelvogel ganz anders dar als für den Vogelkundler, der unter bestimmten Gesichtspunkten gewisse Verhaltensäußerungen seiner Beobachtungsobjekte im Freiland oder im Labor systematisch erfasst. Exakte Protokolle gehörten zwar ebenfalls – in Wahrheit vorrangig – zu meinen Aufgaben, doch die «Ticks», «Manien» oder exklusiven Gewohnheiten einzelner Vögel hinterließen spontan einen besonders tiefen Eindruck. Da lässt sich zum Beispiel «Silberglanz» anführen, ein altes Männchen. Als einziger Lappenstar der Gruppe hatte dieser Wildfang die Angewohnheit, mit dem Schnabel die schwarzen Steuerfedern am Grund weit auseinanderzuzirkeln. Auch später habe ich nie mehr einen derartigen Fall beobachtet.[98]

Man mag zunächst einwenden, es habe sich lediglich um «Gefangenschaftsvögel» gehandelt. Die passende Antwort auf diese durchaus begründete Skepsis war als Erstes in einer möglichst großzügigen Gestaltung ihres Wohnraums zu sehen. Schließlich sind Lappenstare außerordentlich flugaktiv. Mehr noch: In ihrer afrikanischen Heimat führen sie ein nomadenhaftes Leben. Zugleich muss aber auch jedem Zweifler klar sein, dass die sogenannte Freiheit keineswegs einen paradiesischen Zustand darstellt. Voraussetzung für subtile Studien an in Gruppenverbänden lebenden Vögeln bildet in jedem Fall eine naturähnliche Einrichtung. Das fängt schon mit der Platzwahl für eine Voliere an, der Frage nach Sonnenlicht und Schatten, möglichen umgebenden Störreizen und so fort. Die Voliere soll selbstverständlich geräumig sein und Deckung bieten, bepflanzt, mit reichlicher Ausstattung an Ästen, Nistmöglichkeiten und mehreren Futterstellen. Selbst so soziale Vögel, wie es Stare nun einmal sind, müssen auch voreinander ausweichen können. Die beste Gewähr dafür bietet eine «weiche» Untergliederung ihres Heims in angedeutete Nischen. Zudem benötigen tropische Pfleglinge einen beheizbaren Innenraum. Bei der Planung ist weiterhin an allerlei Details zu denken, die in der Begeisterung leicht vergessen oder verdrängt werden könnten. Dazu gehörte im konkreten Fall die Untergitterung der Anlage im Boden als Maßnahme gegen Ratten, die ins Gehege hätten eindringen können. Vorkehrungen waren auch gegen mögliche Gefahren von oben zu treffen. In der Nacht hätte nämlich ein Waldkauz die Stare aufschrecken, durch das Gitter greifen und einen der aufgescheuchten Volierenbewohner packen können.

Nachdem all diese Überlegungen in ein brauchbares Vogelheim gemündet waren, konnte das Abenteuer mit den Staren aus der Savanne starten. Wie äußerte sich nun die Individualität nach der Eingewöhnung? Zur schnellen Erkennung waren die Vögel mit Farbringen um das Bein markiert. Die drei erwähnten prächtigen Männchen saßen auffallend gern nah beieinander. Überhaupt wunderte ich mich über die – man muss schon sagen – extreme «Friedfertigkeit» der Lappenstare untereinander. Die Neigung zu abendlicher Flugunruhe war unter den Gruppenmitgliedern verschieden stark ausgeprägt. Manche gegensätzliche Beobachtungen mögen an der unterschiedlichen Vorgeschichte der Stare gelegen haben. Im Zoo erbrütete Vögel nahmen mit entfalteten, an Zweigen abgestützten Flügeln Sonnenbäder im Geäst; dagegen suchten wildgeborene zu diesem Zweck den Untergrund auf.

Im Zug zum anderen Geschlecht regierten offenkundig individuelle Vorlieben. Ihr Interesse an einem Partner bekundeten die Volierenbewoh-

Abbildung 4-4: Gruppenleben in der Voliere. Lappenstare verfügen über ein variantenreiches Ausdrucksverhalten. *Weibchen Blau-Rot-links* (oben und links unten, auf Nistkasten) zwischen unterschiedlichen Tendenzen «hin- und hergerissen» – ein für dieses Individuum charakteristisches Stimmungs- gefüge. *Weibchen Rot-rechts* (rechts unten) zeigt hochsexuelles Interesse an. Nieder-Olm, 19.1.1976. Aufnahme des Verfassers

ner insbesondere mit geierartigen Körperstellungen, einem dem Lappen- star eigentümlichen Verhaltenstyp in mannigfachen Abwandlungen. Bei- spielsweise erwärmte sich *Weibchen Gelb* für *Männchen Blau-Blau-links*. Ansonsten neigte *Gelb* dazu, mit den Flügeln zu zittern, ein Ausdruck der Unterlegenheit in der Gruppe. Besonders *Weibchen Blau-Rot-links* hatte es mir angetan. Bei unterschiedlichsten Gelegenheiten «hin- und hergerissen», vollführte das erregte Tier deplazierte, ruckartige, hastige Bewegungen oder sträubte «igelartig» das Kopfgefieder (siehe Abb. 4-4).[99]

Es dauerte mehr als zwanzig Jahre, bis ich Lappenstare erstmals in der natürlichen Umgebung hautnah erleben konnte. An der südafrikanischen Küste, nur wenige Meter vom Indischen Ozean entfernt, war ich auf einmal von ihnen umgeben. Zu nah für eine Aufnahme mit dem Teleobjektiv! Diese fliegenden Nomaden waren bis zum Rand des Kontinents gewandert, wo es nach Süden kein Weiterkommen gab. Zwölf Vögel, denen ich, magisch angezogen, folgte, deren Verhalten ich regelrecht «einsog» – sozusagen ein Lackmustest für meine «Laborstudien» und die Erfüllung eines Traums. Würden die Befunde aus dem fernen Europa den Test fast zehntausend Kilometer südlich, also im eigentlichen Lebensraum, bestehen? Es erschien mir wie ein Gnadenerweis, als sich in freier Natur erstmals einer der vor meinen Augen gelandeten Stare für einen kurzen Moment wie selbstverständlich in geierartiger Pose präsentierte! Bis heute überkommt mich bei der Erinnerung an diesen Augenblick das Gefühl der Erleichterung.

Zwischen Konstanz und Verwandlung

Wie wir gesehen haben, sind unsere Kenntnisse über die Vogelarten in den vergangenen Jahrzehnten mit beeindruckender Geschwindigkeit gewachsen. Da allerdings, wo es um die Einstufung und Beurteilung innerartlicher Abweichungen geht, stoßen wir auf erheblichen Nachholbedarf. Zunächst einmal sollte man sich bewusstmachen, wie der Lebensentwurf des einzelnen Vogels grundsätzlich aussieht. Von vornherein bestimmend für das individuelle Schicksal ist das Geschlecht. Für den weiteren Verlauf gibt der Zeitpfeil den Takt an, denn das Individuum ist ja nicht zeitlebens gleich. Als Nestling oder Nestflüchter in die Welt gesetzt, durchläuft es über die Entwöhnung, das Teenager- oder Jugendstadium und womöglich noch weitere Zwischenstadien bis zur Geschlechtsreife des voll erwachsenen Vogels mehrere Lebensabschnitte. An der Mauser, einer Spezialität der Vögel, lässt sich rein äußerlich die Chronologie dieser Lebensphasen nachvollziehen. Obwohl vielen Vögeln nur ein kurzes Leben beschieden ist, bringen es doch manche auf etliche Lebensjahre.

Gerade Vertreter mit hoher Lebenserwartung unterliegen häufig als Halb-
oder Quasi-Erwachsene einem fortgesetzten Reifungsprozess, der sich
auch im Gefiederkleid widerspiegelt. Beispielsweise legen Bart- und Gän-
segeier ihr Alterskleid erst mit fünf oder gar sechs Lebensjahren an.[100]
Wer etwa das Alter eines am Himmel fliegenden Seeadlers abschätzen
will, wird beim Blick ins Bestimmungsbuch eine Folge mehrerer noch
nicht ausgereifter Federkleider (bis zum fünften Kalenderjahr) beschrieben finden.

In den Tropen verkörpern die Kaffernhornraben (*Bucorvus leadbea-
teri*) ein treffendes Beispiel für einen lang andauernden Entwicklungs-
prozess.[101] Sie sind die größten Vertreter der Nashornvögel. Bis über
sechs Kilogramm bringen die Männchen auf die Waage. Bei diesen mas-
sigen Bodenvögeln geben die Ausdehnung und Färbung nackter Haut-
partien am Kopf bzw. Kehlsack Auskunft über den Reifezustand. Erst
mit sechs Jahren, also mit dem Eintritt der Geschlechtsreife, lassen sich
Männchen und Weibchen äußerlich sicher unterscheiden. Die imposante Spezies benötigt nicht nur viel Zeit bis zum Erreichen des Erwach-
senenstadiums. Auch danach werden die Vögel für das Gelingen ihrer
Fortpflanzungsbemühungen auf eine harte Probe gestellt, wie eine
Langzeitstudie im Krüger-Nationalpark offenlegte. Demnach glückt
durchschnittlich nur alle neun Jahre die Aufzucht eines Jungvogels aus
dem Zweiergelege. Das Nestgeschwister verhungert stets, und zwar
meistens sehr bald nach dem Schlupf, in jedem Fall aber noch vor dem
Verlassen der Bruthöhle.[102]

Besonders lange dauert es bei Hochseevögeln bis zur ersten Brut. Der
Wanderalbatros (*Diomedea exulans*, siehe Abb. 13-1), mit über drei Meter
Flügelspannweite ein Meistersegler der Südhalbkugel, unternimmt mit
neun bis elf Jahren den ersten Versuch.[103] Ähnliches gilt für die ebenfalls
langlebigen, doch wesentlich kleineren Eissturmvögel der nördlichen
Meere. Diese für ihren eleganten Gleitflug bekannten Röhrennasen weiteten in den letzten Jahrhunderten ihr ursprünglich rein arktisches Verbreitungsgebiet mächtig aus.[104] Ihr Siegeszug fiel mit dem Aufblühen der
neuzeitlichen Wal- und Fischfangflotten zusammen und führte bis an die
britische Küste und schließlich auch nach Helgoland. Dort wurde 1972
erstmals eine Brut verzeichnet.[105] Wie bei vielen anderen Vogelarten
hängt es bei ihnen auch vom Geschlecht ab, wann sie zum ersten Mal zur
Brut schreiten. Die weiblichen Eissturmvögel warten damit ungefähr bis

zum zwölften Lebensjahr; ihre männlichen Pendants lassen sich schon vier Jahre früher darauf ein.[106]

Dennoch sind es nicht allein Geschlecht, Alter und Lebenserwartung, die ein Vogelindividuum von Grund auf prägen. Vielmehr tragen die Angehörigen mancher Arten, genetisch bestimmt und unabhängig vom Geschlecht, deutlich voneinander abweichende Federkleider, die sie ihr Leben lang beibehalten. Für derartige Morphen oder «Phasen» bilden wiederum die Eissturmvögel ein exzellentes Beispiel.[107] Unter ihnen kommen nebeneinander vier deutlich verschiedene Morphentypen vor. Das Spektrum reicht von sehr hell getönten Vögeln bis zu Individuen mit dezidiert dunklem Anstrich. Regional unterscheidet sich der Anteil der jeweiligen Morphen. Wo die Art auf den europäischen Gewässern – gleichsam den Fangschiffen folgend – in südlicher Richtung vorgedrungen ist, überwiegen deutlich die hellen Individuen.[108]

Vogelarten, die durch zwei oder mehr Morphen repräsentiert werden, stellen eher Ausnahmen dar. Immerhin zählen etliche Greifvögel dazu, etwa der Mäusebussard, von dem drei Phasentypen mit stufenlosen Übergängen bekannt sind.[109] Mit einem besonders rätselhaften und spannenden Fall zweier stark kontrastierender Morphen hat man es beim Kuckuck zu tun, und zwar ausschließlich bei den weiblichen Individuen.[110] Die große Mehrzahl dieser Brutschmarotzer tritt, den männlichen Artgenossen ähnlich, in sperberartigem Gewand auf: oberseits grau, mit gebänderter Bauchseite und gelber Iris. Demgegenüber erinnert ein gewisser, regional variierender Anteil rotbraun gefärbter Weibchen vage an Turmfalken. Vogelkundler zerbrechen sich bis heute den Kopf darüber, worin der Vorteil dieser seltenen Gefiedervariante liegen könnte.

Als Erster packte der finnische Populationsbiologe Paavo Voipio, Redakteur der *Ornis Fennica*, die sperrige Frage systematisch an. In «seinem» Fachjournal formulierte er in einem ausführlichen Beitrag 1953 für die beiden Färbungsalternativen die Sperber-Turmfalken-Mimikry-These. Zugleich leitete er damit eine bis heute währende kontroverse Diskussion ein, die in Wahrheit einem Puzzle mit zahlreichen Akteuren gilt. Kompliziert wird seine Lösung durch die Tatsache, dass sich auf der Liste der Kuckuckswirte gänzlich unterschiedliche, darunter ausgesprochen wehrhafte wie verletzliche Herbergsvögel finden. Wohl unbestreitbar ist die naheliegende Vermutung, dass Kuckucksweibchen der rotbraunen Variante aufgrund ihrer Seltenheit von den möglichen Wirtsvögeln nicht so leicht als Brutparasiten wahrgenommen werden wie ihre gesperberten Artgenossinnen.[111] Daher sollte es den rotbraunen Weibchen auch eher gelingen, ihre Eier in die Nester zukünftiger Pflegeeltern zu schmuggeln. Mit dieser Antwort bleibt freilich die Ausgangshypothese noch ungeklärt, ob nämlich die Morphen, vor allem auch die der rotbraunen Gestalt, in den Vogelgesellschaften überhaupt als Greifvogelimitationen «durchgehen».

Dass sich Singvögel tatsächlich gegenüber der grauen Kuckucksmorphe ähnlich vorsichtig verhalten wie gegenüber dem vermuteten Vorbild, dem Sperber, ließ sich neuerdings wiederholt bestätigen, zum Beispiel durch Attrappenexperimente tschechisch-slowakischer Forscher.[112] Sie hatten in verschiedenen Gärten die mögliche abschreckende Wirkung von Kuckucks-, Tauben- und Greifvogelattrappen auf ansässige Kleinvögel erfasst. Für das Gegenstück in dem Puzzle, die vermutete Turmfalken-Mimikry, lieferte die Versuchsserie jedoch keine Anhaltspunkte. Wie zu erwarten, beunruhigten zwar die Turmfalken-Attrappen die getesteten Kleinvögel. Aber von Furcht vor der vermeintlich an die Falkenfärbung angelehnten Kuckucksmorphe war bei den beobachteten Sperlingen keine Spur. Sie benahmen sich in ihrer Nähe fast genauso ungeniert wie bei der Darbietung einer Attrappe der harmlosen Türkentaube. Überzeugende Nachahmer des Falken müssten demnach anders aussehen.

Der Zoodirektor, der das Individuum entdeckte

Die zuvor genannten Beispiele unterstreichen, dass sich die Vielfalt der Tiere keineswegs in unterschiedlichen Arten erschöpft. Und das, wie dargelegt, aus diversen Gründen. Hunde- und Katzenhalter wissen um die Individualität ihrer Hausgenossen. Bei Wildtieren und erst recht Vögeln sind solche Nachweise freilich schwerer zu führen. Grundsätzlich, das heißt hier aus Sicht der Evolutionsbiologie, würden ohne derartige Verschiedenheiten, meist Nuancen, Arten viel eher verschwinden. Wie könnten sich dann überhaupt neue Arten bilden? Zugang zu den individuellen Feinheiten im Verhalten bekommt, wer über längere Zeit intensiven Kontakt mit vielen Tieren und darüber hinaus vor allem mit mehreren Angehörigen jeweils einer Spezies hat. Einen derartigen Fall repräsentierte der Zoologe Heini Hediger

Der 1906 in Basel geborene Kaufmannssohn entwickelte früh eine ausgesprochen innige Beziehung zu Tieren. Zu Hause umgab ihn bald eine kleine Privatmenagerie. Auch außerhalb suchte er beharrlich die Nähe von Getier aller Art – Fischen, Hunden, Ziegen, einem Menschensilben stammelnden Eichelhäher bis zu Panther und Gnu im nahe gelegenen «Zolli», dem Zoologischen Garten der Stadt. Hediger wurde im Laufe seiner Karriere nacheinander der Leiter der drei Schweizer Tiergärten. Er konnte sich nicht erinnern, jemals einen anderen Beruf angestrebt zu haben als den eines Zoodirektors. Eine einjährige Südseefahrt stärkte seinen Sinn für die Formenvielfalt in der Tierwelt. So wie es Wallace und Stresemann vorgemacht hatten, ging der Zoologiestudent in der fernöstlichen Inselwelt auf Sammeltour. Hier hatte er gewissermaßen auch erstmals ernsthaften Kontakt mit «fliegenden» Tieren, nämlich mit flugverdächtigen Schlangen, denen er eine seiner ersten Veröffentlichungen widmete.[113] Allerdings erwiesen sich die mutmaßlichen Flugkünste von *Dendrelaphis calligaster* als nichtig. Danach tauchten auch gefiederte Studienobjekte, vom Höckerschwan bis zum Marabu, regelmäßig in Hedigers großem Œuvre auf.

Mehr als die meisten anderen Naturforscher schöpfte Heini Hediger aus dem Vollen, denn als Tiergartendirekor war er zwangsläufig mit der gesamten Breite des Organismenreichs konfrontiert. Hier hatte er nicht nur mit den uns geläufigen Zooinsassen zu tun, Flusspferden und Elefanten, Keas und Pinguinen, Krokodilen und Vogelspinnen und so fort. Sein Augenmerk musste sich notgedrungen auch auf deren Schmarotzer, Einzeller, Haar- und Bandwürmer, richten. Hinzu kamen all die ungebetenen, freilaufenden Gäste eines Zoobetriebs, wie Futter stehlende Ratten oder Rotfüchse, die es etwa auf Wassergeflügel und ihre Brut abgesehen haben könnten. Weil jedem Zootier die unbedingte Zuwendung gehört, wurde der Blick für Feinheiten seiner Verfassung und seines Verhaltens, kurz: für das Individuelle, geschärft. Womöglich gerade deshalb fand Hediger den Zugang zum tierlichen Individuum als eigenständigem Subjekt viel früher als andere professionelle Tierforscher und Verhaltenskundler. Beispielhaft unterstreicht dies die folgende drastische, im wahrsten Sinne singuläre Beobachtung Hedigers bei seinen jugendlichen Besuchen im «Zolli», in einer noch rohen Ära der Tierhaltung. Ein Hermelin, dem lebende Ratten als gängige Leckerbissen dargeboten wurden, lehnte eines Tages eine zur Fütterung vorgesehene Ratte aus unerfindlichen Gründen ab und ging mit ihr eine monate- oder sogar jahrelange Freundschaft ein.

Der Zoodirektor und Universitätslehrer konnte eine Reihe von Schülern für sein Credo gewinnen, die sich an der Artenvielfalt und zugleich maßgeblich am einzelnen Tier orientierten. Zum ersten Mal begegnete ich Hediger als junger Student, als das Lorenz'sche Denken und dessen Vorstellung von Instinkthandlung und dem sogenannten arttypischen Verhalten weithin noch en vogue war. Das Dumme war nur, dass sich die von mir beobachteten Tiere vielfach nicht daran hielten. Aus meiner Sicht nahm Hediger dagegen das einzelne Tier ernst. Dieser Ansatz half mir später maßgeblich, das uneinheitliche Verhalten der Lappenstare, die ich zu Dutzenden hielt, als natürliche Vielfalt zu verstehen. Unter ihnen fand sich etwa das *Männchen Rechts-Doppelschwarz,* dessen Gebaren nach meinem Eindruck zu dem der Artgenossen fast «abartig» kontrastierte und dem ich den Spitznamen «Sigmund Freud» gab.

Hedigers Themen waren stets ganz konkret. Wie spielen oder sonnen sich die Gehegebewohner? Wie begegnen sich fremde oder miteinander vertraute Tiere? Wie trinken Finken, Papageien und Flamingos? Auf solche Fragestellungen suchte und erwartete er Antworten. Unter den Fittichen eines Betreuers, der zugleich als Zoochef über Hunderte von exotischen wie einheimischen Gefiederten, Geschuppten und Gezähnten verfügte, war die Beobachtungspalette nahezu unbegrenzt. Einer seiner Doktoranden, Robert Keller, nahm die Spielleidenschaft der Keas unter die Lupe. Er entdeckte die Fähigkeit dieser neuseeländischen Papageien, Purzelbäume zu schlagen, zu schaukeln sowie Schneekugeln und Schneewalzen herzustellen und vor sich her zu schieben.[114]

Hediger feierte das Individuum sozusagen als Unzeitgemäßer. Doch mittlerweile sind Untersuchungen über individuelle Temperamente, etwa an Kohlmeisen oder Staren, geradezu modern. Als Maß dienen unter anderem die Aktivität, Aggressivität und die Neigung eines Vogels, seine Umgebung zu erkunden (siehe Kapitel 13).[115] Besonders anschaulich erscheinen mir individuell unterschiedliche Schlafgewohnheiten. Unter Blaumeisen, deren Verhalten mit Hilfe von Infrarotkameras in Nistkästen aufgezeichnet wurde, fanden sich ausgeprägte Langschläfer und andere, die wesentlich früher munter wurden und später zu Bett gingen.[116] Ihre Nächtigungsweise behielten die Tiere dauerhaft bei. All diese Persönlichkeitsforschung steckt freilich noch in den Anfängen.

Auf dem Boden seines jahrzehntelangen Umgangs mit einem großen Spektrum konträrer Vier- und Zweibeiner sowie «beinloser» Vertreter stand für Hediger zudem ein tierliches Erleben außer Zweifel.[117] Er präsentierte damit energisch den Gegenentwurf zur Verhaltensbiologie von Konrad Lorenz. Der österreichische Nobelpreisträger hatte die Frage, ob wir Tieren ein subjektives Erleben zubilligen und darüber etwas erfahren könnten – entgegen der eigenen Intuition –, verworfen.[118] Mittlerweile hat sich der Wind in der Fachwelt gedreht.[119] Hediger hätte seine Freude an dieser Trendwende. Bereits im ersten Jahrgang der renommierten ethologischen Zeitschrift *Behaviour* (1947) führte er unter dem Titel «Ist das tierliche Bewußtsein unerforschbar?» stichhaltige Argumente ins Feld.[120] Der englische Soziobiologe Tim Birkhead, der durch akribische ornithologische Studien hervorgetreten ist, geht in seinem kürzlich erschienenen Buch *Die Sinne der Vögel* sogar noch weiter als der 1992 verstorbene Tierpsychologe und Zoodirektor. Er verweist ausdrücklich auf die Vögel und führt mehrere Argumente für die Existenz eines «Gefühlslebens» an. Beispielsweise durchleben Büffelweber bei der Paarung durch die ausdauernde Stimulation eines *zusätzlichen*, penisartigen Organs, das selbst *nicht* dem Spermatransport dient, einen Erregungszustand.[121] Birkhead spricht hier unverhohlen von Orgasmus.

An anderer Stelle verweist der Autor auf eine Beobachtung von Sarah Wanless an einem nordenglischen Basstölpel-Paar, das sich nach einer ungewöhnlich langen Trennung von fünf Wochen 17 Minuten lang einer Begrüßungszeremonie hingab, die bei diesem Meeresvogel normalerweise ein bis zwei Minuten in Anspruch nimmt.[122] Derartige Beobachtungen repräsentieren aber nur die Spitze eines Eisbergs empirischer Befunde, die zumindest für viele Vogelarten eine hochkomplexe Psyche nahelegen. Für Aufsehen sorgten etwa die Versuche mit Kalifornienhähern *(Aphelocoma californica)*, die sich beim Anlegen von Nahrungsverstecken von Artgenossen beobachtet sahen und daraufhin ihre Vorratsplätze verlegten. Offenbar «durchschauten» sie ihre Gruppengenossen.[123] Um Zeuge solcher kognitiven Höchstleistungen im Freiland zu werden, bedarf es zumeist einer kräftigen Portion Glück. Dieses Birder-Glück widerfuhr Chris Maser in Oregon, als er der Taubenjagd eines Kolkrabenpaares in einem Canyon zusah.[124] Was sich ihm bot, stellte allerdings eher ein grausiges Schauspiel dar. Einem der Raben war es gelungen, aus einer aufgescheuchten Taubengruppe ein Tier zu isolieren. Die beiden Raben setzten der

Taube nach, hetzten sie im Canyon arbeitsteilig hin und her und töteten sie schließlich. Später fand Maser die Überreste weiterer Tauben, die offenbar ebenfalls die Beute von Kolkraben geworden waren. Der Verdacht, dass hier zwei hervorragend aufeinander abgestimmte Rabenindividuen als Jägerduo tätig waren, drängt sich geradezu auf.

II. ZWISCHEN PARTNERSCHAFT UND FEINDSCHAFT

5. Krähen, Raben und Stare: Geselligkeit und der Reiz des Andersartigen

Gesprächigkeit einer Krähe

Unter der Überschrift «In Plauderlaune» erschien kürzlich im Regionalteil der *Frankfurter Allgemeinen Zeitung* ein Bericht über eine Krähe, die den Hausmeister auf dem Hof der Stadtschule im hessischen Schlüchtern mit «Hallo, ich hab Hunger» ansprach und sich offenbar auf dem Schulgelände häuslich niederzulassen gedachte. Am Tag danach versetzt das kluge Tier Schüler und Lehrpersonal gleichermaßen in Staunen, als ein Lehrer sein Handy zückt und ein Photo von dem schwarzen Vogel machen will. Der reagiert nämlich mit dem Satz «Was soll das!» Bald darauf betritt die Krähe den Altbau der Schule, gelangt in den zweiten Stock, geht einen Gang entlang und gerät durch die offene Tür in einen Klassenraum, in dem eine neunte Klasse gerade Unterricht hat. Dort setzt sich die Krähe zunächst auf das Lehrerpult, danach postiert sie sich vor der Tafel. Schließlich gelingt es, sie einzufangen und einer Tierfreundin zu übergeben, die sie in einer Hundebox provisorisch unterbringt. Hier drohen dem offensichtlich an Umgang mit Menschen gewöhnten Vogel weitere Unannehmlichkeiten. Als sich die Katze der Tierfreundin dem eingekerkerten Tier nähert, krächzt dieses durchaus folgerichtig: «Geh weg.»

Von Krähenvögeln liegen derart verblüffende Beobachtungen in großer Zahl vor. Im dritten Wiener Gemeindebezirk wurde ich vor mehreren Jahren im Schweizergarten Zeuge, wie eine Krähe das Strafmandat von der Vorderscheibe eines parkenden Autos entfernte und die Anzeige mit dem Schnabel aus der durchsichtigen Umhüllung herausklaubte. Ich konnte es kaum fassen, als sich unmittelbar darauf die «subversive» Plünderung an einem weiteren Fahrzeug wiederholte.

Abbildung 5-1: Drohende Saatkrähe (im Vordergrund eine Nebelkrähe).
Ostungarn, 3.3.2013. Aufnahme: Christoph Roland

Schlafen unter freiem Himmel

Kolkraben, Saatkrähen, Elstern und viele andere – sie alle zählen zu den
Eigentlichen Krähenvögeln oder Krähenvertretern im engeren Sinn –
zeichnen sich nicht nur durch hohe Intelligenz aus; sie neigen auch zum
Zusammenschluss zu stattlichen Vergesellschaftungen. Beispielsweise
nisten Saatkrähen (Abb. 5-1) in Kolonien von Dutzenden oder Hunder-
ten Brutpaaren. Weithin bekannt sind sie freilich vor allem für ihre großen Schlafgemeinschaften, die in der kalten Jahreszeit etliche zehntausend Individuen umfassen können. Elsternpaare dagegen verteidigen ihre
Brutterritorien gegen Artgenossen. «Revierlose» übernachten in Gruppen von 10 bis 20 Vögeln gemeinsam an einem Schlafplatz. Im Winter
allerdings wachsen die Schlafgemeinschaften, wenngleich viel kleiner als
bei den Saatkrähen, auf bis zu 150 oder sogar mehr Nächtigungsgenossen
an.[1]

   Wie kommt es in der Krähensippschaft zu den mitunter nach Millionen Individuen zählenden Massenansammlungen? Der deutschamerika-

nische Rabenforscher Bernd Heinrich schilderte in einem seiner fulminanten Rabenbücher ein solches beeindruckendes Massenphänomen an-
lässlich eines Aufenthalts in München.[2] Dort sollte es angeblich überall
Kolkraben geben. Bei der Ankunft bemerkte er allerdings fast überall in
den Vororten Saatkrähen. Nach seinen Worten flog etwa eine Stunde vor
Einbruch der Dunkelheit eine endlose «Autobahn» dieser Krähen über
dem Stadtzentrum, wo er am Zoologischen Institut eine Vorlesung hielt.
Sogar nach einer Stunde «kamen sie immer noch vorbei».[3] Er besuchte
schließlich ihren Schlafplatz in einem Fichtenwäldchen am Rande der
Stadt und beobachtete den Einfall der Krähenwolken. An den Rufen erkannte er, dass drei Arten – außer den Saatkrähen Dohlen und Rabenkrähen – an dem «furchterregenden» Schauspiel beteiligt waren. In einem anderen Fall berichten John M. Marzluff und Tony Angell von zwei Millionen Amerikanerkrähen *(Corvus brachyrhynchos)*, die in Oklahoma gemeinsam auf einem Fleck gemeinsam nächtigten.[4]

Für die Schlafgemeinschaften der Krähengattung sind drei Vorteile
weithin anerkannt: günstiger Einfluss auf das Mikroklima, Feindabwehr
und Informationsaustausch. Viele Krähen auf einem Fleck produzieren
mehr Wärme als wenige Krähen. Ebenso entdecken viele Augen eher einen Feind als ein einzelnes oder wenige Augenpaare. Obendrein führt die
Gruppenbildung als solche bereits zur Verminderung der Bedrohung
durch Raubfeinde. Die Gefährdung wird auf mehr Individuen verteilt und
dadurch gewissermaßen verdünnt. Und je mehr Krähen sich an einem
Ort sammeln, desto geringer wird die Wahrscheinlichkeit für die einzelnen Schwarmmitglieder, zur Beute zu werden. Ohnehin gilt ganz allgemein, dass eine zusammengerottete Individuenschar oftmals einem Fressfeind Paroli zu bieten, ihn anzugreifen und zu verwirren vermag.[5]

Krähen und Raben sind aber nicht die Einzigen im Vogelreich, die
Nächtigungsassoziationen bilden. Vielmehr ist dieses Phänomen unter
den Gefiederten weit verbreitet. Zu den Schwarmschläfern zählen etwa
Spatzen und Feldsperlinge.[6] Auch Bachstelzen, die nichts (mehr) mit dem
Brutgeschehen zu tun haben, schließen sich in kleinen Trupps oder in in-
dividuenstarken Scharen zur Nachtruhe zusammen.[7] Um die fünftausend
dieser langschwänzigen Singvögel können sich im Schilf zusammenfin-
den. Eine Forschergruppe um den englischen Biologen Donald Maurice
Broom hat sogar bestimmt, wie dicht die Bachstelzen beieinandersitzen.
Nach diesen Untersuchungen halten sie selbst bei starkem Frost einen In-

dividualabstand von mindestens sieben Zentimetern ein, und das unter freiem Himmel.[8]

Mitunter machen sich an gut beleuchteten Örtlichkeiten großer Städte einzelne Vogelscharen mitten in der Nacht lautstark bemerkbar. Dabei handelt es sich um Stare. Ähnlich den Krähen können sich diese Vögel zu imposanten, mancherorts nach Millionen zählenden Schlafgesellschaften vereinen. Freilich stellt dies nicht die einzige Gemeinsamkeit mit den Krähen dar. Überhaupt weist die 110 Arten umfassende Starenfamilie im Verhalten gewisse Ähnlichkeiten mit der Krähenverwandtschaft auf: Wie diese sind Starenvögel sehr lernbegabt und flexibel, verfügen über ein äußerst variables Stimmrepertoire, neigen zur Schwarmbildung und haben die bemerkenswerte Tendenz, sich auf den Umgang mit anderen Tierarten einzulassen. Stare verbringen die Nacht allerdings vielfach auch einzeln, etwa in Baumhöhlen oder Efeuwänden. Wird es sehr kalt, können sich mehrere in einem Nistkasten einfinden. Normalerweise halten sie, hierin den erwähnten Bachstelzen ähnlich, auch an den Massenschlafplätzen einen gewissen Abstand zueinander. Doch warten Stare offenbar selbst in den Grundzügen mit einem ungewöhnlich variantenreichen, mitunter geradezu widersprüchlichen Verhaltensrepertoire auf, so dass beispielsweise auch in Körperkontakt schlafende Stare angetroffen wurden.[9]

Ihre Gemeinschaftsschlafplätze liegen in unterschiedlichsten Habitaten:[10] in kleinen Waldstücken, wobei ihre Wahl auf Laub- oder Nadelbäume fallen kann, in Hecken und Maisfeldern, über Gewässern im Röhricht und an allerlei anderen Stellen. Gerade bei der Übernachtung im Rohr wird deutlich, dass die intelligenten Vögel ihre Wahl keineswegs dem puren Zufall überlassen. Fallen diese Orte trocken, wird das vormals aufgesuchte Schilf nämlich als Schlafplatz gemieden. Um die Mitte des 19. Jahrhunderts begannen Stare auf den Britischen Inseln im großen Stil auch die Stadt als Übernachtungsraum zu entdecken.[11] Der erste Nachweis stammt aus Dublin. Heutzutage bilden Städte überall Anziehungspunkte für schlafwillige Stare. Mit Vorliebe suchen sie sich dort warme und windgeschützte Orte aus.[12] Der Zug zur massierten, gemeinschaftlichen Übernachtung ist enorm. In Deutschland strömen die Vögel noch aus Entfernungen von 70 Kilometern zu einem Schlafplatz, in Spanien sind es sogar 100 Kilometer.[13]

Unter gewissen Bedingungen kann dieser «Herdentrieb» fatale Folgen haben. Bei einem nachwinterlichen Kälteeinbruch im Frühjahr 1969 fielen

auf dem Gelände des Leipziger Zoos Zehntausende Stare geballt auf dort
wachsenden Bäumen zum Schlafen ein. Unter ihrem Gewicht brachen gesunde, starke Äste «wie Streichhölzer» und rissen die übernachtenden
Vögel in die Tiefe. Mehr als tausend Stare ertranken in dem darunter angelegten Teich.[14]

Wenn Vögel sich etwas mitzuteilen haben

Große Schlafplätze gelten auch als Orte des Informationsaustausches zwischen den versammelten Vögeln. Diese Annahme klingt überzeugend.
Der Beweis dafür allerdings ist nur schwer zu erbringen, denn Vögel lassen sich ja nicht nach Menschenart befragen. Dennoch gelang es dem
Rabenpapst Bernd Heinrich gemeinsam mit dem Forscherpaar John und
Colleen Marzluff, in aufwändigen Freilandversuchen die Vermutung zumindest für Kolkraben (siehe Abb. 6-2) zu bestätigen.[15] Indem sie Hunderte dieser Tiere mit Flügelmarken versahen und Dutzende besenderten,
konnten sie zeigen, dass die Raben an beziehungsweise über Schlafplätzen
tatsächlich Auskunft zum Vorkommen lukrativer Nahrungsquellen geben
sowie umgekehrt erhalten können. Die mächtigen Vögel, die größten unter allen Krähenvögeln, benötigen zum Überleben beachtliche Nahrungsmengen. Vor allem in den Wintermonaten stellt dies in weiten Teilen
ihres Verbreitungsgebiets eine große Herausforderung dar – eben auch in
Maine im Nordosten der USA, dem Untersuchungsgebiet der drei Rabenexperten. Proteinreiche Nahrungsquellen, also Aas und Kadaverreste,
sind hier zu dieser Zeit nur lückenhaft verteilt und stehen überdies lediglich vorübergehend zur Verfügung. Wie können die gefiederten Fleischfresser unter diesen schwierigen Bedingungen ihre Versorgung dauerhaft
sicherstellen? Die Strategie der im Gebiet lebenden Raben besteht offenbar in einem Netzwerk mehrerer wahlweise benutzbarer Schlafplätze,
wohin die Vögel abends aus verschiedenen Richtungen nach und nach
meist einzeln, paarweise oder in kleinen Gruppen eintrudeln. An manchen Abenden allerdings sind die Vögel im angesteuerten Ruheareal von
großer Unruhe gepackt. Sie fliegen dann in großen Trupps ausgedehnte
Runden über ein Areal von mindestens 200 Quadratkilometern, um
schließlich die Nacht in den meisten Fällen an einem anderen als dem ur

sprünglich angepeilten Schlafplatz zu verbringen. Dieser regelrechte Aktivitätsfuror tritt weitaus am häufigsten nach der Entdeckung einer frischen Futterquelle auf. In der Regel, das heißt in fünf von sechs Fällen, nächtigen die Raben in der Nähe der neu erschlossenen Proteinressource. Mit den abendlichen Flugrunden machen die wissenden Individuen offensichtlich ihre unkundigen Genossen darauf aufmerksam. Da die Raben im weiteren Umkreis mehrere Schlafplätze abwechselnd aufsuchen, prägte das Forschertrio für diese Örtlichkeiten den Begriff der «mobilen Informationszentren».[16]

Auch Stare treten oft in ansehnlichen Flugverbänden auf, sind ausgesprochen gesellig und bilden auch außerhalb der Nächtigungsplätze kopfstarke Trupps.[17] Häufig sind ihre Gruppengrößen noch beträchtlich ansehnlicher als die der Kolkraben. Gilt für diese viel kleineren Vögel ebenfalls, dass sie sich über die Lage und Qualität ergiebiger Nahrungsgründe austauschen können?

Hierhin gehört aber zunächst die Frage, wie es um die Stare aktuell bestellt ist. So erfolgreich sie mit Hilfe des Menschen über ihr eigentliches Verbreitungsgebiet, die Alte Welt, hinaus neue Areale eroberten, so unweigerlich befinden sie sich nämlich gegenwärtig hierzulande, in West- und Nordeuropa, auf dem Rückzug. Die Intensivierung der Landwirtschaft setzt ihnen zu. Stare sind auf Insektenkost angewiesen, wie Raupen, Eintagsfliegen- und Käferlarven. Früher bedienten sie sich damit vor allem auf den Viehweiden. Doch die Viehzucht steht zunehmend im Dienst der Fleischgewinnung, und selbst das Milchvieh bleibt vielfach in den Ställen. Aus offenen, stetig beweideten Wiesenflächen wurden dicht zugewachsene Grasteppiche, die den Zugang zu den Gliedertieren, der wichtigsten Nahrungsgrundlage der Stare, massiv erschweren. Überdüngung, Pestizideinsatz und die Ablösung wohltemperierter Gräser- und Kräutermischungen durch eine krude Grasmonokultur taten ihr Übriges. Der pflanzlichen Eintönigkeit folgte die Ausdünnung der Insektenfauna. Steile Bestandsabnahmen des einstigen Charaktervogels waren die Folge. Zum großen Sterben kommt es vor allem bei den jungen Staren, die sich nach der kritischen Nestlingsperiode im Überlebenskampf erstmals bewähren müssen und selbst noch keine Brut angestrengt haben. In den Niederlanden, einem typischen Beispiel für den Wandel der Landnutzung, überlebt heutzutage etwa jeder achte «Jungstar» das erste Lebensjahr; vor fünfzig Jahren war es noch jeder dritte.[18]

Trotz der angeführten Veränderungen herrscht unter Staren dort, wo sie vorkommen, unverändert die Tendenz zur Schwarmbildung. Diese Neigung tritt sogar dann zutage, wenn man mit ausgestopften Bälgen lebendige Stare nachahmt und sie im natürlichen Lebensraum präsentiert. Wild lebende Artgenossen lassen sich dadurch anlocken. Wiederholt machten sich Vogelforscher solche Attrappen für ihre Untersuchungen zunutze, so auch ein Team um Philippe Clergeau von der Universität Rennes in einer rührigen Studie in der Bretagne und in Apulien.[19]

Während Stare in der Bretagne auf dem Land bereits seit Jahrhunderten und im urbanen Raum seit Jahrzehnten sesshaft sind, gelten sie in Apulien in Stadt und Land als junge Kolonisatoren. Die Forscher hatten die Testpopulationen keineswegs zufällig ausgewählt. Denn eine Frage lag ihnen besonders am Herzen: Würden die gefiederten italienischen «Neuankömmlinge» auf dargebotene Star-Attrappen genauso, anders und womöglich sogar stärker ansprechen als die alteingesessenen französischen Stare? Auf kurzrasigen Flächen im städtischen wie im ländlichen Umfeld wurden Gruppen derartiger Stopfpräparate mit nach unten gerichtetem Kopf platziert, so dass die Schnäbel den Untergrund berührten. Dies sollte Nahrung suchende Stare vorspiegeln und als Blickfang für lebende Stare dienen. Um die Wirkung unterschiedlicher Attrappenkonstellationen zu ergründen, präsentierten Clergeau und seine Mitstreiter gleichzeitig gegensätzliche Gruppenkonstellationen, etwa solche mit unterschiedlichen Attrappenabständen. Zur Auswahl standen auch Gruppen, die entweder Altvogel-, Jugend- oder Jungvogelattrappen umfassten.

Einerseits reagierten die Stare sehr uneinheitlich. Dieser Befund belegt einmal mehr, dass das sogenannte arttypische Verhalten vielfach eine Chimäre darstellt. Andererseits allerdings wurde die Attraktivität der Attrappengruppen von der Vorgeschichte der Star-Populationen mitbestimmt. Wo Stare sich erst neu angesiedelt hatten, war die anziehende Wirkung der Attrappen beträchtlich größer als in Regionen mit langer Starenhistorie. Das wiederum passt zu dem Bild, das wir von Staren haben. Sie zeichnen sich nämlich dadurch aus, fremde Lebensräume in kurzer Zeit zu besetzen, wenn ihnen die Gelegenheit dazu geboten wird. Genau dies geschah in Australien, Amerika und Südafrika, wo sie, vom Menschen eingeschleppt, von einzelnen Orten aus Millionen von Quadratkilometern überflutet und unter sich aufgeteilt haben. Von Farmern und Naturschützern werden die geschnäbelten Invasoren in den neuen

Abbildung 5-2: *Links:* Können Stare ihren Nachbarn zuschauen, richten sie sich bei der Nahrungssuche auch an deren Ausbeuterate. *Rechts:* Verhindert eine blickdichte Ringbarriere das Zuschauen, verlassen sie sich auf sich selbst. Modifiziert nach Templeton & Giraldeau (1995)

Heimatgebieten oft als Landplage oder regelrechte Seuche wahrgenommen. Aus dem Ausgang ihrer Feldexperimente schließen Clergeau und seine Kollegen, dass Stare an unbekannten bzw. von ihnen noch nicht erschlossenen Orten besonders stark von (möglichen) Artgenossen wie von einem Köder angezogen werden. Demzufolge könnte dieser Hang zu den weltweit beobachteten Eroberungswellen dieser Spezies wesentlich beigetragen haben.

Dennoch ist die soziale Anziehung, die es unbezweifelbar gibt, noch keine ausreichende Antwort darauf, ob und inwieweit Stare wirklich Informationen, zum Beispiel über das Nahrungsangebot, untereinander austauschen. Handfeste Belege dafür fanden Zoologen bei Feldexperimenten in Kanada, wo es seit 1920 Stare gibt.[20] Jennifer Templeton und Luc-Alain Giraldeau köderten auf einem Balkon eines Apartmenthauses in Montreal zunächst wildlebende Stare mit Futterpellets an. Nachdem die Besucher sozusagen auf den Geschmack gebracht worden waren, wo «leckere Schmankerln» zu erwarten seien, erschienen sie regelmäßig gruppenweise auf dem einladenden Balkon. Die eigentlichen Versuche konnten beginnen. Dazu verteilten die Forscher in einem mit Sand angefüllten Plastiktablett Cheddarkäsepellets in der Substratschicht. Je nach Versuch gab es mal mehr, mal weniger Leckerbissen, mal war die Verteilung gleichmäßig, mal wechselnd.

Im Höchstfall waren vierzig Käsehappen im Sand verborgen, in der kümmerlichsten Version jedoch überhaupt keiner. Wie könnte aber ein Star unter gewissen Voraussetzungen zu einer möglichst schnellen Einschätzung über die Ergiebigkeit des Angebots gelangen? Auf sich allein gestellt, könnte er auf frühere Erfahrungen am gleichen Ort zurückgreifen und ansonsten die aktuelle Situation durch Versuch und Irrtum einschätzen. Doch in der Gruppe sollte er besser als ein Einzelvogel Bescheid wissen, wenn er ebenfalls nach Nahrung suchende Nachbarvögel beobachtet und ihre Ausbeute registriert. Auf diese Annahme zielten die Experimente der kanadischen Tiersoziologen. Und tatsächlich verhielten sich die Stare auch genau so, und zwar so lange, wie sie einem Nachbarvogel leicht in die Karten sehen konnten (siehe Abb. 5-2 links). Unter solchen «bequemen» Bedingungen passten sie bis zu einem gewissen Grad die Aufenthaltsdauer auf dem Köderplatz an den Erfolg des Nachbarn an. War dessen Ausbeute geringer als die eigene, verließen sie das Testfeld häufig sogar vor dem «relativ erfolglosen» Artgenossen. Sie vermochten also über die eigene Erfolgsrate *und* die Ausbeute des benachbarten Kostgängers zusammen einzuschätzen, wie es um die Qualität des Köderplatzes stand. War allerdings die Beobachtung des Nachbarvogels durch blickdichte, wenige Zentimeter hohe Ringbarrieren um die 40 potentiellen Köderpunkte erschwert, verließen sie sich ganz auf die eigene Wahrnehmung und Ausbeute (siehe Abb. 5-2 rechts).

Elstern und Wildschweine – Hirtenstar und Hase

Krähen und Stare suchen ihre Nahrung oft im selben Lebensraum, der offenen Kulturlandschaft. Da zudem Angehörige beider Vogelgruppen gesellig unterwegs sind, kann es kaum verwundern, wenn Verbände der größeren und der so viel kleineren Vettern zusammentreffen, gemeinsam Felder nach Verzehrbarem durchstöbern und sich durchmischen. Paul

Abbildung 5-3: Dohle. Ostungarn, 3.3.2013. Aufnahme: Christoph Roland

Deegener, Zoologieprofessor in Berlin, hob diese gängigen Gruppenbildungen der artfremden Vögel bereits 1918 in seinem umfangreichen Buch über Tiersoziologie hervor und handelte sie darin unter dem Begriff des *Confoederatiums* ab. Allerdings erfolgen derartige Zusammenschlüsse nicht etwa beliebig. So finden sich *innerhalb* des Krähenvolks Saatkrähen mit Dohlen weitaus[21] häufiger zusammen als mit den ihnen äußerlich ähnlicheren, ungefähr gleich großen, aber aggressiver auftretenden Aaskrähen. Und *jenseits* der Krähenverwandtschaft sind es neben den Staren Lach- und Sturmmöwen, mit denen sie sich Acker- und Grünland teilen.[22]

Während sich die beschriebenen Fressallianzen gewissermaßen zwangsläufig aus dem gemeinsamen Lebensraum ergeben, pflegen Krähenvögel wie Stare doch auch zwischenartliche Partnerschaften, die eine wesentlich engere Abstimmung der Beteiligten erfordern. Ein besonders elegantes Beispiel dafür gibt es in Europa aus dem Maremma-Naturpark an der Tyrrhenischen Küste Italiens. Dort beobachteten die Wildbiologin Giovanna Massei und ihr Kollege Peter Genov während des Winters Elstern (siehe Abb. 6-1) und Nebelkrähen, die sich der Körperpflege der dort ansässigen Wildschweine widmeten.[23] Die Aufforderung dazu ging von den Vierbeinern aus, indem sie auf einen in Betracht kommenden Vogel zugingen bzw. sich vor ihm ausstreckten. Offenbar diente diese zwischenartliche Hautpflege der Entfernung von Ektoparasiten. Wildschweine, die in Fallen gefangen wurden, waren nämlich im Allgemeinen von Schweineläusen und Zecken befallen. Die Pflege begann entweder auf dem Rücken oder – beim liegenden Schwein – auf dem Bauch. Stets arbeitete sich der behandelnde Vogel vom Rücken zum Schwanz vor. Die meisten Besuche gingen auf das Konto der Elstern; in einigen wenigen Fällen machte sich sogar mehr als ein Individuum an ein und demselben Schwein zu schaffen. Lediglich ein Zehntel der Visiten statteten Nebelkrähen ab. Sie betätigten sich dabei jedoch nur als Einzelvögel.[24]

Völlig unerwartet war vor einigen Jahren die Entdeckung, dass ein vergleichbares Teamwork auch zwischen einem Hasen und einem Starenvertreter vorkommen kann. Am Morgen des 14. Juli 2012 wurde der amerikanische Biologe und Evolutionsforscher Christopher Wills bei einem Aufenthalt in einem srilankischen Nationalpark Zeuge, wie sich ein Schwarznackenhase von einem Hirtenstar (Acridotheres tristis) Zecken aus den Ohren entfernen ließ. Der Hase kauerte sich zusammen und gewährte dem Vogel auf dem Rücken Platz für die «Hauttherapie». Die gesamte Pflegekur dauerte zwei Minuten. Der Forscher hatte den Eindruck, dass die Prozedur für den Hasen schmerzhaft war, weil das Tier die Augen während der Behandlung halb zukniff. Die Hautpflege fand auf einem großen, offenen Gelände statt. Wills vermutet, dass sich der Hase dadurch vor unliebsamen Überraschungen schützen wollte. Denn kurz zuvor hatte der Forscher in der Umgebung mehrere Schakale, also potentielle Beutegreifer des Hasen, gesichtet. Das geschilderte Zusammenspiel zum beiderseitigen Vorteil hatte bis dahin noch niemand beobachtet und schon gar nicht photographiert. Doch der lokale Führer des Forschers versicherte, dass er es schon wiederholt gesehen habe. Hirtenstare stehen in ihrer asiatischen Heimat ansonsten für einen engen Umgang mit Hausbüffeln.[25]

6. Lebensgemeinschaften zwischen Konflikt, Verständigung und Notwendigkeit

Ungleiche Partner: Verlierer, Profiteure oder stoische Genossen?

Im natürlichen Lebensraum sind die Vögel in eine Lebens- und Kampfgemeinschaft mit rauen Regeln eingebettet. Völlig gegensätzliche Organismen treffen aufeinander. Nebeneinander herrschen hier Konkurrenz, Gleichgültigkeit und Bedrohung, im schlimmsten Fall unmittelbare Verfolgung. Doch zum Wildwuchs der Beziehungen gehören auch Gruppenbildungen, zu denen sich artfremde Individuen zusammenschließen. Besonders deutlich wird die wuchernde Vielfalt wechselseitiger Kontaktformen an Orten, wo sich das natürliche Geschehen noch unbeeinflusst vom Menschen vollziehen kann. Kolkraben machen in der Bergwelt des Yellowstone mit Wölfen scheinbar gemeinsame Sache, manche afrikanischen Vögel nutzen gefiederte Verwandte als Reittiere, und in der italienischen Maremma üben nicht nur Wildschweine, sondern auch Damhirsche auf Elstern eine auffällige Anziehung aus. Die Liste ließe sich endlos fortsetzen, sogar mit Beispielen aus dem heimischen Winterwald. So können in unseren Breiten verschiedene Meisenvertreter außerhalb der Brutzeit bei der Suche nach Nahrung in gemeinschaftlichen Trupps beobachtet werden.[26] Häufig sind mit ihnen zusätzlich weitere Kleinvögel vergesellschaftet. Schwanzmeisen – die übrigens entgegen der deutschen Bezeichnung nicht zu den *echten* Meisen gehören – finden sich besonders oft in Mischschwärmen. Die einheimischen, variablen und vornehmlich für den Winter typischen Artentrupps bilden freilich nur einen schwachen Abglanz der spektakulären Mischverbände Amazoniens, die viele Vogelarten umfassen und artenübergreifend eigene Territorien besetzen.[27] Gleich mehrere Vergesellschaftungstypen lassen sich dort unterscheiden. Eine davon

Abbildung 6-1: Elster. Ostungarn. 2.3.2013. Aufnahme: Christoph Roland

ist an die Heerzüge der Treiberameisen gekoppelt. Die Mitglieder dieser Vogeltrupps umlagern die Ameisenmyriaden und tun sich an Gliedertieren gütlich, die von den wehrhaften Hautflüglern am Boden aufgescheucht wurden. Bei einem anderen Assoziationstyp suchen die Schwarmgenossen das Dickicht und den Gehölzbereich im unteren Horizont des Tropenwaldes nach Kleingetier ab.

Oft ist allerdings schwer zu entscheiden, woher das Zusammengehen der ungleichen Parteien rührt. Haben wir es mit eher zufällig zusammengewürfelten Gefährten zu tun oder mit aufsässigen, womöglich parasitischen Begleitern und ihren bedrängten «Mitspielern»? Oder profitieren alle Beteiligten? Kehren wir dazu noch einmal in die feuchte Maremma-Niederungen an der Küste der Toskana zurück. Während die dort lebenden Wildschweine die «dienstbaren» Vögel mit gewissen Körperhaltungen, beispielsweise in steifer Haltung «einfrierend», zur Entfernung unliebsamer Schmarotzer einladen, erweckten die beobachteten Damhirsche eher den Eindruck übertölpelter Vierbeiner, die von den Elstern angeflogen und aufgesucht wurden.[28] Besonders begehrte Ziele gaben die großen Exemplare, also männliche Hirsche, ab. Jeweils eine knappe halbe

Minute pickten die gefiederten Besucher auf ihnen herum, bevor sie ablie-
ßen. Zwar leiden die Hirsche wie die Schweine unter Zecken und Fliegen;
aber in keinem einzigen Fall konnte nachgewiesen werden, dass eine Elster tatsächlich einen Parasiten vertilgte. Und das, obwohl einmal sogar
14 Elstern gleichzeitig anwesend waren und sich 7 davon an verschiedene
Hirsche heranmachten! Mehrfach wiesen die Hirsche die Elstern geweih-
schüttelnd oder prellspringend wie Plagegeister ab. Doch im Normalfall
verhielten sie sich passiv. Nur zeigten sie kein Verhalten, das sich als Aufforderung an die Elstern für eine «Fellpflege-Sitzung» deuten ließ.

Klarer liegt der Fall bei den Trappen, die in manchen Savannengebie-
ten Afrikas gewissen Bienenfressern als Reittiere dienen. Die langbeinigen
Laufvögel dienen offenbar als Sitzplatz und Aussichtswarte für die viel
kleineren Besucher. Nicht selten nehmen gleich zwei der aparten, fluggewandten Insektenfresser auf dem Rücken einer Trappe Platz. Savannen
sind oft baumarm und Plätze mit Ausblick dementsprechend rar. Die Vorteile für die Bienenfresser liegen auf der Hand. Sie können sich auf einem
sicheren «Sitzkissen» ausruhen und transportieren lassen sowie aus ge-
schützter Position zu Jagdflügen ansetzen. Im Umkreis der Trappen auf-
gestörte Insekten stellen eine lohnende Nahrungsquelle dar. Der Gewinn
der Trappen ist demgegenüber nicht ganz so offensichtlich. Doch gut vorstellbar erscheint, dass sie von den auffliegenden und sie umfliegenden
Begleitern frühzeitig vor Fressfeinden gewarnt werden. Dafür, dass beide
Teile von dieser im wahrsten Sinne flüchtigen Partnerschaft profitieren,
spricht vor allem auch die bemerkenswerte Verbreitung dieses Phäno-
mens. Denn sowohl nördlich als auch südlich des Äquators, Tausende
Kilometer voneinander entfernt, finden Angehörige der beiden so konträ-
ren Vogelgruppen zu dieser Form einer «Kameradschaft» zueinander. In
Ostafrika sind es Karminspint *(Merops nubicus)* und Arabertrappe *(Ardeotis
arabs)*, im Süden des Schwarzen Kontinents Scharlachspint *(M. nubicoides)*
und Riesentrappe *(A. kori)*.[29]

Den bisher angeführten recht lockeren zwischenartlichen Bindungen
stehen ausgesprochen enge Beziehungen zwischen artfremden Tieren gegenüber, etwa zwischen den beiden Madenhacker-Spezies *(Buphagus* sp.)
und Huftieren oder zwischen Kolkrabe und Wolf. Die schwarzen Kada-
verfresser lassen sich mit Fug und Recht als Wolfsvögel bezeichnen. Denn
dort, wo beide Arten – noch oder wieder – zusammen vorkommen, wirkt
die Gemeinschaft nahezu zwanghaft.[30] Im Rahmen einer Feldstudie im

Abbildung 6-2: Kolkrabe. Karwendelgebirge, 28.6.2011. Aufnahme: Christoph Roland

nordamerikanischen Yellowstone-Nationalpark wurden nach sämtlichen protokollierten Wolfsjagden Kolkraben an der Beute gesichtet. Bei über drei Viertel dieser Jagdzüge traten Raben bereits als Begleiter auf, und spätestens vier Minuten nach Verenden des Opfers erschienen der erste oder die ersten Raben. Einmal ließ sich ein Rabe auf dem sterbenden Beutetier nieder. Für die gefiederten Aasfresser ist es ein unbedingtes Muss, dass die Beutegreifer die äußerst robuste Körperdecke des getöteten Wilds, etwa eines Wapitis oder Bisons, öffnen. Rabenschnäbel sind nämlich trotz ihrer beachtlichen Länge von acht bis neun Zentimetern dafür vollkommen untauglich. Der passionierte Rabenforscher Bernd Heinrich stellt fest: «Rabenschnäbel können noch nicht einmal das Fell eines Grauhörnchens durchdringen, von dem Fell oder dem Schädel eines Schafs oder Kalbs ganz zu schweigen.»[31] Geradezu bewundernswert ist die Art und Weise, wie manche von Heinrichs Raben dennoch von Fahrzeugen überfahrene Hörnchen als nahrhafte Leckerbissen verwerteten. Selbst der an Rabenintelligenz gewöhnte Professor gerät neuerlich ins Schwärmen. Zunächst picken sie in die Mundöffnung, graben sich von dieser Schwachstelle aus immer tiefer in das Innere des Verkehrsopfers, zermalmen die Knochen und reißen das Fleisch heraus, bis das Tierchen von innen nach außen gewendet ist. Zurück bleibt ein umgestülptes Fell ohne ein Loch oder einen Riss. Allerdings waren längst nicht alle Rabenindividuen zu solch akribischer Kunstfertigkeit aufgelegt oder in der Lage. Doch all diese Geschicklichkeit würde bei «anspruchsvolleren» Kadavern nicht ausreichen. Kurzum: Vor allem in der winterlichen Wildnis sind Raben auf die Wölfe angewiesen. Gelegenheitsbeobachtungen und Feldstudien dazu liegen in großem Umfang aus Nordamerika vor. Unwillkürlich drängt sich die Frage auf, wie die beiden Arten im europäischen Kulturraum miteinander ausgekommen sind, als weithin noch natürliche oder naturnahe Bedingungen herrschten und der Wolf ein selbstverständliches Element des Ökosystems repräsentierte.

Eines macht die Wolf-und-Raben-Forschung jedenfalls deutlich: Entgegen der weitverbreiteten Tendenz einer modernen unterschwelligen Verklärung ist das Verhältnis der beiden ungleichen Arten zueinander keineswegs romantisch. Als eigentliche Verlierer sind in dieser Beziehung die Wölfe anzusehen. Sie geben große Anteile des erjagten Proteins an die Vögel preis, die sich zudem ihren Versorgern gegenüber regelrecht rüpelhaft benehmen können. Der amerikanische Wolfsforscher Lucyan David Mech berichtet von einem Raben, der zu einem Wolf spazierte und auf seinen Schwanz einpickte. Das gepiesackte Tier schnappte nach dem Störenfried, doch dieser wich erfolgreich aus. Daraufhin schlich sich der Wolf an den Raben bis auf 30 Zentimeter heran, aber der flog davon, landete nicht weit von seinem Widersacher und wiederholte sein Schelmenstück.[32] Andererseits können derartige «Provokationen» auch mal schiefgehen. Bernd Heinrich führt ein Erlebnis des Tierfotografen Jim Brandenburg an. Der Autor von *Bruder Wolf* nahm einen Wolf dabei auf, wie er einen Raben packte und schüttelte.[33] Die Sache ging in diesem Fall für den Vogel glimpflich aus. Er befreite sich und entkam.

Bis zu zwei Kilo Fleisch zweigt ein einzelner Rabe an einem Tag von einem vom Wolf erbeuteten Kadaver ab.[34] Da viele Raben teilhaben, geht dadurch dem Wolfsrudel ein beträchtlicher Teil der Beute verloren. Immerhin zählten Daniel Stahler und seine Kollegen vom Yellowstone-Projekt eine Stunde nach Beendigung der Jagd durchschnittlich 15 Raben am Wolfsriss. So unzertrennlich die beiden Arten auch erscheinen mögen, so gegensätzlich sind ihre Interessen. Das gilt insbesondere vor dem Hintergrund des rauen Klimas, in dem sie bestehen müssen. Ein krasses Beispiel bildet der Bericht aus dem kanadischen Yukon über einen 300 Kilo schweren Elchkadaver, den zur Hälfte schmarotzende Raben vertilgten.[35] In den Hochtälern der Region südlich des Polarkreises, in der im Januar die Temperaturen bei minus dreißig Grad liegen, untersuchten mehrere Forscher die Wechselwirkungen zwischen den beiden Exponenten. Hier stellen Elche und Karibus die bevorzugte Fleischressource des Wolfs dar. Neben den Raben laben sich auch Kojoten, Luchse, Rotfüchse, Meisenhäher (Perisoreus canadensis) und eine Reihe anderer Tiere am gebotenen Aas. Doch unter den Beutedieben sind es die Raben, die mit Abstand das meiste vom Ertrag der Wölfe ergattern. Nach den Berechnungen der Forscher entgehen einem Wolfsindividuum dadurch täglich bis zu vier Kilo wertvoller Nahrung – Körperbrennstoff, auf den es in arktischer Kälte ankommen kann.[36]

Gibt es für die Wölfe irgendein Mittel, sich vor dem Diebstahl der Rabenhorden zu schützen? John Vucetich und zwei andere Zoologen, denen diese knifflige Frage keine Ruhe ließ, versprachen sich eine Antwort aus dem Vergleich möglichst vieler Beutezüge der grau bepelzten Jäger. Wie viel gab es nach geglückter Jagd überhaupt zu verteilen, wie viel davon benötigte ein Wolf als Ration zum Überleben, und wie viele Rudelmitglieder waren mit von der Partie? Das Forschertrio nahm sich dazu die Aufzeichnungen über mehr als fünfhundert erfolgreiche Jagdzüge vor, die auf einer Insel der Großen Seen im amerikanischen Mittelwesten erfasst worden waren. Dort standen ausschließlich Elche auf dem Speiseplan der Wölfe. Üblicherweise stellten sich mindestens ein paar Kolkraben an den Kadavern, wahrhaften Fleischbergen, ein. Die dreißig Jahre lang gesammelten Wolfsprotokolle ergaben – zumindest für die wildreichen, naturnahen und harschen Bedingungen der Isle Royale – ein klares Bild. Demnach entscheidet die Verbandsstärke eines Rudels über seine Aussichten im Umgang mit den aufsässigen Begleitern.[37]

Für den einzelnen Wolf ist es am besten, einem kopfstarken Rudel anzugehören. Zwar müssen sich die grauen Vierbeiner die Speise teilen – und die wird merklich schneller vertilgt als von einem kleinen Wolfsverband. Doch machen größere Rudel öfter Beute als mitgliederarme Rotten. Allein schon aufgrund der großen Zahl mitzehrender Rudelmitglieder bekommen die lästigen Gäste weniger vom Kadaver ab. Die zügige

Zerteilung und Verwertung des Aases verkürzen den Zeitraum, in dem die Vögel ihren Bedarf hier decken können. Überdies dürfte für die Raben der Zutritt zum Kadaver im Umkreis einer vielköpfigen Wolfsrotte erheblich erschwert sein. Die Wölfe verteidigen ihre Beute gegen die unerwünschten Kostgänger und setzen ihnen nach. Auf das nachbarliche Gefahrenrisiko deuten auch die Rabenleichen, die man hin und wieder in Kadaver- und Wolfsnähe findet.[38]

Summa summarum müssen sich die gefiederten Kleptomanen gegenüber einem individuenstarken Wolfsrudel ein Stück weit bescheiden, während sich die Wölfe bei weitem den Löwenanteil der Kadavermasse sichern können. Ohne die Raben wäre für den einzelnen Wolf die Jagd zu zweit freilich am günstigsten.

Mobbing im Wald

Zwischen Vertretern einer Vogelart ist der Austausch gewisser Informationen, etwa über das Vorkommen lohnender Futterquellen, offenbar möglich, wie die Beispiele der Kolkraben und Stare zeigen (siehe Kapitel 5). Aber wie steht es mit Angehörigen verschiedener Spezies, womöglich Wildfremden, etwa den erwähnten Bienenfressern und Trappen oder gar den Raben und Wölfen des Yellowstone und des Yukon? Im zweiten Fall wäre aus Wolfsperspektive vermutlich sogar das Gegenteil, nämlich das Vertuschen des Jagdglücks, viel eher anzustreben.

Auf dem Gebiet der Feindabwehr gibt es tatsächlich Beispiele für zwischenartliche Verständigungsweisen – und das sozusagen vor unserer Haustür. Häufig reagieren Vögel artübergreifend auf die Warnrufe gefiederter Genossen gegenüber Flugfeinden oder Bodenräubern, die ihnen selbst oder ihrer Brut gefährlich werden könnten. Schon in den 1950er Jahren machte Peter Marler, ein Pionier der vergleichenden Verhaltensforschung, bei seinen Buchfinkenstudien derartige Beobachtungen. Wenn er auf Flugfeinde gemünzte Meisenrufe vernahm, ergriffen Buchfinken die Flucht.[39] Offenkundig «verstanden» sie den Alarm der fremden Spezies.

Marler war nicht nur ein wegweisender Vertreter der aufstrebenden Ethologie, er gehörte auch zu denjenigen, die den eigentlichen Beginn der Bioakustik miterlebten. Tierstimmen konnten nämlich von nun an wirklichkeitsgetreu in sogenannten Sonagrammen sichtbar gemacht werden. Damit stand die Tür für den lupenreinen Vergleich des Rufrepertoires verschiedener Vogelarten offen. Auf dem Boden der neuen, objektiven Möglichkeiten prüfte Marler in England die Flugfeindrufe von Buchfink, Kohlmeise, Amsel und anderen Singvögeln auf Ähnlichkeiten. Und siehe da, die Alarmlaute stimmten alle in den wesentlichen Merkmalen überein − ein nahezu gleichbleibend hoher, langgezogener Pfiff mit sachtem Beginn und Ende. Gerade diese Eigenschaften machen es Greifvögeln schwer, eine Schallquelle und damit ein potentielles Opfer zu orten.[40] Auch für den Menschen ist die Wirkung dieser Laute verblüffend. Gerhard Thielcke, ein früher deutscher Bioakustiker, dazu wörtlich: «Selbst wenn die Alarmrufe von einem gefangenen Vogel aus der Hand kommen, hat man den Eindruck, sie tönten von überall her, nicht nur von dem Vogel selbst.»

Demnach ist keine hohe Hürde zu überwinden, um die «Luftalarm»-Rufe untereinander zu verstehen. Alle Beteiligten profitieren dabei. Bald nach Marlers Entschlüsselung der gewissermaßen allgemeinverständlichen Warnvokabel unserer Singvögel wiesen andere Forscher diesen Mitteilungscode für weitere Regionen nach. Sie fanden bei nordamerikanischen Singvögeln aus unterschiedlichen Verwandtschaftsgruppen dieselbe frappierende Übereinstimmung.[41] Letzte Zweifel, übersehene Begleitfaktoren während der Lautgebung würden eine akustische Erkennung nur vortäuschen, wurden unterdessen durch Feldexperimente mit Alarmruf-Playback ausgeräumt.[42]

Besonders bemerkenswert erscheint der Fall der Weidenmeise. Ihr Flugalarmlaut ist in mehrere ganz knappe Segmente zerstückelt und hört sich infolgedessen anders an als die entsprechende Warnung anderer Arten. Dennoch verstehen Weidenmeisen offenbar auch die «konventionelle» Alarmmeldung, wenn Sperber und Konsorten auftauchen. Diese Beobachtungen stammen von dem skandinavischen Vogelkundler Svein Haftorn (1925–2003), einem ausgesprochenen Kenner der Weidenmeise. Über vierzig Jahre lang hielt er «seiner» Art als Forschungsobjekt in zahlreichen Publikationen die Treue. Sozusagen nebenbei stellte er fest, dass diese Meisenvertreter auf die Warnung vor Flugjägern durch so verschiedene Mitbewohner ihres Lebensraums wie Kohlmeisen, Rotkehlchen, Gartenrotschwänze und Rohrammern reagieren.[43]

Die Devise bei den buchstäblich aus heiterem Himmel rasant zuschla-

genden Beutegreifern heißt Verbergen: Flucht in dichte Deckung und stei-
fes Verharren in Bewegungslosigkeit.[44] Gefahr droht allerdings nicht nur
aus der Luft. Ganz anders sieht die Antwort auf Bodenfeinde wie Fuchs
und Marder, auf Schlangen sowie auf Eulen aus.[45] Sind sie einmal entdeckt, nähern sich die Gewarnten dem enttarnten Beutegreifer, hassen ihn
lautstark an, locken dadurch andere Vögel an und laden sie regelrecht
zum Mittun ein. So sieht sich etwa eine tagsüber entdeckte Eule einem
lärmenden Konzert sie mobbender Vögel gegenüber. Die gewissermaßen
an den Pranger gestellte Gefährderin ist enttarnt und stellt keine unmittelbare Bedrohung mehr dar. Im Gegensatz zum einheitlichen Klang der
Flugfeindrufe ist das Spektrum der Hasslaute außerordentlich heterogen
und unterscheidet sich zum Beispiel sogar *innerhalb* der Drossel- und Fin-
kenverwandtschaft markant.[46] Trotz der Verschiedenheiten erkennen die
Arten – wenigstens in den nördlichen Breiten – gemeinhin untereinander
ihre Hasslaute. Auch sind die betreffenden Lautäußerungen leicht zu orten, und die aufgeschreckten Kleinvögel zeigen sich unverhohlen. Es tri-
umphiert das Prinzip «Entdeckte Gefahr ist keine Gefahr».

Bei der Untersuchung des Mobbings im Wald hat es den Vogelfreunden besonders ein naher Verwandter unserer Weidenmeise, die amerikanische Schwarzkopfmeise *(Poecile atricapillus)*, angetan. Sie gilt in den
Winter-Mischschwärmen als eine Art Wächter.[47] Der englische Gattungs-
name geht lautmalerisch auf ihr beim Hassen hervorgebrachtes «*Chick-a-
dee*» zurück. Die Wirkung ihrer Hasstiraden ist beträchtlich, wie Feldexperimente in Wisconsin offenlegten.[48] Während der Gesang der hübschen
Meise nur bei wenigen Angehörigen anderer Arten Interesse erzeugte,
rief das gegen die Ost-Kreischeule *(Otus asio)* gerichtete *Chick-a-dee* mindestens zehn Vogelarten auf den Plan und setzte bei ihnen selbst Mob-
bingaktivitäten in Gang. Die allermeisten der Herbeigeflogenen zuckten
mit Flügeln und Schwanz. Katzenvögel *(Dumetella carolinensis)*, Trupiale
(Icterus), Hauszaunkönige und etliche andere näherten sich dem Lautsprecher bis auf mindestens einen Meter. Viele umkreisten ihn innerhalb
dieses Radius oder gaben Hasslaute von sich. Darüber hinaus trafen noch
bedeutend mehr Vogelarten am Versuchsort ein, doch ließ sich nicht eindeutig entscheiden, ob sie durch das vorgespielte *Chick-a-dee* oder durch
die bereits herbeigekommenen Vögel angelockt worden waren.

In stimmlichen Varianten des *Chick-a-dee* können Schwarzkopfmeisen
sogar Detailauskünfte über die Größe oder Gefährlichkeit des angehass-

ten Feindes verpacken.[49] Unter den Artfremden können zumindest Kanadakleiber *(Sitta canadensis)* mit dieser Information etwas anfangen. Sie sind oft mit Schwarzkopfmeisen in Schwärmen vereint. Besondere Gefahr droht ihnen von fluggewandten, am Tag jagenden Käuzen.[50] Der Warnruf der Schwarzkopfmeise vor dem «harmloseren» nachtaktiven Virginia-Uhu[51] *(Bubo virginianus)* fällt relativ kurz aus. Bei Kauzalarm werden dagegen drei knappe, geräuschhafte Lautelemente angehängt – der Unterschied ist für benachbarte Kleiber gut wahrnehmbar. Denn dem kodierten Gefährlichkeitsgrad entsprechend, sprechen die kanadischen Kleiber auf die vorgespielten *Chick-a-dee*-Varianten heftig oder deutlich schwächer an.[52]

Wie die angeführten Kostproben andeuten, sind Vögel im Umgang mit Fressfeinden keineswegs die potentiellen Opfer, die den Bedrohungsszenarien mit einem schmalen, stereotypen «Notprogramm» gleichsam mit unbedingter Automatik ausgeliefert wären. In akuten, unübersichtlichen oder ausweglosen Situationen, insbesondere beim Flugalarm, sind die Reaktionen zwar auf wenige Verhaltensalternativen beschränkt; dementsprechend scheint das Individuelle an den Rand gedrängt. Doch davon abgesehen, ließen sich etliche Beispiele der flexiblen Gegenwehr anfügen. So stehen Amseln im Arsenal der Erregungs-, Hass- und Alarmrufe grundsätzlich fünf verschiedene Lautäußerungsklassen zu Gebote: Ducken, Tixen, das Zetern, der «Luftalarm» und in der höchsten Not der Angstschrei des gepackten Vogels. Bisweilen führt die Veränderung der Bedrohungssituation zu einem Wechsel des Feindbilds von einem Beutegreifer. Rabenkrähen reagieren auf den fliegenden Habicht mit «Luftalarm». Setzt er sich allerdings nieder, mutiert er für die gleichen Krähen zum Bodenfeind, den sie mit Hassgeschrei überziehen.[53]

7. Das Schnarren der Dohlen

Todesgefahren

Vögel haben im Allgemeinen ein kurzes Leben. Vor allem aber währt es fast immer viel kürzer, als es ihr biologisches Potential eigentlich erlaubt. Natürliche Beutegreifer schlagen zu, Witterungs- und Wetterunbill, Nahrungsknappheit und Konkurrenz fordern ihren Tribut, und Unfälle und Seuchen aller Art raffen viele vorzeitig dahin. Zuallererst aber ist es der Mensch, der in mannigfacher «Verkleidung» wirkt: mit Flinte und Netzen, Katzen haltend und Gifte versprühend.[54] Vögel leben hochgefährlich. Ungefähr jeder achte dem Nest entflogene Star überlebt das erste Lebensjahr, und die wenigsten beginnen je eine Brut.[55] Für andere Singvögel von Starengröße sehen die Ziffern ähnlich aus. Der Tod lauert überall.

Im bürgerlichen Alltag begegnen wir toten Vögeln vermutlich am ehesten als Straßenverkehrsopfer, vielleicht auch nach dem Aufprall auf eine Glasfläche. Wer auf dem Land lebt oder einen Garten hat, wird Opfer freilaufender Katzen finden, die unter Umständen gleichzeitig auch die Existenz der Brut und der Nestlinge ausgelöscht haben. Spaziergänger stoßen ab und zu auf dicht liegende Gefiederreste, eine Rupfung etwa durch den Habicht – ein Fund, welcher der ursprünglichen Gefahrenlage eines Vogels am nächsten kommt. Die Gelegenheit, womöglich Zeuge eines sperlingsjagenden Greifs zu werden, bietet sich dem Normalsterblichen heutzutage kaum noch. Mittlerweile erfahren wir paradoxerweise durch die Medien weitaus mehr über das Schicksal unserer gefiederten Begleiter als aus freier Natur, vornehmlich dann, wenn ein Vogelsterben als massenhaftes Phänomen Schockwellen verbreitet. Diese Paradoxie begann mit der berüchtigten Vogelgrippe um die Jahrtausendwende. Etwa seither machte sich ein weiteres Phänomen bemerkbar. Als Folge der Aufheizung des Weltklimas treten nämlich bislang hierzulande unbekannte

Viren auf, die aus wärmeren Regionen stammen und sich mit Hilfe neu etablierter Vektoren nach Norden ausbreiten. Nur ein Beispiel: Für Deutschland wurde 2015 (im Murgtal) bereits die siebte früher nicht vorkommende Stechmückenspezies nachgewiesen.[56] Krankheitserreger wie das Usutu-Virus können durch Stechmücken weitergegeben werden.[57] Dies erklärt, weshalb in Europa Amseln vielerorts dem Usutu-Virus zum Opfer fielen.[58] Aufmerksamkeit erregt gegenwärtig auch der vielfach beobachtete «Grünfinkentod». Er ist auf die von Flagellaten (Geißeltierchen) hervorgerufene Vogeltrichomonose zurückzuführen.[59] Dabei wurden auch früher im Vogelreich immer wieder Massensterben mit seuchenartigem Verlauf verzeichnet, häufig etwa unter Wasservögeln Botulismus-Epidemien, die durch ein Bakterium verursacht werden.[60]

In der schier endlosen Liste der Todesverursacher ragt eine wichtige Gruppe heraus, die auf Grund ihrer Raffinesse hier keinesfalls übergangen werden darf. Es sind die Parasitoide. Sie repräsentieren Organismen, die nicht nur als schmarotzende Begleiter Vögeln Schaden zufügen oder Nachteile bringen, sondern die überdies wie eigentliche Beutefeinde auch den Tod unmittelbar herbeiführen. Genau das tut auch der Kuckuck, und dies sogar gleich mehrfach.[61] Zwar wird er er gemeinhin als Brutparasit geführt (siehe Kapitel 8). Doch bevor er schmarotzend das Leben der Wirtsvögel gewissermaßen auf den Kopf stellt, tötet er. Denn zunächst betätigt sich das Kuckucksweibchen bei der Eiablage im Nest des zukünftigen Wirtes als Eifresser. Später beseitigt das Kuckucksküken die vorhandenen Wirtseier oder die kurz zuvor geschlüpften Wirtsjungen. Überdies greifen Kuckucksweibchen häufig als Eierräuber auch auf Nester zu, die sie *nicht* mit einem eigenen Ei belegen. Dadurch tanken sie zusätzliches Kalzium und Eiweiß für den eigenen Bedarf. Obendrein veranlassen sie beraubte Vögel zur Produktion von Nachgelegen, die ihnen wiederum die Möglichkeit für weitere Parasitierungsanläufe bieten. Die Auswirkungen des Eierraubs können bei den Wirtsvogelarten dramatische Dimensionen annehmen. In einer Kuckuckspopulation am Stadtrand von Hamburg wurde in drei aufeinanderfolgenden Jahren zusätzlich zu den parasitierten Nestern nahezu ein Drittel der Sumpfrohrsänger-Bruten beraubt, ja in vielen Fällen sogar vollständig ausgeraubt.[62] Die Kuckucksweibchen warten bei ihren räuberischen und parasitischen Ambitionen mit einem erstaunlichen Reichtum an Varianten auf. Selbst Nestlinge sind nicht vor ihnen sicher.

Abbildung 7-1 und 7-2: Turmfalke auf Beutezug, mit erjagter Amsel. Wien, 30.6.2016. Aufnahmen: Christoph Roland

Wenn wir uns Fressfeinde der Vögel ins Gedächtnis rufen, denken wir jedoch spontan eher an Marder, Habicht, Uhu und so fort. Beutegreifer bilden ohne Zweifel die akute Gefährdung Nummer eins (Abb. 7-1, 7-2). Wie gehen Vögel damit um? Wie bereits geschildert, ist bei offensichtlicher Bedrohung die Antwort klar. Alarm bei Flugfeinden löst wenige, augenblickliche Notmaßnahmen aus. Mit gleichem Ergebnis vereitelt das Mobbing der «Gleichgesinnten» gegen Bodenfeinde, etwa umherstreunende Katzen, und andere eher zu erspähende Angreifer mögliche Attacken. Aber gibt es eine weitergehende Vorsorge gegen unliebsame Überraschungen, eine regelrechte *Vorsicht* für weniger eindeutige Situationen?

Die Vorsicht des Vogels: Erfahrungen in der Voliere

Wie verhalten sich Vögel, wenn sie einer für sie ungewohnten Umgebung ausgesetzt sind, sich zugleich einem fremden Lebewesen gegenübersehen und überdies über keine Ausweichmöglichkeit verfügen? Bei dieser Vorstellung fühle ich mich an meine Anfangserfahrungen bei der Vogelhaltung erinnert. Wie würde ich auf die aus Afrika und dem Zoo zu mir gelangten Vögel wirken? Als neutrales Objekt ohne Eigenschaften, als möglicher oder als wahrscheinlicher Feind? Würden sie so etwas wie Vorsicht an den Tag legen? Menschen kommen ja prinzipiell als Fressfeinde in Frage. Bei Feldstudien an Mainas – das sind gewisse asiatische Starenvertreter – machte ich vor vierzig Jahren in Nepal die Erfahrung, dass Einheimische die Nester der mir so wichtigen Mainas offenbar für den eigenen Genuss ausnehmen wollten.

Als ich am Beginn meiner Studien über tropische Stare für einige Jahre Lappenstare in der Voliere hielt, gewann ich den Eindruck, dass sie auf intensives Hinschauen mit gespanntem Verharren, «nervös», mit zuckenden Bewegungen reagierten, kurz meinen Blick registrierten. Der Abstand zwischen den Vögeln und mir war gering, oft in der Größenordnung von zwei Metern oder weniger. Naturgemäß bestand meine Absicht darin die Beeinflussung der Vögel auf ein Minimum zu senken. Es galt, Fluchttendenzen und Scheu der Vögel auszuschalten, deren Verhalten ich im Detail erfassen wollte. So entwickelte ich intuitiv die Angewohnheit, beim Futterwechsel, Reinigen der Volieren und beim Beobachten, vor allem aus großer Nähe, möglichst von ihnen «wegzuschauen», also den Kopf nach unten oder seitwärts zu halten. Tatsächlich hatte ich bei diesem Vorgehen den Eindruck, dass die Vögel keine Anzeichen irgendeiner Beunruhigung zeigten. Selbst wenn die Distanz zwischen den Vögeln und mir auf wenige Dezimeter geschmolzen war, schienen mir die Tiere keine Beachtung zu schenken. Wohl gehörte ich zu ihrer Umwelt, doch nicht mehr als eine Art Hintergrundrauschen. Freilich war ich mir zu dieser Zeit auch keineswegs sicher, ob der Blick eines fremden Gegenübers für einen Star überhaupt erkennbar ist oder eine Bedeutung hat. Für den echten Beweis hätte es kritischer, exakter Versuche mit statistischer Belegkraft bedurft. Aber mich interessierten ja das Ethogramm und die Soziologie meiner afrikanischen Stare, von denen man damals nur wenig wusste. Kurzum, es gab für mich andere Aufgaben, als unter standardisierten Bedingungen den möglichen Einfluss des *visuellen Fixierens* zu untersuchen. Deshalb verließ ich mich darauf, unauffällig aufzutreten und dadurch bei meinen afrikanischen Pfleglingen Stress von vornherein so gut wie möglich auszuschließen. Und tatsächlich verstarb kaum einer meiner Lappenstare, obwohl ich über die Jahre um die vierzig Individuen in meiner Obhut und damit im Visier hatte.[63]

Allerdings führe ich den Haltungserfolg noch auf einen zweiten Grund zurück, den ich aber ebenfalls nicht empirisch belegen kann. Nach meiner Einschätzung bildete die beste Voraussetzung für das dauerhafte Wohlbefinden sämtlicher Gruppenmitglieder die Unterbringung meiner Stare in Achtergruppen. Aus meiner intuitiven Sicht verteilte sich der soziale Druck in den Volieren auf mehrere – also nicht auf einzelne – Individuen. Wegen der mannigfachen Wechselbeziehungen würden Aggressionen die Schwächeren weniger geballt treffen und die Balzadressaten unter den weiblichen Individuen weniger massiv bedrängt. Außerdem entsprach die angepeilte Gruppengröße weitgehend den Verhältnissen in freier Natur während der Fortpflanzungszeit. In ihren Brutkolonien schließen sich Lappenstare nämlich sehr häufig zu kleinen Nestergemeinschaften zusammen. Andererseits waren die Gruppen noch übersichtlich genug, um das mir liebste Vorhaben – die individuelle Bandbreite im Verhalten der Gruppenmitglieder zumindest einzuschätzen – nicht zu gefährden.

Das wichtigste Pfund für die reibungslose Haltung mehrerer Lappenstare auf begrenztem Raum besteht freilich in ihrer naturgegebenen «Friedlichkeit» untereinander. Auch wenn das Einhalten einer Individualdistanz zu ihren Grundeigenschaften zählt, tummeln sie sich selbst bei großzügiger Unterbringung oft dicht beieinander. Ständige und konfliktarme Nähe ist kennzeichnend für sie. Auch an den Futternäpfen bleiben Streitereien aus. Auseinandersetzungen verlaufen auf gedämpftem und rituellem Niveau. Andere Starenvertreter weichen im Umgang miteinander vollkommen von dem friedfertigen Verhalten «meiner» Lappenstare ab. In besonders lebhafter Erinnerung bleibt mir ein heftiger Kampf, den zwei oder drei Hirtenstare vor meinen Augen nahe einer Lagune am Golf von Siam austrugen. Aber auch in der Voliere lernte ich das radikale Gegenstück zur «apriorischen Harmonie» der Lappenstare kennen. Ausgesprochen aggressiv verhalten sich untereinander die weiß beschopften Balistare sowie die schwarz beschopften Pagodenstare *(Sturnia pagodarum)*. Die explosive Aggressivität bei Pagodenstaren kann bei räumlicher Beschränkung leicht bis zum Blutbad führen – und das wohlgemerkt in Volieren einer Größe, bei der Lappenstare jahrelang miteinander auskommen und zur Fortpflanzung schreiten.

Wenn Blicke töten könnten

Anfang der 1990er Jahre war es noch immer reine Spekulation, ob Spatzen, Dohlen oder andere Vögel die Blickrichtung eines potentiellen Feindes erkennen. Als Erster ging der amerikanische Biologe Robert R. Hampton vom Macalester College in Minnesota das Problem systematisch an. Für seine Studien wählte er Haussperlinge, also Spatzen, insgesamt 18 Individuen, allesamt Wildfänge. Zur Durchführung der Experimente zog er sich jeweils mit einem Versuchsvogel in ein kleines Zelt zurück und präsentierte sich selbst mit diversen Kombinationen der Kopfhaltung und Augenstellung. Hampton notierte, wie oft seine Versuchstiere aufflogen, und wertete die Häufigkeit als Maß für die Fluchttendenz. Die stärkste Wirkung erzielte der Experimentator, wenn er während des Anstarrens den Sperlingen auch das Gesicht zuwandte. Fixierte er sie dagegen mit den Augen bei gleichzeitig zur Seite gedrehtem Gesicht, flogen sie viel seltener auf. Den Ausschlag für die verstärkte Fluchttendenz gab demnach Hamptons Kopforientierung zu seinen Versuchsvögeln. Die Blickrichtung war offenbar ohne Belang. Hampton verwendete bei seinen Experimenten auch Gesichtsattrappen. Dabei zeigte sich, dass eine einäugige Maske die Spatzen auffallend weniger verängstigte als das entsprechende zweiäugige Modell.[64]

Nun repräsentieren Spatzen nur eine von mittlerweile über zehntausend gegenwärtig existierenden Vogelarten. Anderen Vertretern, etwa Kolkraben und Dohlen, ist bereits vorab ein höheres Maß kognitiver Fähigkeiten zuzutrauen als dem kleinen ehemaligen Massenvogel. Allein schon nach Lage und Aufbau des Auges lassen sich im Vogelreich etliche Sehtypen unterscheiden. Wie steht es da erst mit der sozusagen nachgeordneten Vielfalt in der Wahrnehmung! Nach Uexkülls Diktum soll jede Vogelart sogar ihre eigene *Merk- und Wirkwelt* haben.[65] Doch bereits innerhalb einer Spezies können beträchtliche Abweichungen auftreten. Die zu großer Bekanntheit gelangten Spiegelversuche mit Elstern bieten dafür ein vortreffliches Beispiel. Dabei platzierten die Forscher eine sich deutlich abhebende Farbmarkierung im schwarzen Kehlgefieder der Vögel, das heißt an einer Körperstelle, welche die Tiere nicht direkt, sondern nur im Spiegelbild erblicken konnten. In den Medien wird stets auf die beiden Elsterindividuen verwiesen, die offenkundig in der Lage waren, sich (nach vorbereitenden Versuchen) im Spiegel zu erkennen. Die Bochumer Biopsychologen hatten allerdings drei weitere Elstern dem Test unterzogen. Zwei von ihnen benahmen sich jedoch gegenüber dem Spiegelbild wie gegen eine fremde Elster. Die dritte zeigte zwar Ansätze zum «Sicherkennen», scheiterte aber letztlich an der entscheidenden Aufgabe, den Fleck zu entfernen.[66]

Offenbar gibt es im Vogelreich eine große Bandbreite in Wahrnehmung und Verhalten. Warum sollte es nicht auch für die Feindvermeidung und für das Taxieren fremder Mitgeschöpfe alternative Strategien geben? Beispielsweise könnten größere Singvögel dabei anderen Regeln gehorchen als Sperlinge. Und über zehn Jahre nach Hamptons Spatzenstudie war es dann so weit. Vogelforscher der University of Bristol, die sich für den Star als Versuchsvogel entschieden hatten, lieferten dafür den Beleg.[67] Sie gingen jedoch subtiler vor als der amerikanische Pionier, indem sie die Vögel jeweils paarweise in Käfigen unterbrachten und auch bei den Versuchen selbst in der vertrauten Umgebung beließen. An verschiedenen Stellen ihres Heims, je nach Experiment in der Mitte oder an den Seiten, konnten sich die Stare an Mehlwürmern bedienen. Außen war eine Person postiert, abgewandt oder mit dem Gesicht zum Käfig. Der Zuschauer war in

Abbildung 7-3: Spatzenmännchen. Wien (Schönbrunn), 15.4.2005.
Aufnahme: Christoph Roland

dem Experiment als möglicher Feind gedacht. In allen Versuchsvarianten, in denen der Beobachter den Futterplatz ins Visier nahm, dauerte es nicht nur länger, bis sich die Stare der Futterquelle näherten und zu fressen begannen, sie vertilgten auch weniger Mehlwürmer. Die Vögel unterschieden auch eindeutig zwischen Gesichts- und Augenorientierung des Zuschauers. Die Vögel bedienten sich nämlich munter an den Mehlwürmern des seitlich platzierten Köderplatzes, wenn er, obwohl mit dem Gesicht unverändert dem Käfig zugewandt, die Augen auf die andere Käfigseite richtete. Lenkte er umgekehrt jedoch den Fokus auf die Köderseite, war es mit der Vertrautheit der Stare vorbei. Dabei schienen die Starenweibchen deutlich vorsichtiger zu sein als ihre Partner. Sie warteten länger zu und fraßen weniger, dafür aber zügiger. Anders als Spatzen vermögen Stare also den Blick eines menschlichen Beobachters zu «lesen». In freier Natur dürfte dessen Stelle oftmals ein potentieller Fressfeind einnehmen.

Spektakulär muten die Fähigkeiten an, die Nathan J. Emery und Auguste von Bayern in Cambridge, einer Hochburg der Kognitionsfor-

schung, Dohlen entlockten.[68] Sie hatten mit diesem kleinen Krähenvertreter verfeinerte Ködertests durchgeführt. Nicht allein, dass die Dohlen zwischen frontalem Anstarren und zur Seite gerichtetem Blick bzw. einem
oder beidseits geschlossenen Augen des menschlichen Versuchsteilneh-
mers zu unterscheiden vermochten! Sie unterschieden auch klar zwischen den teilnehmenden Personen. War sie ihnen bekannt, zeigten sie gegenüber dem Köderangebot keinerlei Zurückhaltung, ganz gleich wie
sich der Zuschauer präsentierte. Die Nahrungsaufnahme verzögerten sie
ausschließlich vor einer ihnen fremden Person. Darüber hinaus arbeiteten
die Forscher mit digitalen Bildern eines Menschengesichts, das den Vögeln aus mehreren Blickwinkeln und mit unterschiedlichem Ausdruck
gezeigt wurde. Den Versuchsplanern kam es insbesondere auf die Darbietung der Augen an: frontal, im Profil («einäugig») und so fort. Dabei
bestätigte sich am deutlich verzögerten Köderverzehr der Dohlen, dass
sie ein offen präsentiertes Gesicht eher mit Unbehagen wahrnahmen – jedenfalls im Vergleich zu den blickverhüllenden Orientierungen desselben
Gesichtes.

Abbildung 7-4: Dohle: Kontrast von Iris und Pupille. Ostungarn, 3.3.2013.
Aufnahme: Christoph Roland

Zusätzlich wurden den Dohlen anspruchsvolle interaktive Objekt-wahl-Aufgaben abverlangt, bei denen die Vögel dem Augenspiel der vertrauten Pflegerin Hinweise entnehmen sollten. Dies gelang ihnen zwar nicht bei allen Testaufgaben. Doch schafften sie es, mit Hilfe alternierender Blickwechsel der Versuchspartnerin an verstecktes Futter zu gelangen. Demnach können Dohlen gewissermaßen über den «Artschatten» springen und mit einem Menschen in Kontakt treten. Diese Fähigkeit dürfte durch ihre ausgeprägte soziale «Lebensart» begünstigt sein. So gilt für sie eine gewisse Tendenz, untereinander Nahrung zu teilen, zumindest unter Volierenbedingungen als erwiesen.[69] Warum aber ist bei ihnen die differenzierte Taxierung des menschlichen Gesichtsausdrucks und seiner Orientierung so weit gediehen? Vielleicht erleichtert diesen Krähenvögeln eine dem Menschen- und Dohlenauge gemeinsame Eigenschaft dieses Können: Bei *Homo sapiens* kontrastieren die Iris und die umgebende weiße Lederhaut, bei der Dohle die helle Iris und die dunkle Pupille (Abb. 7-4). Demgegenüber geht den Augen sehr vieler anderer Vögel – der Spatzen und Stare zum Beispiel – ein derartiger Farbkontrast ab. Sollten Iris und Pupille unter den offenbar sehr kommunikativen Dohlen[70] eine bedeutsame Rolle zufallen, ist gut vorstellbar, dass sie ebenfalls für Reize oder Signale, die von den Augen anderer Organismen ausgehen, empfänglich sind.

Nesträuber und andere Prädatoren

Die «soziale Ader» der Dohlen äußert sich auch bei der Reaktion auf Beutefeinde. Wie viele andere Vögel auch mobben diese grau-schwarz gezeichneten Krähen todbringende Beutegreifer (siehe Kapitel 6). Ihre dabei verwendete Vokabel besteht in einem metallisch klingenden Schnarren. In einer seiner ersten Arbeiten schildert Konrad Lorenz ihren gemeinschaftlichen Auftritt gegen einen vermeintlichen Feind in beeindruckenden Beispielen. Von einem Menschen oder artfremden Sippenmitglied gegriffen, lösten eine Dohle, auch der tote Körper einer Dohle, ja selbst die Leiche eines anderen Krähenvertreters, eine *Hassrevolte* aus. Schon einzelne große schwarze Federn, in die Hand genommen, reichten für die Schnarrreaktion. Augenscheinlich sind die schwarzen Federn der maßgebliche Trigger für das Vorgehen der Vögel. Dagegen riefen gerupft präsentierte Dohlenleichen ebenso wenig Hassverhalten hervor wie gegriffene unbefiederte Nestlinge. Folgerichtig führte wenige Tage später der Anblick derselben, nun allerdings befiederten Dohlenjungen in der Hand des Verhaltenskundlers zum Schnarren. Sogar die Schwungfeder einer Krähe, die eine Dohle zum Nest trug, führte zu einem Schnarrkonzert.[71]

Konrad Lorenz, dessen ruhmreiche Karriere mit der Haltung und Beobachtung von Dohlen begann, bemerkte, dass sie die am wenigsten Wehrhaften unter den von ihm studierten Krähenvögeln seien. Dabei haben sie allen Grund, gegen «jedes behaarte oder gefiederte Raubtier» vorzugehen. Besonders gefährdet sind die Bruten. Dohlen nisten vorzugsweise in Kolonien. Als Nistplatz wählen sie überwiegend Baumhöhlen, Felslöcher und Gebäudenischen. Beliebt sind Schornsteine, Türme und Brücken. Freibrüter sind hierzulande dagegen selten. In diesem Fall nutzen sie zum Beispiel gern verlassene Krähennester. Vor allem Stein- und Baummarder machen sich gern an ihre Brut heran.[72] Es gibt Fälle, in denen der gesamte Nachwuchs einer Dohlenkolonie Mardern zur Beute wird. Überhaupt enthält das Menü dieser klettergewandten Beutegreifer häufig Vögel und deren Eier.

Nestraub macht in der Vogelwelt einen wesentlichen Teil der gesamten Prädation aus. In Tschechien verfolgte Karol Weidinger mit Hilfe von Videotechnik den Ablauf von Gelege- und Nestlingsraub bei gängigen frei brütenden Singvögeln. Er führte seine Untersuchungen im Laubwald durch. An der Spitze der Nesträuber standen dort Baummarder und Eichelhäher; in weitem Abstand folgten gemeinsam Mäusebussard und überraschenderweise der Buntspecht.[73] Nachts waren es Säuger, tagsüber in erster Linie Vögel, die die Nester plünderten. Fast immer wurden die Eier oder die Jungvögel vertilgt. Die brütenden oder hudernden Altvögel entkamen meist. Einmal holte sich eine Waldohreule (Abb. 7-5) einen brütenden Buchfinken; die Eier rührte sie nicht an. In einem zweiten Fall fiel vermutlich ein Singdrossel-Weibchen einem Marder zum Opfer; zehn Minuten später kam er wieder und verzehrte nun sämtliche Eier.[74]

Thomas Schaefer, ein Schüler des deutschen «Singvogelpapstes» Peter Berthold, nahm in Waldstücken und an Waldrändern am Bodensee speziell den Nestraub bei der Mönchsgrasmücke unter die Lupe. Auch er benutzte dazu Videokameras. Mönchsgrasmücken gehören zu unseren häu-

Abbildung 7-5: Waldohreule.
St. Andrä am Zicksee (Burgen-
land), 25.4.2019. Aufnahme:
Christoph Roland

figsten Singvögeln. Selbst in der Stadt finden sie vielfach ihr Auskommen. Sie bauen ihre Nester in Sträuchern und im Gebüsch. Offenbar verfügen sie über keine wirksame Verteidigungsstrategie, außer dass sie im Fall eines Angriffs schnell das Nest verlassen und ein Nachgelege beginnen. Sehr oft fliehen sie erst zwei Sekunden, bevor der Eindringling zuschlägt, vom Nest. Am meisten setzten ihnen Eichelhäher zu, und zwar bei Tageslicht. Ein Viertel der Nestverluste gingen auf das Konto mittlerer und kleiner Raubsäuger, die von der Abenddämmerung bis ins Morgengrauen nach Beute suchen, nämlich Steinmarder, Rotfuchs und Mauswiesel.[75]

Dass Kleinvögel sich mit Mobben gegen Gelege- und Nestlingsdiebe sowie direkte Fressfeinde wenden, selbst wenn sie akut nicht in deren Visier sind, ist leicht einzusehen. Allerdings scheinen sich gewisse Vögel dezidiert nicht daran zu beteiligen. Während also eine ganze Vogelschar ihre Hasstiraden erschallen lässt, halten sie sich bedeckt. In der schon angeführten Versuchsreihe aus Wisconsin, in der über zwanzig Vogelarten auf vorgetäuschten Meisenalarm am Ort des Playbacks zum Mithassen erschienen, zog es eine Reihe der ansässigen Vogelarten offenkundig vor, nicht aufzutauchen und in das Hassgetöse einzustimmen.[76] Zu den Abwesenden zählten auch Rotkehl-Hüttensänger *(Sialia sialis)*, die gerade nahe bei dem Playback-Ort nisteten. Womöglich liegt die Chance solcher «stillen Aussteiger» – gewissermaßen untergetaucht in der Masse einer Vogelgesellschaft – gerade in der Verschwiegenheit.

Sogar Greife, die oft ja selbst Jagd auf Singvögel machen, sind nicht davor sicher, von anderen Fleischfressern attackiert und getötet zu werden. Besonders erfolgreich betätigt sich dabei der Uhu. Insgesamt kennzeichnet diesen imposanten Nachtjäger ein ausgesprochen breit gefächertes Beutespektrum, in dem auch große, nahrhafte Vögel von anderen Eulen und Krähen bis zu Bussard und Habicht vertreten sind.[77] Die in Deutschland vor fünfzig Jahren nahezu ausgestorbene Art nahm seit den 1970er Jahren dank intensiver Schutzmaßnahmen einen enormen Aufschwung.[78] Zur Bestandserholung trugen entscheidend Individuen bei, die in großem Stil in Tiergärten und Gehegen nachgezüchtet und ausgesetzt worden waren. Nahrungs- und Nistplatzkonkurrenten bekamen seine zweite Chance bald zu spüren. Ein wesentlicher Vorteil der Erbeutungstechnik des Uhus ist in dem geräuschlosen Flug begründet, die ihn zum gefährlichen Überraschungsjäger prädestiniert. Aus einem Untersuchungsgebiet Schleswig-Holsteins, wo der Uhu landesweit bereits in der ersten Hälfte des 19. Jahrhunderts ausgerottet worden war, wurden drastische Folgen der Wiederansiedlung für andere Mitglieder der Beutegreifer-Gilde gemeldet. Gleichzeitig mit seinem Aufstieg ging es dort umgekehrt mit der Population des Habichts steil bergab. Uhus übernahmen etliche Horstplätze des großen Taggreifs – daneben auch solche des Bussards – und erbeuteten Nestlinge und flügge gewordene Jungen benachbarter Habichtpaare. Mit einer einzigen Ausnahme glückte Habichten die Aufzucht ihrer Brut nur bei einem Mindestabstand von drei Kilometern zum nächstgelegenen Uhuhorst.[79]

Grundsätzlich bleibt kein Entwicklungsstadium – vom Ei bis zu den selbständigen Individuen sämtlicher Altersklassen – vor Fressfeinden verschont. Allerdings fordert mitunter auch der Befall mit Parasiten Todesopfer. Wie schon am Beispiel des Kuckucks zu sehen, lassen sich Schmarotzertum und Prädation, also der Tod durch Fressfeinde, nicht immer fein säuberlich trennen. Genau genommen ist das sogar ziemlich oft so. Wiederum gilt: Die Mannigfaltigkeit des natürlichen Geschehens lässt sich nicht mit menschengemachter Kategoriendisziplin einfangen. Der Definition zufolge leben Parasiten auf Kosten ihrer Wirte, ohne sie zu töten. Schon als «reine» Parasiten können sie einem Vogel bereits kräftig zusetzen. In geballter Masse freilich entfalten manche Vertreter bisweilen eine letale Wirkung. Ein so bezwingendes wie beklemmendes Beispiel ist gegenwärtig auf den Galapagos-Inseln zu beobachten. Sie sind die Heimat der Darwinfinken, darunter hochbedrohter Spezies, etwa des Mangrovedarwinfinken *(Camarhynchus heliobates)* mit wenigen Brutpaaren. Die Nester mehrerer Darwinfinken-Arten sind offenbar das Ziel von *Philornis downsi,* einer Fliege, die erst in jüngerer Zeit auf die Inselgruppe gelangt ist – vermutlich mit Zutun des Menschen. Das erste Larvenstadium dieser Fliege entwickelt sich vorzüglich in den Nasenlöchern der Nestlinge. Die älteren Maden siedeln in den Nestern und zapfen das Blut der Jungvögel an. Detailmessungen an betroffenen Nestlingen belegten einen Blutverlust von bis zu 55 Prozent. Viele der angezapften Individuen sterben. Im Extrem gehen 19 von 20 parasitierten Finkenkindern zugrunde.[80]

Alle angesprochenen Risiken eines Vogellebens verblassen freilich im Vergleich zu den vom Menschen verursachten Gefährdungen. Allein schon die direkten Einwirkungen mit unmittelbarer Todesfolge, wie die Verfolgung durch Jagd und Wilderei, sind zahlenmäßig erdrückend. Besonders hohe Verluste bedingen Kollisionen mit Fahrzeugen und Fensterglas sowie der Stromschlag an Hochspannungsleitungen. Eine gründliche Studie zu den anthropogenen Todesursachen liegt aus Kanada vor. Ihre Opferbilanz geht von 250 Millionen Vögeln und zwei Millionen Nestern aus, die dort Jahr für Jahr durch Menschenhand, seine Erfindungen und seine animalischen Gefährten ausgetilgt werden. Eine überragende Rolle nimmt die Prädation der Hauskatze ein – ein weithin verdrängtes gesellschaftliches Tabu. Die Katze als Sympathieträger, als des Menschen womöglich liebstes Haustier: Davon zeugen Katzenbücher und Katzenkalender, die ganze Büchertische füllen. Und Menschen, die ihre Empfindungen und Antriebe mit dem der «Katzenpsyche» verwandt umschreiben. Vier Faktoren, die sich fatal ergänzen, treffen aufeinander. Die Antipoden sind der Mensch auf der Suche nach Naturersatz und nach einem Mittel gegen die Einsamkeit und die – häufig (wieder) verwilderte – Hauskatze mit ihrem Jagdtrieb. Orchestriert wird diese Grundkonstellation von der enormen Bevölkerungszunahme und der Ausdünnung schutzbietender Grünräume. So kommen katzenbedingt allein in Großbritannien während der Frühlings- und Sommersaison etwa 25 Millionen Vögel ums Leben. Nach der genannten kanadischen Studie belaufen sich die niedrigsten Schätzungen für die jährlichen Katzenopfer auf 100 Millionen Vögel; andere Schätzungen nennen eine mehr als dreimal so hohe Zahl.[81]

8. Kuckuckswege

Auch ein Kuckuck lässt sich verwirren

U nter der Rubrik *Kleine Beiträge* erschien 1970 in einer Nummer der *Vo-gelwelt* eine kurze Notiz von Heinz Menzel, einem Ornithologen aus der Oberlausitz, über ein Erlebnis mit einem Kuckuck, und zwar mit einem weiblichen Exemplar.[82] Menzel hatte seiner Eiablage zugesehen und wurde damit zum Zeugen eines Geschehens, dessen Beobachtung bis dahin den wenigsten Vogelfreunden gelungen war. Genau genommen waren es sogar zwei Ereignisse, über die der versierte Naturbeobachter berichten konnte. Auf dem Dachboden eines Wirtschaftsgebäudes hatte ein Gartenrotschwanz-Weibchen in einem Bretterstapel sein Nest errichtet. Eines Nachmittags gegen fünf Uhr hörte Menzel zunächst Warnrufe des Vogelpärchens: «Es dauerte nicht lange, da kam ein Kuckucksweibchen durch das Rüstloch zum Nest.» Menzel konnte von einem daneben liegenden Versteck aus sodann alle Vorgänge genau verfolgen. Er fährt fort: «Das Kuckucksweibchen ergriff sofort ein Ei (insgesamt vier waren im Nest), wobei es öfters mit dem Schnabel abrutschte. Dann drehte es sich kurz auf dem Nest mit dem Kopf in Richtung Ausgang und schon war das Ei gelegt. ... Es war alles eine ‹Arbeit› von Sekunden.» Bis dahin war die Überrumpelung der Rotschwänze perfekt verlaufen. Doch nach Verlassen des Nestes verfehlte die Kuckucksdame das Rüstloch, flog hin und her und stieß gegen das Dachfenster, wobei das «gestohlene» Ei zerbrach. Menzel fing sie und stellte fest, dass es sich um dasselbe Weibchen handelte, das im vorangegangenen Jahr an der gleichen Stelle ein Ei ebenfalls in ein Gartenrotschwanznest gelegt hatte. Auch damals fand der Vogel anschließend nicht mehr den Weg ins Freie. Schließlich hatte der stille Beobachter das Tier am Abend eingefangen und beringt.

Zunächst mag überraschen, dass ein Kuckucksweibchen in menschlicher Umgebung wie selbstverständlich auftaucht. Immerhin verhält es sich im Umkreis der Nester, in die es ein Ei zu platzieren beabsichtigt, möglichst heimlich.[83] Dabei beobachtet es ausdauernd solche Nester. Vor den Siedlungen des Menschen allerdings zeigt der Kuckuck keine Scheu, solange sie nicht Trutzburgen aus Beton in dezidiert naturfernem, ungastlichem Umfeld gleichkommen.[84] Menzels Beobachtungsort am Rande der Sächsischen Schweiz erfüllte offenbar diese Voraussetzung. Solche Lokalitäten sind heutzutage allerdings rar. Denn einerseits gilt der Kuckuck als ein Insektengourmet mit Vorliebe für behaarte Raupen, benötigt also eine ausreichende Versorgung mit entsprechender Nahrung, andererseits werden seinen ebenfalls auf Insektenkost angewiesenen Wirtsvögeln zunehmend Lebens- und Brutraum entzogen.[85]

So knapp die Mitteilung Menzels gehalten ist, so deutlich werden doch gleich mehrere herausragende Eigentümlichkeiten der Kuckuckstechniken: das ausgesprochen rasche Vorgehen bei der Eiablage und dem Eiertausch sowie das Festhalten an einer bestimmten Wirtsart. Vor allem verblüfft der im Eilverfahren vorgenommene Austausch gegen ein oder mehrere Eier des Wirtsvogels, das oder die das Kuckucksweibchen verschlingt. Mehr als zwei Eier zu entwenden ist allerdings mit dem hohen Risiko verbunden, dass der Ammenvogel das Nest aufgibt.[86]

Darüber hinaus erstaunt in diesem speziellen Fall der mutmaßliche Rückgriff auf ein Gedächtnis für ein lohnendes Ei- und Brutdepot. Zu bedenken ist dabei, dass zwischen den beiden Beobachtungsterminen die Reise des Zugvogels in das afrikanische Winterquartier liegt. Sein Verbreitungsgebiet reicht von den Britischen Inseln und Skandinavien bis nach Japan und erstreckt sich fast über den gesamten eurasischen Raum. Die kalte Saison verbringt dieser Weitwanderer allerdings stets in warmen Gefilden, sei es in Afrika oder in Südasien.[87]

Zwischen Erfolg und Scheitern liegt ein schmaler Pfad

Brutparasitismus entstand mehrfach in der Vogelwelt. Die sanfte Form vertreten beispielsweise die in Afrika lebenden Witwenvögel. Ihre Nachkommen wachsen in Nestern bestimmter Prachtfinken gemeinsam mit deren Nachwuchs auf.[88] In der Variante, der unser Kuckuck angehört

Abbildung 8-1: Das Kuckuckskind befördert ein Ei aus dem Nest eines Teichrohrsängers. Lužice (Tschechien), 14.6.2011. Aufnahme: Oldřich Mikulica

schaltet dagegen der untergeschobene Nestbesetzer rigide jeden Konkurrenten neben sich aus, entweder noch als Embryo im Ei oder – seltener – als soeben erst erbrüteten Nestgenossen. Dieses uns Menschen grausam anmutende Gebaren bildet freilich nur den spektakulären Höhepunkt einer ganzen Phalanx von Eigenarten von der Eigestaltung über die Entwicklung des Embryos und Nestlings bis zum Arsenal ungewöhnlicher Verhaltensweisen. So beginnt etwa die Entwicklung des Kuckucksjungen noch *vor* der Eiablage im Körper der Mutter. Dadurch wird dem werdenden Kuckuckskind gegenüber dem gleichzeitig heranwachsenden Wirtsnachwuchs ein Entwicklungsvorsprung von mehr als 24 Stunden mitgegeben.[89] Das erklärt, weshalb die Brutdauer für den Kuckuck nur elfeinhalb bis zwölfeinhalb Tage beträgt und damit kürzer ist als für die Embryonen der Wirtsvögel.[90] Der Terminrahmen des Kuckucks sieht nämlich für den eigenen Nachwuchs vor, möglichst vor den Wirtsjungen aus dem Ei zu schlüpfen. Als blinder Winzling umgehend die nahezu gleich große Konkurrenz aus dem Nest zu befördern, bedarf einer gewaltigen Kraftan-

strengung. «Erstgeschlüpft» kann er die Herausforderung, ein (zukünfti-
ges) Stiefgeschwister nach dem anderen zu beseitigen, leichter bewältigen. Dabei liegt bereits Schwerstarbeit hinter ihm: die Sprengung der
dickschaligen Eihülle. Naturforschern war schon lange die Derbheit des
Kuckuckseis aufgefallen. Eizahn und Nackenmuskulatur sind beim jungen Kuckuck für das Aufbrechen des Kalkmantels besonders kräftig ausgebildet. Diese Aufgabe meistert er in durchschnittlich 250 Schnabelhie-
ben in sieben Stunden.[91] Nach einer langen Ruhepause zeigt sich seine
barbarische Vitalität erneut bei der Liquidierung der Wirtsbrut. Nur
zwanzig Sekunden bis vier Minuten beansprucht der kleine «Kraftprotz»
für die Eliminierung eines Eis,[92] wenn dieser Balanceakt glatt verläuft
(siehe unten). Freilich sind oft viele Anläufe zum Erfolg erforderlich.

All die ausgefallenen Facetten der Kuckucksbiologie dienen der Siche-
rung der Schmarotzerstrategie. Insofern darf es im Rückblick nicht verwundern, dass ihre Entdeckungsgeschichte mit Irrtümern reich gepflas-
tert ist.[93] Als Ausgangspunkt lassen sich die Aufzeichnungen von Johann
Ferdinand Adam von Pernau zu Anfang des 18. Jahrhunderts betrachten.
Er beobachtete, wie ein Kuckucksweibchen sein Ei direkt in ein Bach-
stelzennest legte. Dennoch glaubte der exzellente Vogelkenner und Vogelhalter, dass der Kuckuck bei anderen Wirtsvögeln von dieser Technik
abweicht und ihnen einen bereits ausgebrüteten Nachkommen ins Nest
setzt! Rund zwanzig Jahre später fielen Johann Heinrich Zorn erstmals die
relativ kleinen Eimaße dieses so großen Vogels auf. Doch die erste Hoch-
blüte der Kuckucksforschung ist zweifellos mit dem englischen Arzt und
Erfinder der Pockenschutzimpfung Edward Jenner (1749–1823) verbunden.
Dank geduldiger Beobachtung ertappte Jenner das Kuckucksjunge beim
Hinauswurf der Wirtsvogelnachkommen.[94] Etwas früher hatte der französische Naturforscher und Mediziner Antoine Joseph Lottinger herausgefunden, dass manche Wirtsvögel offenbar das Kuckucksei als unpas-
send oder störend wahrnehmen und entfernen können.[95] Die Kuckucksstrategie war demnach keineswegs vor Misserfolgen gefeit.

Die Kette der verblüffenden Einblicke ins Kuckucksdasein setzt sich
bis heute fort – und dies beschleunigt in den letzten dreißig Jahren. Allerdings war schon ungefähr seit 1850 klar, dass die Kuckuckseier in den
meisten Fällen dem Aussehen der Wirtsvogeleier stark ähneln. Parallel
existieren verschiedene Kuckuckslinien, die jeweils an einen Wirtstyp angepasst sind, also etwa an die Bachstelze, den Wiesenpieper oder den

Teichrohrsänger. Somit ist die Spezies nicht einmal im Grundlegenden einheitlich. Eine Analyse der norwegischen Kuckucksexperten Arne Moksnes und Eivin Røskaft aus dem Jahr 1995 ergab für Europa mindestens fünfzehn derartige «Fortpflanzungslinien».[96] In der Vogelkunde heißen sie *Gentes*. Mittlerweile ist die Zahl der bekannten Kuckckslinien noch gewachsen. Sie werden mütterlich vererbt. Die einzelnen Kuckucksweibchen legen demzufolge im Regelfall Eier eines bestimmten Typus ins Nest eines entsprechenden Wirts.

Die neuen Entdeckungen betreffen auch ganz elementare Verhaltensweisen. Erst seit kurzem weiß man, *wie* der kleine Kuckuck das Hinausschieben eines Eis vom Nestboden bis letztlich über den Nestrand bewerkstelligt.[97] Zunächst ertastet er mit seiner hochempfindlichen Rücken- und Flügelsensorik ein Wirtsvogelei, selten sogar zwei auf einmal.[98] Auf dem Rücken weist er eine flache Kuhle auf, die als Unterlage für ein Wirtsei dient. Während er sich rückwärts zum Nestrand hin fortbewegt, liegt das Ei auf dem um 90 Grad gekippten Rücken wie auf einem Tablett. Die Flügelstummel bewahren es vor dem seitlichen Heruntergleiten. Gleichzeitig sorgen die extrem gekrätschten Beine für Halt und Balance des sich abmühenden Kuckuckskindes. Das Ei wird auf diese Weise zwischen Rücken und Nestseite zum Nestrand hochgeschoben. Bei der komplizierten Transportaktion bildet nicht, wie früher angenommen, das Hinterteil des Kuckucks den höchsten Punkt, sondern seine Schulter (siehe Abb. 8-1).[99] Am Nestrand gerät dieser Vorgang unter Umständen zum «Drahtseilakt» – womöglich mit tödlichem Ausgang für den Kuckuck. Ian Wyllie, ein passionierter Kuckucksforscher, registrierte in seinem Untersuchungsgebiet in Cambridgeshire zweimal den Absturz des nackten Parasiten vom Nestrand.[100] Nach einem derartigen Unfall gibt es für den hilflosen Zwerg keine Rettung.

Der Biologe Karsten Gärtner stellte nicht nur die über viele Jahre gängige Darstellung von der Killermethode des Kuckucksjungen dezidiert richtig, er erkannte zudem die wesentliche Bedeutung der Pflegeeltern für dessen erste Taten nach dem Schlupf. Indem sie ihn hudern und vor dem Erfrieren bewahren, garantieren sie ihrem Ziehkind den Erfolg beim Töten der eigenen Nachkommenschaft.[101] Bereits einige Jahre zuvor war der oberösterreichische Hobby-Ornithologe Georg Erlinger zu ähnlichen Beobachtungen und teilweise sogar weitergehenden Schlüssen gelangt. Er hatte das Vorgehen des jungen «Rausschmeißers» unter natürlichen Be-

Abbildung 8-2: Der Wirtsvogel, ein Teichrohrsänger, lässt den kleinen Kuckuck beim Hinausschieben eines Wirtseis gewähren. Lužice (Tschechien), 5.6.2017. Aufnahme: Oldřich Mikulica

dingungen ausführlich wiedergegeben, allerdings in der weithin unbeachteten Arbeit eines entlegenen Journals.[102] Obendrein dokumentierten seine Filmaufnahmen in beeindruckenden Details, wie der Jungkuckuck unter einem Teichrohrsänger dessen Ei nach oben befördert, schließlich über den Nestrand schiebt und abrollen lässt. Der Wirtsvogel lässt ihn währenddessen gewähren. Seit den 1960er Jahren hatte sich Erlinger in einem Auenareal am unteren Inn systematisch dem Verhalten der dort ansässigen Kuckucke gewidmet.

Erlingers Studie befasste sich überdies mit dem lokalen evolutiven «Tauziehen» zwischen Kuckuck und Teichrohrsänger, also zwischen dem Schmarotzer und einer seiner Wirtsarten. Immerhin wurden nämlich von den «30 ab 1961 in der Hagenauer Bucht in Teichrohrsängernestern gefundenen Kuckuckseiern acht… abgelehnt, und zwar fünf durch Aufgabe des Nestes, zwei durch Überbauung bzw. Einbauung des Kuckuckseies in den Nestboden und nur eines durch Entfernung aus dem Nest». Demzufolge setzten sich die Wirtsvögel in einem Viertel der Fälle durchaus wirk-

Abbildung 8-3: Teichrohrsänger füttert Kuckuck. Lužice (Tschechien), 12.7.2009. Aufnahme: Oldřich Mikulica

Abbildung 8-4: Sumpfrohrsänger füttert Kuckuck. Lužice (Tschechien), 23.7.2010. Aufnahme: Oldřich Mikulica

sam gegen den Brutparasiten zur Wehr. Der Kuckucksforscher stieß auf
seinen Untersuchungsflächen auch auf Nester des viel größeren Drossel-
rohrsängers und der Bachstelze mit Eiern des Brutschmarotzers.

Für eine aussichtsreiche Parasitierung kommt es vor allem auf die Beobachtungsgabe des Kuckucksweibchens an. Insbesondere muss die Eiablage, einem Zeitfenster gehorchend, tunlichst im Legezyklus des ins Auge
gefassten Ammenvogels erfolgen.[103] Der Kuckucksparasitismus erweist
sich als Musterfall für das ständige Wettrüsten zwischen den Kontrahenten. Daher ist es kaum eine Zufälligkeit, dass auf beiden Seiten mannigfach individuelle Strategien angewandt und auf ihre Wirksamkeit geprüft
werden. Der Kuckuck darf geradezu als Paradebeispiel für die Verwirkli-
chung unterschiedlicher Lebensentwürfe gelten. Die Aufspaltung in *Gentes*-Subpopulationen stellt darin eine besonders originelle Methode dar.
Doch die vielfältigen Fortpflanzungsstrategien haben eine Kehrseite. Sie
stecken voller Unwägbarkeiten und Risiken. Nur ein Beispiel: Im südlichen Tschechien stießen Tomáš Grim und seine beiden Kollegen
Oddmund Kleven und Oldřich Mikulica auf ein erstaunliches Phänomen
unter von Kuckucken parasitierten Teichrohrsängern.[104] Dort versorgen
die Teichrohrsänger zwar zunächst den untergeschobenen Nachwuchs
tadellos. Die jungen Kuckucke gedeihen dabei prächtig. Doch einige Pflegeeltern verlieren ihr Interesse an ihnen. Etwa jedes sechste der parasitierten Brutpaare gibt die Fütterung der jungen Kuckucke im Alter von
knapp zwei Wochen auf. Lediglich um die sechs Tage würden die Kuckuckskinder noch bis zum Verlassen des Nestes benötigen – freilich
unabdingbar angewiesen auf die Versorgung durch die Zieheltern. Stattdessen verhungern sie in den letzten Nestlingstagen.

Wer glaubt, der Kuckuck sei unweigerlich im Vorteil, irrt. Im evolutiven Wettlauf haben eine Reihe einst häufig benutzter Wirtsvögel den
Schmarotzer vielerorts abgeschüttelt.[105]

Einen anschaulichen Fall gibt der Sumpfrohrsänger ab, ein potentieller
Kuckuckswirt (siehe Abb. 8-4). Auf einer Probefläche in Sachsen-Anhalt
war der Kuckuck für das Scheitern von 40 Prozent aller Bruten dieser Spezies verantwortlich. Rund fünfhundert Kilometer davon entfernt untersuchte Dietmar Walter, ein Studiendirektor aus dem Allgäu, dieselbe Art
im Betzigauer Moos. In diesem Feuchtgebiet ist sie stark vertreten. Tatsächlich wurde sie auch hier von Kuckucken ins Visier genommen. Allerdings hielten sich die Kuckucksweibchen in der Region vornehmlich an

Bachstelzen. Es dauerte einige Jahre, bis Walter das erste parasitierte Sumpfrohrsänger-Nest nachweisen konnte. Im Lauf der Zeit fand er insgesamt sieben. Die Kuckuckseier waren jedoch in Größe und Farbe nicht angepasst, und in vier dieser vom Kuckuck heimgesuchten Nester wurden Nachkommen der Sumpfrohrsänger flügge. Offenbar hatten die Rohrsänger die Kuckuckseier aussortiert. Von einem Kuckuck jedenfalls keine Spur![106]

Wege zum Brutparasitismus

Angehörige zweier *artfremder* Organismustypen leben zeitweise oder dauerhaft zusammen. Der eine ist Nutznießer, der andere gibt den Geschädigten – aber ohne tödliche Konsequenz. Es ist nicht lange her, dass damit der Begriff des Parasitismus knapp und eindeutig umrissen war. Mit dieser Vorstellung konnte die Wissenschaft gut auskommen. Der Kuckuck und seine Brutpfleger bildeten, zumindest mit Blick auf das Wirt-Adoptivkind-Verhältnis, das beste Beispiel dafür. Allerdings häuften sich Fälle, in denen Tiere dabei beobachtet wurden, die Angehörige *ein und derselben* Art für ihre Zwecke ausnutzten. Und dies fiel wiederum in der Brutfürsorge besonders auf, in den Fällen nämlich, in denen weibliche Vögel Eier in die Nester von Artgenossen legten. Sogar im Normalfall trifft dies auf den Afrikanischen Strauß zu. Schon die Größe eines einzelnen Straußeneis – es wiegt so viel wie zwei Dutzend Hühnereier – beeindruckt in diesem Beispiel. Bei der größten aller lebenden Vogelarten brüten eine Henne und ihr Partner in einer Bodenmulde allein ein Gelege aus, in das auch andere Straußenhennen Eier legen. Sie allein übernehmen auch die weitere Brutpflege.[107]

Selbst unter den grundsätzlich unverdächtigen Gartenvögeln unserer Breiten fanden sich Hinweise auf brutschmarotzende Vorkommnisse. Der schottische Mammologe, Flohforscher und Vogelkundler George Mackenzie Dunnet, der über einige Jahre die Beziehung zwischen Brut und Ernährung beim Star untersucht hatte, ermittelte in etlichen Gelegen «illegitim» eingeschleuste Stareneier.[108] Derartige Beobachtungen waren nur schwer einzuordnen und ließen sich mit der herkömmlichen Schmarotzerdefinition nicht vereinbaren.

Doch dann trat die Soziobiologie auf den Plan. Die Vertreter der jungen Wissenschaftsdisziplin nahmen die bis dahin nicht plausiblen Befunde mit Begeisterung auf. Die Initialzündung zu dem neuen Gedankengebäude ging von dem in Kairo geborenen britischen Biologen William Donald Hamilton aus. Sein 1964 in zwei Teilen veröffentlichter Aufsatz *The Genetical Evolution of Social Behaviour* rollte die Frage nach der Entstehung des tierischen Sozialverhaltens völlig neu auf und setzte die damals dominierende Ethologie von Lorenz und Tinbergen regelrecht in Brand. Mit dem Aufstreben der Soziobiologie geriet auch die ursprüngliche, klare Definition des Parasitismus ins Wanken und wurde aufgeweicht. Denn die frisch entworfene Forschungsrichtung stellte nicht die Konkurrenz zwischen Arten in den Vordergrund. Vielmehr sah sie das Ringen um Überleben, Dominanz und Fortpflanzungserfolg grundsätzlich zwischen *allen Individuen* am Werk. Demzufolge sollten auch innerhalb einer Art parasitäre Verhältnisse vorkommen, ja sie waren nachgerade zu erwarten.

Dennoch erschien der Gedanke, dass es zum Verhaltensrepertoire beispielsweise vieler Starenweibchen gehören soll, Nachkommen in fremden Nestern ausbrüten und bis zum flugfähigen Vogel aufziehen zu lassen, Vogelkundlern bis in die 1970er Jahre vollkommen exotisch. Diesem konventionellen Bild standen freilich Beobachtungen zweier Ornithologen aus den 1950er Jahren entgegen. Sie hatten in einer britischen Starenkolonie bei der täglichen Nestkontrolle bemerkt, dass in manchen Nestern statt dem einen erwarteten neuen Ei zwei neue Eier hinzugekommen waren. Doch ein Starenweibchen produziert pro Tag lediglich ein Ei. In anderen Fällen tauchte nach dem kurz zuvor «regulär» hinzugefügten Ei innerhalb von zwölf Stunden ein zusätzliches auf. Und noch verwunderlicher erschien, dass sich in einigen Fällen nach Abschluss des Geleges ein weiteres Ei im Nest fand.[109] Dieses konnte jedoch schon aus physiologischer Sicht nicht von der Nestbesitzerin stammen. Bereits länger war nämlich bekannt, dass sich der Eierstock mit der Fertigstellung eines Geleges zurückbildet und ein Starenweibchen infolgedessen bis zum nächsten Legezyklus auch keine Eier mehr legt.[110] Mindestens vier Tage dauert es, bis es wieder legebereit ist.[111]

All diese Befunde ließen nur einen Schluss zu: Die zusätzlichen Eier mussten von anderen Starenweibchen als der Nestbesitzerin stammen. Die Folgerung war zwar logisch zwingend, stellte aber trotzdem nur einen indirekten Beweis dar.[112] Diesem Missstand versuchte Peter Evans vom Edward Grey Institute in Oxford mit frisch verfügbaren molekular-biologischen Methoden beizukommen. Er hatte sich lange intensiv mit dem Star befasst, kannte sich also gut mit dessen Lebensgewohnheiten aus. Zwei Nistkastenkolonien standen ihm zur Verfügung, eine in Südengland, die andere im schottischen Aberdeenshire. Über die Eiweiß-elektrophorese, gewissermaßen ein Vorläuferverfahren zur DNA-Analyse, hatte er Zugriff auf genetische Eigenschaften zahlreicher Mitglieder der Kolonie, zum Teil sogar aus ganzen Starenfamilien. Dem jungen Vogelforscher glückte nicht nur der physische Nachweis für das Auftreten von Brutparasitismus bei diesem alltäglichen Singvogel. Vielmehr gelang es ihm auch, die Verbreitung dieses Verhaltens unter den Staren abzuschätzen. Offenbar hing das Ausmaß der *Eierschmuggelei* vom Angebot brauchbarer Nisthöhlen ab. Waren viele Nisthöhlen besetzt und das Nistraumangebot knapp, stieg die Anzahl parasitierter Nester auf fast 40 Prozent an. In anderen Jahren war die Neigung dazu wesentlich schwächer.[113]

Was sind die Gründe für illegitime Gelegeverhältnisse bei einer Vogelart mit ansonsten herkömmlichen Brutgewohnheiten? Zunächst einmal kommen verpaarte Weibchen, die mit den Nestbesitzern um die Nisthöhle streiten und womöglich über keinen eigenen Nistplatz verfügen, als Eierlegerinnen infrage. Aber auch zuvor verpaarte, jedoch im Brutgeschäft erfolglose Weibchen könnten ein anderes Gelege als Vehikel für eine parasitische Eierbeigabe nutzen. In diese Kategorie würden auch geschiedene, legebereite Starenfrauen fallen. Häufig lässt sich nämlich in einer Saison zwischen Erst- und Zweitbrut ein Partnerwechsel festmachen.[114] Als dritte Eier einschmuggelnde Gruppe kommen «Zweitfrauen» der männlichen Nestbesitzer sowie weibliche Singles in Betracht, die von einem anderweitig verpaarten Männchen begattet worden waren. Für die drei genannten Kategorien fand Evans in seinen Untersuchungsgebieten starke Indizien. Schon diese Kostprobe der Eiablage-Modi jenseits der üblichen Brutsitten unterstreicht die Vielfalt individueller Lebenswege. Doch damit sind die Möglichkeiten der «Kindesweglegung» noch keineswegs ausgereizt![115]

Aus evolutionsbiologischer Sicht von besonderem Interesse ist eine vierte Gruppe auswärtiger Eierlegerinnen. Sie umfasst Weibchen, die wenigstens einen Teil ihrer Eier in einem oder mehreren fremden Gelegen[116] unterbringen. Dieses Vorgehen entspricht ein Stück weit der Strategie des Kuckucksweibchens. Derartige Weibchen repräsentieren sozusagen Vor-

stufen zu professionellen Brutparasiten. Evans identifizierte in seiner Untersuchung mindestens sieben Vertreterinnen, die in dieser Hinsicht hoch-
verdächtig waren. Sie platzierten ein Ei sozusagen «kuckucksartig» unauffällig mitten in den Eiablagezyklus einer Nestinhaberin. Zumindest ein
Teil dieses Eischmuggels war mit höchster Wahrscheinlichkeit mit dem
Verschwinden (wenigstens) eines Eis der Nestbesitzerinnen verbunden.
Dieses fand sich auf dem Boden in der Nähe des Nestes. Es wurde also –
abweichend von der Praxis des Kuckucks – nicht von den Brutschmarot-
zerinnen vertilgt. Was beim Star ebenfalls ausbleibt, ist der radikale «Al-
leinvertreteranspruch» des Kuckucksjungen, der keinen anderen Nestling
neben sich duldet – nicht einmal den durch ein zweites Kuckucksweibchen «irrtümlich» eingeschleusten Artgenossen.[117]

Längst bestätigten etliche Studien brutparasitische Ambitionen nicht
nur innerhalb der Starenspezies.[118] Auch für Weibchen anderer Vogelarten stellen sie ein durchaus gängiges Verfahren zur Etablierung eigener
Nachkommen dar. Denn die Gemengelage, in der sich ein Individuum
gegen seine Mitbewerber und zugleich Artgenossen bei der Fortpflanzung durchsetzen muss, kann im Einzelfall beträchtlich differieren. Somit können sich unterschiedliche Strategien nebeneinander entwickeln
und gegebenenfalls zum Erfolg führen. Als eine der möglichen Optionen
ist Brutparasitismus daher Ausdruck des innerartlichen Ringens um die
günstigste Fortpflanzungsstrategie eines Individuums.

Parasitismus repräsentiert heutzutage einen mehrdeutigen Begriff.
Zecken, die am Amselauge Blut saugen, Luftröhrenwürmer die Stare bis
zum Röcheln plagen, Kokzidien, die im Vogelgedärm wüten, oder der
Kuckucksnestling:[119] Sie alle entsprechen unserer klassischen Vorstellung
vom Schmarotzer und von seinem artfremden Wirt. Doch auch das Gegenstück ist Realität. Immer wieder kommt es zum Beispiel vor, dass in
Kolonien brütende Vögel anderen Koloniemitgliedern Nistmaterial steh-
len, sich deren Beute aneignen oder sogar Eier unterschieben.[120] Der Konflikt zwischen Artgenossen schließt offenkundig auch die Möglichkeit
zum Ausbeuten ein, und das auf mehreren Ebenen.

III. FORTPFLANZUNG – ZWISCHEN TREUE UND UNTREUE

9. Alles Leben läuft auf Fortpflanzung hinaus

Das wilde Potpourri der Brutgewohnheiten

Mit dem aufkommenden Frühjahrsgesang kündigt sich die Fortpflanzungszeit der Vögel an. Zumindest trifft dies für die meisten Standvögel zu. Nach und nach folgen die Zugvögel. Schon in unseren Breiten wartet die Vogelfauna mit einer immensen Fülle an Fortpflanzungsweisen auf. Das beginnt bei der Anlockung und Werbung um das andere Geschlecht, setzt sich mit der Wahl des Nistplatzes fort und steigert sich noch einmal in den Methoden der unmittelbaren Brutfürsorge.

Offenbrüter finden sich im gleichen Lebensraum wie Höhlenbrüter und Spezies, die – wie Zaunkönig und Beutelmeise (siehe Abb. 12-2) – dicht zusammengefügte Kugelnester mit seitlichem Eingang anlegen. Viele Höhlenbrüter nutzen beispielsweise gern Baumstämme, Mauernischen oder Löss- und Lehmwände (wie Eisvögel und Bienenfresser), andere platzieren ihr Nest in ausgedehnten Hohlräumen wie Kirchtürmen, Dachböden oder Felshöhlen. Unter den Offenbrütern reicht die Bandbreite von am Boden brütenden bis hoch oben in alten Bäumen nistenden Arten. Küstenvögeln genügt als Brutplatz oft eine schlichte Mulde auf dem Untergrund. In starkem Kontrast dazu steht der beträchtliche Aufwand der Rauch- und Mehlschwalben, die ihre Nester aus Schlammklümpchen zusammenkleistern.

Wie viel mehr erst gilt die überbordende Vielfalt der Nistweisen beim Blick auf die gesamte Vogelfauna. Um zwei Extreme zu nennen: Viele Mitglieder der artenreichen afrikanisch-asiatischen Gruppe der Webervögel flechten kunstvoll bis auf eine Eingangsröhre geschlossene Nester im Schilf, an Papyrusstauden, Palmblättern oder Bäumen. Oft nur an einer einzigen schmalen Stelle befestigt, können diese Brutstätten frei herunterhängen. Demgegenüber verzichtet der Kaiserpinguin in der arktischen

Kälte ganz auf ein Brutnest. Es ist durch eine Hauttasche ersetzt, dicht über den Füßen und wenige Zentimeter vom eisigen Untergrund getrennt.

Ähnliche Vielfalt herrscht in der eigentlichen Brutpflege. Bei etlichen Arten teilen sich die Geschlechter das Ausbrüten der Eier. Bei anderen, wie der Kohl- und Blaumeise, übernimmt das Weibchen das Brüten in der Nisthöhle voll und ganz, während das Männchen für das Herbeischaffen der Nahrung zuständig ist. Später füttern beide die geschlüpfte Nachkommenschaft. Auch das Amselweibchen brütet allein im offenen Nest, verpflegt sich jedoch in den Brutpausen selbst. Ihr Partner behält allerdings den Nistplatz im Auge. Um die Aufzucht kümmern sich schließlich beide gemeinsam. Nachdem die Jungen das Nest verlassen haben, teilen sie sich die Jungenschar zur Versorgung gewöhnlich untereinander auf.[1] Führt allerdings das Weibchen eine weitere Brut durch, betreut der Amselmann normalerweise die noch nicht selbständigen Jungvögel allein. Vollkommen anders verfahren etwa die Fasanenvögel, denen auch unser Haushuhn zuzurechnen ist. Bei ihnen obliegt fast immer die gesamte Brutpflege einzig dem Weibchen. Dennoch handelt es sich bei derartigen Zuordnungen stets bestenfalls um Regelangaben. Selbst die Brutzeit ist von mannigfachen Abweichungen vom üblichen «Artkonzept» nicht ausgenommen. Beispielsweise wurden in Europa bei der Amsel etliche Winterbruten nachgewiesen.[2] Oder, auf den Fall der Blaumeise zurückgreifend: Bei diesem Waldbewohner finden sich mancherorts auch Männchen, die mit zwei Weibchen gleichzeitig verpaart sind.[3] Unter Staren (siehe Abb. 3-2, 9-2) ist diese sogenannte *polygyne* Strategie (Vielweiberei) sogar weit verbreitet. Bei ihnen brüten und füttern eigentlich beide Geschlechter. Doch stellt sich die Frage, ob angesichts der großen Häufigkeit polygyner Familienverhältnisse bei dieser Spezies die Monogamie noch als echter Normalfall zu bezeichnen ist.

Männliche Stare können über einen Harem von bis zu fünf Weibchen gebieten – mit entsprechend verringerter oder gar ausfallender Brutpflege. Dies kann entscheidend ins Gewicht fallen. In Bruten, in denen sie eifrig mitfüttern, bessern sie die Ernährungsbilanz der Nachkommenschaft beträchtlich auf. Schnakenlarven und Regenwürmer rangieren auf der Menüliste ganz oben.[4] Aber von polygyn lebenden Männchen erhält schon die erstgewählte Partnerin etwas weniger Unterstützung als monogam verpaarte Starenweibchen von ihren Gatten. Die «Zweitfrauen» sind sogar regelrechte «Alleinerzieherinnen», die bei Brut und Aufzucht der Jungvögel weitestgehend oder völlig ohne männliche Mitarbeit auskommen müssen.[5] Doch gibt es dabei auch regionale Unterschiede. In Summe haben es etwa die monogamen Weibchen in Schweden im Vergleich zu ihren belgischen Pendants eine Spur einfacher.[6] Ihre Partner investieren mehr in die Versorgung der Nestlinge als die südlicher lebenden Geschlechtsgenossen. Im Vergleich zum wärmeren Mitteleuropa ist die Brutperiode hier merklich verkürzt und infolgedessen verdichtet. Potentiellen Interessenten bleiben somit weniger Zeit und Gelegenheiten für die Anwerbung eines Zweitweibchens. Freilich könnte der sich gegenwärtig vollziehende Klimawandel die nordischen, sozusagen eskapadenarmen Verhältnisse bald außer Kraft setzen.

In der Nähe von Antwerpen untersuchten Rianne Pinxten und Marcel Eens, langjährige Starenforscher, die Auswirkungen auf die «allein gelassenen» Zweitweibchen. Trotz verstärkter Anstrengungen war deren Aufzuchtbilanz sehr bescheiden. Ihnen fehlte schlicht die Unterstützung eines Partners. Ihre Jungen waren untergewichtig, viele von ihnen starben – offenbar zu knapp versorgt.[7] Bekannt ist, dass gerade die Jungen solcher Bruten unter verschmutzten, feucht gewordenen Nestern leiden. Zudem sind überlebende, aber schwächliche Jungvögel nach dem Verlassen des Nestes einem erhöhten Todesrisiko ausgesetzt.[8] Kurzum, der Fortpflanzungserfolg der Zweitweibchen lag deutlich sowohl unter dem der einehigen wie der in einer *Ménage à trois* erstverpaarten Geschlechtsgenossinnen. Warum aber lassen sich etliche Starenweibchen auf bereits «vergebene» Männchen ein, selbst wenn zur gleichen Zeit ungebundene Geschlechtspartner vorhanden sind? Für gestandene, rational argumentierende Soziobiologen ein Rätsel, das sie mehr oder weniger ratlos macht.

Eine weitere knifflige Frage betrifft die Entscheidung, welche ihrer Bruten bigamistische Stare fördern. Immerhin umwerben sie tagelang die neue Partnerin. Sie vernachlässigen zumindest währenddessen die Fürsorge um die Brut, die sie mit dem zuerst angepaarten Weibchen begonnen haben, ja vielfach verzichten sie vollkommen auf die Beteiligung am Bebrüten dieses Geleges. Doch schließlich steht diese Brut bei ihnen wieder hoch im Kurs, und sie wirken bei der Versorgung der Nestlinge mit.[9] Worin liegt die Ursache für den «Sinneswandel»? Ein Forscherteam um Maria Sandell und Henrik Smith versuchte, diese Frage mit einem raffinierten Freilandexperiment in einer schwedischen Population zu klären.[10]

Die Starenforscher tauschten in derartigen Dreiecksbeziehungen die beiden Gelege drei Tage vor dem erwarteten Schlupfdatum des Geleges des erstverpaarten Weibchens aus. Diese Brut hatte gegenüber dem Gelege des Sekundärweibchens einen Bebrütungsvorsprung von knapp drei Tagen. Der Startvorteil der Primärweibchens kehrte sich jedoch nach dem Vertauschen in einen Nachteil um. Das Umgekehrte traf auf die Sekundärweibchen zu – und, siehe da, nun standen die Männchen in erster Linie diesen Weibchen bei der Betreuung der Nestlinge bei. Dagegen ließen sie die Primärweibchen mit deren Pflegekindern weitgehend links liegen. Diesen galt nicht einmal ein Fünftel ihres Fütterungsaufwands. Offenbar gibt der Erstschlupftermin den Ausschlag, für welche Brut sich der Bigamist bei der Aufzucht wesentlich engagiert.

Einen schönen Beleg einerseits für die «Allüren» eines Starenmachos, andererseits für seine Bevorzugung der Erstbrut liefern Rianne Pinxten und ihre Kollegen aus in einer ihrer Nistkastenkolonien in Flandern. Sie beschreiben den Fall eines Starenmanns, der innerhalb eines Monats nach und nach fünf Weibchen ergattert hatte. An dem Tag, an dem das fünfte Weibchen mit der Eiablage einsetzte, kehrte er zu seinem Erstweibchen zurück und fing an, bei der Fütterung der zuerst begonnenen Brut mitzutun. Die Nestlinge waren zu diesem Zeitpunkt sechs Tage alt. Zehn Tage später verließ dieses Weibchen die Brut. Er übernahm nun allein die gesamte Versorgung bis zum Flüggewerden der fünf Jungen im Alter von 21 Tagen. Alle anderen Weibchen blieben bei der Aufzucht vollständig auf sich angewiesen. Dennoch konnten bis auf ein Weibchen, dessen Eier einen Tag vor dem Schlupf verschwanden, alle Haremsgenossinnen mindestens drei Junge aufziehen. Insgesamt flogen aus den fünf Bruten 18 Junge aus, dreizehn mehr als im Durchschnitt in den benachbarten Nestern monogamer Männchen. Ausgesprochen bemerkenswert an diesem Fall ist die Tatsache, dass beinahe alle beteiligten Vögel auf der Gewinnerseite standen. Nicht nur der Polygamist profitierte; das Primärweibchen zog sich in der Endphase aus der Nestlingsbetreuung zurück – und das bei hohem Bruterfolg! Selbst die meisten anderen Weibchen schnitten passabel ab.

Für die Vaterschaftsbilanz des flämischen Polygynisten könnten allerdings Abstriche gelten. Die Beobachter waren sich nämlich keineswegs sicher, ob alle 18 der ausgeflogenen Starenkinder tatsächlich ihm entstammten. Dessen überstürzt angeworbene Weibchen Nummer 2 und 4 begannen einen bzw. zwei Tage nach der Anpaarung mit der Eiablage.[11] Nicht unwahrscheinlich, dass sie mit anderen Männchen längst kopuliert hatten und diese Männchen in Wahrheit die biologischen Väter aller oder eines Teils der Jungvögel waren!

In dem wiedergegebenen Beziehungskarussell trugen vermutlich außergewöhnlich günstige Außenbedingungen des Berichtsjahrs zu dem glimpflichen Ausgang für die sekundären Partnerinnen bei. Von derlei Schicksalsglück abgesehen, verfügen freilich auch Starenweibchen über gewisse Finessen, etwa indem sich manche wiederholt brutparasitisch betätigen (Kapitel 8). Die darüber hinausgehende, feststehende Kuckucksstrategie wird nicht nur von einem halben Hundert «echter» Kuckucksspezies verfolgt, sondern auch von einer etwa gleich großen Zahl anderer Arten aus unterschiedlichen Verwandtschaftsgruppen.[12] Dieser obligate Brutparasitismus ist nahezu weltweit präsent. Aber nur drei seiner Vertreter – alles Kuckucke im eigentlichen Sinn – kommen auf dem europäischen Kontinent vor. Diese Beobachtung liegt im Trend, denn jenseits unseres Kontinents nimmt die Vielfalt der Fortpflanzungs- und Vermehrungsweisen drastisch zu.

Namentlich in den tropischen und subtropischen Regionen stoßen wir auf eine imposant gesteigerte Mannigfaltigkeit der Balzformen und Werbungszeremonien. Dort behauptet sich oftmals in geographischer Ballung oder unmittelbarer Nachbarschaft eine Vielzahl gegensätzlicher Familienstrategien. In relativ großer Artenzahl sind in diesen Zonen die sogenannten *Arenavögel* vertreten. Dazu zählen die Paradies- und Laubenvögel Neuguineas und Australiens sowie die Felsenhähne und Pipras (Schnurrvögel; siehe Abb 9-1) Lateinamerikas. Hierzulande gehören Kampfläufer, Auer- und Birkhuhn dazu. Die männlichen Vertreter dieser Spezies locken an bestimmten Örtlichkeiten mögliche Geschlechtspartner an und stellen sich dafür mit optischen und akustischen Mitteln zur Schau. Häufig richten sie diese Plätze speziell für ihre Darbietungen her, indem sie das Werbeareal reinigen, blickstörende Strukturen entfernen, vielfach auch aus pflanzlichem Material eigene Bauwerke schaffen und mit Ornamenten verzieren. Dabei sind der gestalterischen Bandbreite kaum Grenzen gesetzt. Entweder werden mehrere Naturbühnen jeweils einzeln von einem Männchen bespielt, oder mehrere Männchen vollführen ihre Performances an ein und demselben Platz. Beispielsweise veranstalten manche Schnurrvögel Gruppentänze.[13]

Abbildung 9-1: Nördliche Gelbhosenpipra *(Ceratopipra mentalis)*. Ruiz Cortines, Mexiko, 11.2.2019. Aufnahme: Otto Samwald

Mit grellen Gefiederfarben, spektakulären Flugkünsten wie Loopings, Verrenkungen und artistischen Körperbewegungen, gellenden Lautäußerungen und anderen stimmlichen Darbietungen machen die balzenden Akteure auf sich aufmerksam. In etlichen Fällen setzen sie eine Art Instrumentalmusik ein. Der schwarz, moosgrün, scharlachrot und weißlich gezeichnete Tangarázinho *(Ilicura militaris),*[14] ein brasilianischer Schnurrvogel, verharrt zunächst regungslos an einen Ast angepresst, saust dann plötzlich schräg nach oben, wendet mit einem Looping am höchsten Punkt seiner Flugbahn, lässt in diesem Augenblick ein krönendes Ratschen erschallen und steuert sofort darauf in entgegengesetzter Richtung den Landeplatz an, wo er mit einer «spiegelbildlichen» Drehung abschließt.[15] Das Fluggefieder vieler Schnurrvögel weist besondere Bauweisen auf, die grunzende, knackende, ratternde und raschelnde Geräusche ermöglichen. Das aufwendige Treiben der Arenavögel zielt auf die Begattung, auf sonst nichts. Die Männchen werden sich auch nicht dem Wohlergehen der Nachkommenschaft widmen. Wie der Nestbau ist dies einzig und allein Sache der weiblichen Artgenossen.

Als Protagonisten einer wahrhaft radikal modifizierten Form der Brutfürsorge, die schon Wallace in Staunen versetzt hatten, sind schließlich die
Großfußhühner der papuanisch-australisch-pazifischen Region einzustu-
fen. Deren Gelege werden im Bodensubstrat ohne jeden körperlichen
Kontakt mit einem Eltern- oder Wirtsvogel ausgebrütet. Drei der prakti-
zierten Brutvorsorge-Methoden bestehen darin, dass die Hennen die Eier
an kräftig besonnten Stränden, in vulkanisch aufgeheizten Böden oder
zwischen vermoderndem Wurzelwerk eingraben. Bei der auf Australien
beschränkten Artengruppe dieser Hühnervögel wirken aus Laub und anderem pflanzlichen Material hoch aufgeschichtete, tonnenschwere, bis mehrere Meter hohe Hügel als Brutkasten. Elternarbeit besteht in diesem Fall
in fortwährender Überwachung und Anpassung des Bruthügels an die mi-
kroklimatischen Verhältnisse. Schließlich finden sich auch in dieser Vogelfamilie parasitische «Abstauber». Je nach Spezies gewährleisten Beson-
nung, Geothermie oder Mikroben die Wärmeproduktion. Ein Gutteil der
mütterlichen Vorsorge ruht in den besonderen Eigenschaften ihrer Fort-
pflanzungsprodukte. Überaus groß und mit einem hohen Dottergehalt
ausgestattet, sind die Eier zudem einer ungewöhnlich langen Brutzeit un-
terworfen. Dies zusammen bedingt den weit fortgeschrittenen Entwick-
lungszustand der schlüpfenden Jungvögel. Sie kommen als extreme Nestflüchter auf die Welt und sind von Anfang an bei der Nahrungssuche vollkommen auf sich selbst gestellt.[16]

Am Ende seiner Ausführungen über diese verblüffenden Vögel ver-
wendet Wallace intuitiv die Vokabel *unbegreiflich* – und fasst an dieser
Stelle seines grandiosen Reiseberichts vom Malaiischen Archipel in wenigen Zeilen seine fundamentale Sicht der Deszendenztheorie, also der Ab-
stammungslehre, zusammen.[17]

Das Ringen um die Nachkommenschaft

Lange hielt man das Reproduktionssystem der Vögel für einen zyklischen
Prozess, der im Großen und Ganzen nach übersichtlichen Regeln zu verlaufen schien. Die Vögel galten in der breiten Mehrheit als monogam lebende Vertreter der Wirbeltiere. Vor fünfzig Jahren ordnete David Lack,
eine der Leitfiguren der Verhaltens- und Vogelkunde, in seinem Klassiker

Ecological Adaptations for Breeding in Birds lediglich rund zehn Prozent der Vogelarten der Vielweiberei oder anderen nichtmonogamen Lebensformen zu.[18] Auf dieser Basis lässt sich der Fortpflanzungszyklus relativ einfach in vier klar umrissene Abschnitte unterteilen. Der ersten Etappe werden Balz und Paarfindung zugeordnet. Darauf folgt die Phase der Eiablage auf einem zuvor hergerichteten Nistplatz, gegebenenfalls in einem zuvor etablierten Revier. Die anschließende eigentliche elterliche Brutpflege umfasst das Bebrüten des Geleges und die Aufzucht des geschlüpften Nachwuchses bis zum Flüggewerden. In dieser Zeit bestehen die Pflichten der Altvögel im Wärmen (Hudern) und Behüten der Jungen vor Feinden und Wetterunbill sowie in der Versorgung mit Nahrung. Den Abschluss bildet die Betreuung der frei beweglichen, meist flugfähigen Jungvögel bis zu ihrer Selbständigkeit.

Doch die angeführte, scheinbar trennscharfe Unterteilung in vier Stadien entspricht in sehr vielen Fällen nicht der Wirklichkeit. Dieser Ablauf gerät schon bei Arten gehörig durcheinander, die in einer Saison mehr als eine Brut durchführen. Das trifft auf Rotkehlchen und Amsel zu. Häufig überschneiden sich ihre aufeinanderfolgenden Bruten.

Wie schon durch die zuvor gebotene Auswahl angedeutet, repräsentiert der vermeintlich monogame Normalfall in Wahrheit nur eine von mehreren – überdies mannigfach variierten – Fortpflanzungsmodellen. Unser Kuckuck beispielsweise pflegt einen ausgesprochen promiskuitiven Umgang: Beide Geschlechter wechseln ihre Sexualpartner nach Belieben.[19] Tendenziell in eine ähnliche Richtung, aber doch geordnet geht es bei den Heckenbraunellen zu, kleinen, unauffälligen Vögeln, die die Brutzeit gern in gebüschreichen Gärten verbringen. Etliche dieser «grauen Mäuse» unter den Singvögeln bleiben den Winter über hier. Viele beziehen in der kalten Jahreszeit nahe gelegene, jedoch andersartige Lebensräume oder suchen tiefere Lagen auf; ein großer Teil wandert allerdings ein Stück weit in wärmere Gebiete ab.[20] Die Braunellensoziologie hat es in sich.[21] Während die Weibchen gegeneinander eigene Reviere mit großer Bestimmtheit verteidigen, lassen sich die von Männchen kontrollierten Parzellen eher als «Interessenzonen» betrachten, die sich mit denen anderer Männchen weitgehend überschneiden können. Die vielfach gewissermaßen unsichtbar mitten unter uns lebenden Vögel gehen mit Vorliebe Trio- und Kreuzbeziehungen ein. Außerhalb dieser «legitimen» Verbindungen sind Seitensprünge jedoch selten. Daher kommen Fremdvaterschaften außerhalb der Partnerallianzen auch kaum vor. Grundsätzlich umsorgen beide Geschlechter die Jungvögel. Doch tatsächlich hängt die jeweilige Beteiligung der Männchen von der speziellen Ausprägung der Partnerschaft ab. Alpha- und Beta-Männchen einer Braunellenkommune können sich gemeinschaftlich der Jungenschar zweier Nester annehmen oder teilen sich die Nestlingsgruppen auf. Der Grad, in dem Beta-Väter die Nestlinge unter ihre Fittiche nehmen, steht in Zusammenhang mit dem früheren Zugriff auf die Nestbesitzerin(nen).

Selbst die konsequente Umkehrung der Geschlechterrollen hat sich in der Vogelwelt mehrfach entwickelt. Prominent in diesem Sinne sind die exotischen Laufvogelriesen Südamerikas, Australiens und Neuguineas: der Emu, die Kasuare und die beiden Nandu-Vertreter.[22] Einzig die Eiablage stellt noch ein weibliches Privileg dar. Den Rest des Fortpflanzungsgeschäfts bewältigen die Männchen. Es fällt auf, dass Vögel mit dem Hang zum Wasser ein wenig zu diesen insgesamt seltenen Ausnahmen neigen, so die afrikanisch-asiatische Goldschnepfe *(Rostratula benghalensis)*, die Blatthühnchen (Jassanas), der amerikanische Drosseluferläufer *(Actitis macularius)* und im hohen Norden Thors- und Odinshühnchen.[23] Vielfach versuchen die Weibchen zudem, in zügiger Folge verschiedene Geschlechtspartner zu gewinnen, die dann jeweils eine Brut durchzuführen und zu versorgen haben.

Bei diesem Rundumblick wurde allerdings bislang ein entscheidender Punkt weitgehend ausgespart: Wie steht es um die *echten* Verwandtschaftsverhältnisse in den diversen Familientypen? Dieses Problem klang schon bei dem belgischen Starenmacho an. Ausgeklammert blieb da aber die Frage nach der *genetischen Vaterschaft* in ganz konventionellen, von einem Vogelpaar gegründeten Familien – gar nicht zu reden von den Verhältnissen in Familien mit Helfersystem! Traditionellerweise wurde eheliche Treue bei Blaumeisen und Co. sozusagen vorausgesetzt. Doch in Wahrheit konnte man nur vermuten, spekulieren, zweifelnd munkeln. Bis in die 1980er Jahre fehlten einfach die wissenschaftlichen Methoden für eine klärende Antwort. Als dann schließlich die Molekularbiologie die gewünschten Verfahren bereitstellte, fielen die überkommenen Gewissheiten wie Dominosteine. Ihr Einsatz deckte schonungslos die realen Verhältnisse in den einst für monogam gehaltenen Partnerbeziehungen auf. Wer hätte auch nur ansatzweise wenige Jahre zuvor den Befund einer Studie voraussehen können, wonach in einem deutschen Nadelwaldbiom ein

Drittel der jungen Tannenmeisen von fremden Vätern abstammte – *außerhalb des Paarbundes gezeugt*, wie es wissenschaftlich heißt.[24] Rasch zeichnete sich ab, dass bei den allermeisten Vogelarten immer wieder paarfremde Väter in die Familien hineinstreuen. Blaumeisen (siehe Abb. 14-1) wurden unter diesem Gesichtspunkt besonders gut untersucht. Etwa in der Hälfte ihrer Bruten hinterlassen «Kuckucksväter» ihre Spuren.[25]

Der Begriff einer soziobiologischen Revolution erscheint bei dem Ausmaß überraschender Enthüllungen durchaus berechtigt. Was die Verwandtschaftsverhältnisse innerhalb der gefiederten Elternfamilie angeht, wurde es für die Vogelkundler nun vollkommen unübersichtlich. Aus ihrer Sicht lag jetzt alles im Bereich des Möglichen. «Kuckucksväter» weit und breit! Streunende Fremdgeher, von der eigenen Partnerin betrogen, neben mehrehig treuen Gatten, streng monogamen Exponenten und so fort. Als ob dieser genealogische Mix nicht kompliziert genug wäre, wirbelt die parasitische Einschleusung fremder Eier – von auswärtigen Männchen oder dem Paarpartner gezeugt – die Verwandtschaftsverhältnisse zusätzlich durcheinander.

Durchgängig erkennbar bleibt dagegen das Bestreben des Individuums, die eigenen Gene in die nächsten Generationen zu verpflanzen. Alte Konzepte – etwa das der Arterhaltung – sind dadurch passé. Die brutalen Begleiterscheinungen des *«Einer für sich»* äußern sich in Geschlechterkampf und Vergewaltigung, Generationenkonflikten, Kindstod und Geschwisterkonkurrenz. Aber auch das sanfte Gegenstück dazu, kooperatives Verhalten, hat sich als vielversprechende Alternative durchgesetzt, wie bei den einheimischen Schwanzmeisen und unter verschiedenen Nashornvögeln in den Tropen. Diese Vielfalt ist die Basis für einen unübersehbaren Reichtum individueller Lebenswege.

Lehrstunde bei Friedrich Wilhelm Merkel, Hausmeister der Stare

Mit seiner Dissertation *Physiologie der Zugunruhe bei Vögeln* betrat Friedrich Wilhelm Merkel Neuland. Das war 1937.[26] Mehr als vierzig Jahre später stand ich ihm, dem Altmeister der Vogelkunde und der Koryphäe der Vogelzugsforschung, gegenüber – in seinem Gartenhäuschen im Taunus. Ich hatte ihn inmitten seiner Starenkolonie besuchen dürfen, er von seinen

Abbildung 9-2: Stare bilden im Herbst Schwärme, viele sind Zugvögel. Illmitz (Burgenland), 5.10.2017. Aufnahme: Hans-Martin Berg

Staren enthusiasmiert, ich ebenfalls vom «Starenvirus» befallen. Zwischen den beiden Zeitpunkten lag seine Entdeckung der Magnetfeldorientierung der Zugvögel. Seither wird diese Fähigkeit der Gefiederten weltweit beforscht, in ihre Bestandteile zerlegt, von Roswitha und Wolfgang Wiltschko und vielen anderen. Nun stand er also vor mir, zwischen gebunkerten wissenschaftlichen Zeitschriften und der Kontrollapparatur für seine Nistkastenkolonie. Und über uns die Stare.

Merkel war direkt, offen und vollkommen uneitel. In Schlesien geboren und aufgewachsen, war er familienbedingt schon als Heranwachsender der Vogelwelt zugewandt. Ein Kriegsveteran, den es in den fünf Jahren seiner Kriegsgefangenschaft bis nach Sibirien verschlagen hatte. Nach seiner Rückkehr konnte er im Westen Deutschlands Fuß fassen und die in Breslau begonnenen Untersuchungen in Frankfurt fortsetzen. Obwohl sich der erfolgreiche Zoologieprofessor für alle Objekte seines Fachs von den Strudelwürmern und Heuschrecken bis zu den Primaten, zu begeistern vermochte, blieben doch die Vögel sein Steckenpferd. Namentlich die Stare hatten es ihm angetan. Gegen Ende seiner akademischen Karriere siedelte Merkel bei sich zu Hause eine Kolonie der geselligen Vögel an. Sein Gartengelände geriet gewissermaßen zu einer Außenstelle des Zoologischen Instituts, wo er auf sehr persönliche Art Forschung zur Soziologie der Stare betrieb.

Merkel verfolgte das «Privatleben» der Stare jahrelang Tag für Tag.[27] Er protokollierte, welcher Star in der Kolonie anwesend, wer abgängig war, wer zu Besuch kam oder auf Dauer zurückkehrte, wer in der kalten Jahreszeit blieb, welches Männchen mit welchem Weibchen flirtete, welche Individuen brüteten und so fort. Aluminium- und Farbringe, mit denen er einen Teil der Vögel versehen konnte, erleichterten die Unterscheidung. «Seinen» Staren gab er Namen wie *Adam, Alma, Saulus, Playboy, Barfrau* oder *Juso.* Mir imponierte das natürliche Auftreten des alten Professors, der einst der zentralen Bedeutung des Magnetsinns für die Orientierung der Zugvögel auf die Spur gekommen war und nun seiner Starenleidenschaft frönte. Sein Credo: Jedes Tier sei nicht nur an der unterschiedlichen Beringung, sondern auch an einem unterschiedlich individuellen Verhalten zu erkennen.[28] Die präzisen Aufzeichnungen lieferten den Beleg. Schon gewisse Titel seiner Publikationen brachten diese Annäherung an ein detailgetreues Abbild der beobachteten Individuen anschaulich zum Ausdruck: *Lebenslauf eines Starenweibchens* oder *Gruppenbild um einen Starenmann.* Auch die Namensgebung spiegelte persönliche Eindrücke und den intimen Zugang. *Playboy* zum Beispiel erhielt seinen Namen wegen seiner intensiven Balzkünste und seines vielseitigen Gesangs.[29] Er beherrschte das Legegackern der Henne, Strophen aus dem Amselgesang, den Pirolpfiff und den Balzruf des Rebhahnes.

Eines der Starenmännchen entpuppte sich als vollendeter Polygamist.[30] Mit sieben Gelegen in einer Saison, die fünf verschiedene Weibchen beigesteuert hatten, stellte *Adam* sogar die Bilanz des bereits erwähnten belgischen Polygamisten in den Schatten. Indem das «Supermännchen» über möglichst viele Nistkästen die Kontrolle errang, legte es den Grundstein zum Erfolg. Denn nichts lockt unter fortpflanzungswilligen Staren mehr als der Besitz einer Nisthöhle.[31] Wer eine oder sogar mehrere Nisthöhlen anzubieten hat, vermag ein oder eben mehr Weibchen an sich zu binden.[32] Allerdings verteilten sich die unter *Adams* Ägide in die Wege geleiteten Bruten auf zwei Brutperioden. In Deutschland reicht nämlich die Saison für den Star sehr häufig – anders als in kühleren europäischen Regionen – zur Durchführung zweier Bruten aus. Drei der von *Adam* beanspruchten Bruten fanden im Frühling während der ersten Brutperiode statt, die vier anderen in der darauffolgenden zweiten im Frühsommer. Mit zwei der Weibchen hatte *Adam* jeweils zwei Bruten.

Ob *Adam* – gemessen am Bruterfolg – tatsächlich den belgischen Geschlechtsgenossen übertraf, steht allerdings auf einem anderen Blatt. Merkel registrierte in dessen vermeintlicher Supersaison gegenüber dem Vorjahr sogar eine Abnahme der Zahl der ausgeflogenen, dem eigenen Harem entstammenden Nestlinge. Offenbar waren die Weibchen mit der Pflege überfordert. Damit bestätigte Merkel für das wohlig-mild temperierte Rhein-Main-Gebiet die andernorts gemachten Beobachtungen: «Bei derartig vielen Bruten eines Männchens liegt die Last der Aufzucht fast ausschließlich bei den Weibchen ...»[33] Das Vaterschaftssaldo des flämischen Polygynisten könnte aber genauso geschmälert worden sein, nämlich durch die angedeuteten gut möglichen Fremdzeugungen.

Hier zeigt sich überhaupt, wie äußere Umstände, gewissermaßen Schicksalsschläge, den Verlauf des Brutgeschäfts völlig auf den Kopf stellen und auch «egomanisch getriebene» Anstrengungen zunichtemachen können. Nachweise für solche Vorkommnisse sammelte ein belgisch-englisches Forscherteam in zwei späteren Jahren in der bereits besprochenen flämischen Starenkolonie. Mit der Methode des *DNA-Fingerprinting* nahmen die Vogelgenetiker die Verwandtschaftsverhältnisse in rund einem Dutzend Starenfamilien unter die Lupe. Auf den ersten Blick schienen sie mehrere «fremdgezeugte» Starenkinder herausgefiltert zu haben.[34] Bei näherer Betrachtung entpuppte sich jedoch in diesem Fall die krude Seitensprunghypothese als Fehleinschätzung – wenigstens großenteils.

Von den sechs identifizierten «Kuckucksstaren» stammten drei aus Nestern, deren Besitzer sich gerade einen Tag vor Beginn des Eiablagezyklus neu verpaart hatten. Im einen Fall hatte einer der fünf Nestlinge einen fremden Vater, im anderen waren es zwei der sechs Nestgeschwister. Beide Male waren wahrscheinlich die ursprünglichen Partner der betreffenden Starenweibchen ums Leben gekommen. Bei einer weiteren Brut mit einem fremdgezeugten Starenkind hatte ebenfalls erst kurz vor Legebeginn, diesmal fünf Tage vorher, eine Neuverpaarung stattgefunden. Damit erklärte sich den Forschern auch leichter, weshalb sie trotz intensiver Beobachtung keine einzige «illegitime» Begattung gesehen hatten.[35]

10. Von heimischen Staren zu fernen Paradiesvögeln und nahen Kampfläufern

Was macht Stare attraktiv?

Merkels Starenkolonie umfasste zu ihrer Hochzeit 16 Nistkästen. Das war klein genug, um die Übersicht über die Aktivitäten der Koloniemitglieder zu behalten, und groß genug, um allgemeinere Verhaltenstendenzen zu erkennen. Merkel wollte zum Beispiel wissen, ob sich die Weibchen bei der Entscheidung für den Brutort eher am Nistkasten oder an den Eigenschaften des Männchens orientieren. Für beide Alternativen lieferten die Vögel Argumente. Doch eine schlüssige Antwort gab ihm die Kolonie nicht, obgleich die Tendenz zur Bevorzugung bestimmter Nistkästen auffiel.[36] Wie war es demgegenüber um die *Männchen-Qualität* bestellt? Als Kriterium dafür gilt die Stimmgewalt. Die ist bei einer Vogelart mit derart umfangreichem und variablem Gesang nicht leicht zu erfassen, denn Stare verfügen über artcharakteristische Pfeifthemen, individuelle Pfiffe und äußerst komplexe Gesangsphrasen. Immerhin steht eines unumstößlich fest: Der Gesang verleiht auf jeden Fall *Individualität*.[37] Auf die sogenannten Gesangsmotive beschränkt, benutzten die sechs in Merkels Garten ausgewählten Stare zwischen 17 und 39 solcher Phrasen. Neu war für die Bioakustiker, dass Starenmännchen noch im erwachsenen Alter dazulernen können. Später fanden andere Forscher auf breiterer Basis heraus, dass Stare mit zunehmendem Alter länger an einem Stück singen und über ein größeres Gesangsrepertoire verfügen.[38] Das wertet sie offenbar beim anderen Geschlecht auf. Mit ihrem größeren Repertoire üben sie auf Weibchen eine stärkere Anziehung aus als ihre Kollegen mit einem weniger ausladenden Motivspektrum.

Allerdings verfehlt auch die Gefiederfarbe nicht ihre Wirkung auf die

Weibchen. Unter Laborbedingungen setzte ein britisch-deutsches Forscherteam Ende der 1990er Jahre Starenweibchen verschiedene Männchen vor. Durch die Häufigkeit ihrer Zuwendungsbewegungen zeigten die Weibchen ihre Vorlieben an. Ihre Wahlentscheidungen waren verschieden, je nachdem, ob sie die Männchen optisch unbeeinflusst sehen konnten oder ob ein den Männchen-Abteilen vorgeschalteter Farbfilter das UV-Spektrum ausblendete. Da Stare – wie viele andere Vögel auch und im Gegensatz zum Menschen – in diesem Wellenlängenbereich zu sehen vermögen, erschienen den Weibchen die präsentierten Artgenossen nun in einem stark abgewandelten farblichen Outfit.[39] Naturgemäß betraf dies in erster Linie die intensiv ultraviolett reflektierenden Partien im männlichen Gefieder. Zwar bevorzugten die Weibchen in einem Test jeweils ein bestimmtes männliches Pendant – doch waren die gewählten Männchen bei natürlicher und bei gefilterter Präsentation nicht dieselben Individuen.[40] Ob oder inwieweit sich die Weibchen in ihren Entscheidungen in freier Natur vom Aussehen möglicher Partner leiten lassen, bleibt ungewiss, können sie doch offenbar auf verschiedene Wahlkriterien zugreifen. Unmanipuliert ist es jedenfalls das Kehlgefieder, auf das die Weibchen achten. Die übrigen getesteten Merkmale im Habitus der Starenmänner waren auf die Wahl der Weibchen augenscheinlich ohne Belang. Weder das Körpergewicht noch die Fettreserven hatten einen erkennbaren Einfluss.

Allem Anfang wohnt ein Zauber inne: Wallace und die Paradiesvögel

Stare bewegen sich schillernd zwischen den Extremen. Partnerwechsel sind möglich, Vielweiberei gehört zum üblichen Repertoire, aber genauso führen Paare vielfach in aufeinanderfolgenden Jahren gemeinsam Bruten durch. Auf sexuelle Treue ist in der Fortpflanzungssaison kein Verlass. Demgegenüber gibt es Vogelarten, die in dieser Zeit strikt monogam sind, ja ein Leben lang mit einem Partner zusammenbleiben, während andere das krasse Gegenteil verkörpern. Zum Zusammenfinden der Geschlechter setzen solche bindungslosen Vertreter alles auf die Balz und treiben den Werbungsauftritt bis zum Äußersten. Zu diesen ganz der sexuellen Hingabe Verfallenen gehören die meisten Paradiesvögel. Ihr Verbreitungsschwerpunkt liegt in Neuguinea, der zweitgrößten Insel unseres Planeten. Tiergeographisch fällt der Archipel am Rand der Südsee in jeder Hinsicht aus dem Rahmen. Arm an Säugetiergruppen, bewohnen neben etlichen Fledermaus- und Mäusegattungen lediglich Beuteltiere und die vier Arten der merkwürdigen eierlegenden Ameisenigel den fernöstlichen Inselkosmos. Umgekehrt sticht der Reichtum an bemerkenswerten Vogelarten hervor: Papageien, Nashornvögel, Honigfresser, die hochgiftigen Pitohuis (*Pitohui* sp.) und Blaukappenflöter *(Ifrita kowaldi)*, Dickköpfe und Lieste (Eisvogelverwandte), um nur eine Auswahl zu nennen.[41] Als die bekanntesten gefiederten Spezies, die auch in der breiten Öffentlichkeit hohe Sympathiewerte erreichen, gelten jedoch die Paradies- und Laubenvögel.

Insbesondere beim Blick auf die bunte Armada der Paradiesvögel wird die überschäumende Formenvielfalt sinnlich erfahrbar. Schon Wallace war davon gepackt. In seinen Werken präsentiert sich Wallace üblicherweise als der nüchtern resümierende Berichterstatter und Naturkundler. Im Bann der Paradiesvögel allerdings kann er sich nicht zurückhalten. Hingerissen, ja überwältigt von ihrer Schönheit, versucht er einen Eindruck von ihrem Gefieder, ihren Eigentümlichkeiten und überraschenden Merkmalen zu vermitteln. Gleichzeitig legt er damit einen frühen ernst zu nehmenden systematischen Überblick über die Familie vor, von der zum damaligen Zeitpunkt gerade 17 Arten[42] bekannt waren – weniger als die Hälfte der heute erfassten Spezies. Als besonderes Erlebnis schildert er den Augenblick, in dem ihm eines Tages Baderoon, sein Gehilfe, das erste Exemplar des Königsparadiesvogels *(Cicinnurus regius)* überreicht. Ein oberseits zinnoberrot bis samtig orange befiederter Vogel mit weißer Brust, gelbem Schnabel, kobaltblauen Füßen und metallisch grünen Farbflecken – vor dieser Pracht resigniert der wortgewandte Autor: «Schon die Anordnung der Farben und die Textur des Gefieders allein stempelte diesen kleinen Vogel zu einem Edelstein vom reinsten Wasser, und doch war damit nur halb seine merkwürdige Schönheit gegeben.»[43] Auf jeder Seite seiner Aufzeichnungen ist die Bezauberung des Inselreisenden spürbar. Er schwärmt von den Tanzgesellschaften des Großen Paradiesvogels *(Paradisaea apoda),* den er auf den Aru-Inseln südlich der Hauptinsel antrifft. Im erregten Zustand hebt der fast krähengroße Vogel bei niedergebeugtem Kopf die Flügel vertikal über den Rücken. Währenddessen wirken die an den Seiten unter den Flügeln entspringenden goldorangen Federbüschel

über dem Vogel wie zwei «prächtige goldene Fächer». Von diesen Feder-
schirmen überschattet, bilden «der geduckte Körper, der gelbe Kopf und
die smaragdgrüne Kehle nur den Grund und die Unterlage zu dem goldenen Glorienschein, welcher darüber wallt». Wallace schließt: «Wenn man
den Paradiesvogel in dieser Stellung sieht, so verdient er wirklich seinen
Namen und muss zu den schönsten und wundervollsten Lebensformen
gerechnet werden.»[44]

Nach Europa gelangten Paradiesvögel einst lediglich fußlos und flü-
gellos.[45] Daher wurden sie in der Alten Welt als dem Himmel nahe Krea-
turen empfunden, die angeblich vor ihrem Tod niemals den Erdboden be-
rühren würden. Dabei sind sie in Wahrheit relativ nahe Verwandte der
Krähenvögel.[46] Wallace beschreibt anschaulich, wie die Eingeborenen den
Großen Paradiesvogel auf den Aru-Inseln erlegten und präparierten. Zunächst schießen sie aus den Tanzgesellschaften vollbefiederter männlicher
Vögel anvisierte Mitglieder mit einem stumpfen Pfeil heraus, so dass sie
betäubt zu Boden fallen, «ohne dass ein Tropfen Blut auf das Gefieder
spritzt». Aus dem weiteren Vorgehen der Ureinwohner ergibt sich der
Stoff für die Fehldeutungen auf dem europäischen Kontinent. «Sie ampu-
tieren Flügel und Füße, balgen dann den Körper bis zum Schnabel hinauf
ab und nehmen das Gehirn heraus. Darauf wird ein starker Stock hin-
durchgestoßen, der aus dem Mund herauskommt, dieser mit einigen Blättern umwickelt, das Ganze in eine Palmen-Blütenscheide gelegt
und in der rauchigen Hütte getrocknet.»[47] Zurück bleiben ein extrem
geschrumpfter Kopf und ein verkürzter, massiv veränderter Körper,
wodurch das üppige Gefieder am meisten zur Geltung kommt. In der wissenschaftlichen Artbenennung *(apoda)* des Großen Paradiesvogels kommt
sogar die kolportierte Beinlosigkeit der Artengruppe zum Ausdruck. Iro-
nisch erscheint aus heutiger Sicht die Tatsache, dass mehrere Vertreter,
wie zum Beispiel der Königsparadiesvogel, eine ausgesprochen grelle
Beinfärbung aufweisen.

Die Arena-Strategie

Die sprichwörtliche Farbenpracht der Paradiesvögel beschränkt sich allerdings auf die männlichen Vertreter und hängt unmittelbar mit deren Balzgehabe zusammen. Ihr Beitrag zum Fortpflanzungsgeschäft besteht ausschließlich in der Umgarnung und Begattung der Weibchen, denen umgekehrt die gesamte Last der Brutpflege zufällt. Nur wenige Arten scheren aus diesem Grundschema aus, indem sich nachgewiesenermaßen beide Geschlechter an der Brutpflege beteiligen. Diese Paradieskrähen aus der Gattungsgruppe *Manucodia* und *Phonygammus* zeichnen sich zudem durch eine Besonderheit ihrer Stimmbildung aus.[48] Als einzige Vertreter der über fünftausend Sperlingsvogelarten bildet sich bei den männlichen Manukoden mit zunehmendem Alter in der Luftröhre eine Schlinge aus, die im Fall der Schall-Manucodia *(Phonygammus keraudrenii)* sogar zu einer Spule aufgerollt ist. Bei dieser Spezies besitzen auch die Weibchen eine markant (obgleich schwächer) verlängerte Trachea. Wie außergewöhnlich selbst routinierten Vogelkennern diese Sonderbildung vorkommt, belegt eine Feldnotiz des ehemaligen Kurators am American Museum of Natural History und mehrfachen Neuguinea-Reisenden Ernest Thomas Gilliard. Bei der Präparation einer erwachsenen Grünparadieskrähe *(Manucodia chalybatus)* überkam seinen Assistenten die Angst, denn er hielt die am Brustbein einmal hin und zurück gewundene Trachea für einen Riesenwurm («giant worm»).[49] Diese anatomische Eigenheit unter den Manukoden wurde schon 1826 erstmals beschrieben.[50] Sie bewirkt offenbar eine beträchtliche Stimmveränderung, was die für die Schall-Manucodia ältere Benennung *Trompeterparadieskrähe* ikonisch zum Ausdruck bringt.[51] Gilliard sprach von «mächtigen Rufen», und die Zoologie-Kapazität William Homan Thorpe, Lehrstuhlinhaber in Cambridge und einer der frühen Vogel-Bioakustiker, verwies auf den lauten, tiefen kehligen Klang, vollkommen anders als bei allen ihm bekannten Vögeln. Vor allem erstaunte ihn, dass «ein verhältnismäßig so kleiner Vogel so viel Lärm zu erzeugen vermochte».

Sieht man allerdings von der Handvoll Ausnahmen ab, gelten die Paradiesvögel als klassische *Arenavögel*. Die Männchen bemühen sich entweder einzeln beziehungsweise räumlich getrennt, aber in Hörweite anderer «liebeswütiger» Geschlechtsgenossen oder in echter Gruppenbalz um die

Gunst der Besucherinnen.[52] Dass dieses Phänomen gerade auf dem dicht bewaldeten, feucht-warmen bis heißen Neuguinea und den umgebenden Inseln bis zum Nordostzipfel Australiens auftritt, lässt sich nicht als Zufall abtun. Beziehungen zwischen gewissen Biotopeigenschaften und der Fortpflanzungsstrategie bestimmter Arten finden sich im Vogelreich immer wieder. Auch in den tropischen Regionen Lateinamerikas sind Arenavögel stark verbreitet.[53] Dort herrscht wie im Einzugsgebiet Papuas ein hohes Früchteangebot. Die örtliche Nahrungsfülle dürfte es den Weibchen solcher Arten möglich oder leichter machen, während der Brutzeit allein für sich zu sorgen und den Nachwuchs ohne Mithilfe durchzubringen. Obendrein ist die Nachkommenzahl pro Nest auffallend niedrig. Bei den Paradiesvögeln umfasst eine Brut gerade einmal ein oder zwei Junge; sehr selten sind es drei.[54]

Innerhalb der Vogelwelt bleibt diese Reproduktionsweise freilich ein prekärer Sonderweg.[55] Selbst in den für die Arena-Strategie geeigneten Gebieten haben sich nämlich nur wenige, dafür allerdings artenreiche Verwandtschaftsgruppen mit diesem Fortpflanzungsmodus neu formiert. In den amerikanischen Tropen sind das gewisse Kolibri-Arten und innerhalb der Schreivögel die Schnurr- (Pipridae) und Schmuckvögel (Cotingidae), in Papua die Lauben- und Paradiesvögel.

Das beträchtliche Risiko dieser Strategie ist offensichtlich an die Chance gekoppelt, dass sich der Habitus der Protagonisten in unterschiedlichste Richtungen entwickelt, wie sie für das exquisite Erscheinungsbild erwachsener männlicher Paradiesvogel-Individuen bezeichnend sind. Das Ergebnis: leuchtende Gefiederfarben, Federkränze, selbst «vorgetäuschte Zusatzflügel», langschäftige oder wimpelartig ausgezogene Schmuckfedern, schockgefärbte Rachenräume und so fort. Tatsächlich geht die Mannigfaltigkeit dieser Familie noch weit über die beschriebenen Arten hinaus. Denn dem reichen Relief der unterschiedlichen Landschaftsräume, Höhenstufen und Inselverläufe entsprechend gliedern sich die Paradiesvögel nicht nur in Spezies, sondern zusätzlich oft in Unterarten. Daraus resultiert für die Systematiker oftmals eine beträchtliche Herausforderung. Schon die im Verbreitungszentrum gelegene Hauptinsel bietet vom ozeanischen Tiefland-Tropenwald bis zu zerklüfteten Tal- und Gebirgslandschaften ein beträchtliches Landschaftspotpourri. Allein um die Gattung *Lophorina* – zu Deutsch die Kragenparadiesvögel – versammelte die Wissenschaft zeitweise mehr als ein halbes Dutzend verschiedene For-

Abbildung 10-1: Balzendes Kragenparadiesvogel-Männchen *(Lophorina superba)* (mit Weibchen, unten). Aus: Scholes & Laman (2018)

men. Der Namen der mattschwarzen Vögel leitet sich von den beiden Federschilden ab, die die Träger auf Brust und Rücken schmücken.[56] Sie werden in Höhen von 1000 bis 2200 Metern über Neuguinea verstreut angetroffen. Noch in den 1960er Jahren wurden sie von den beiden tonangebenden Experten Gilliard und Rand als acht Unterarten in einer Art zusammengefasst.[57] Seither wurde dieser Formenkreis in mehreren Anläufen «gereinigt» (siehe unten) und neu geordnet. Zumindest vorläufig spalteten ihn Forscher des weltweit führenden New Yorker Cornell Lab of Ornithology und der Harvard-Universität 2018 vor allem auf der Basis des unterschiedlichen Werbungsverhaltens in drei volle Arten (mit begleitenden Unterarten) auf.[58]

Unter den seinerzeit von Gilliard und Rand angeführten Unterarten hatte sich auch eine Hybride befunden.[59] Die häufige Bastardbildung der Paradiesvögel macht seit je eine der Schwierigkeiten für ihre Zuordnung und korrekte Artbestimmung aus. Offenkundig sind einerseits die starke Anziehungskraft der ausschweifenden und ins Extreme entwickelten Balzrituale und andererseits individuelle Abweichungen und Entscheidungen die treibenden Kräfte, die immer wieder zur Entstehung von Mischlingen führen. Hinzu kommt womöglich eine aus populationsbiologischer Sicht hohe Dynamik und Labilität der Gefiedermerkmale.

Wie bereits für die Kragenparadiesvögel angedeutet, betrifft die Zersplitterung dieser Vogelfamilie neben dem Aussehen auch ganz andere Stilmittel, nämlich Stimme, Verhaltens- und Bewegungsmuster sowie die Positionierung im Tropenwald. Dabei gibt es diverse Entwicklungslinien, wie die unterschiedlichen Arten ihre Werbungsrituale gestalten. Führen die Akteure ihre Performance auf ein und derselben Naturbühne, dem sogenannten *Lek,* gruppenweise durch, sind die zur Schau gestellten Färbungsmerkmale von herausragender Bedeutung. Die Männchen solcher Spezies weisen in ihrer Farbpalette besonders viele Eigentümlichkeiten auf. Zu diesen gemeinschaftlich balzenden Vertretern gehören der schon von Wallace besprochene Große Paradiesvogel und fast alle seiner Gattungsgenossen. Dagegen lässt sich aus der Menge an unterschiedlichen Verhaltensweisen und akustischen Elementen nicht schließen, ob Männchen für sich allein, im näheren Umfeld anderer Geschlechtsgenossen oder in klassischen *Leks* um die Weibchen werben.

Russell A. Ligon und zahlreiche Mitarbeiter werteten 961 Videoclips, 176 Audiopassagen und 393 Museumsbälge aus, um alle Aspekte des Wer-

Abbildung 10-2: Paradiesvogel-Verwandtschaft. Modifiziert nach Ligon et al. und Kókay Szabolcs (2018)

bungsverhaltens nach objektiven Maßstäben zu beurteilen: von der farblichen Ornamentierung der Männchen bis zu ihrer Laut- und Geräuscherzeugung.[60] Es stellte sich heraus, dass es entscheidend auch auf die Vegetationsschicht ankommt, in der sich die Vögel präsentieren. Gewisse artcharakteristische Tendenzen im männlichen Werbungsauftritt richten sich nämlich danach, ob die balzenden Vögel ihre Choreographien am Boden, im Unterholz oder in der Kronenschicht des Waldes absolvieren. Auf der untersten Ebene balzende Paradiesvögel reinigen den Boden[61] und vollführen komplexe Tanzsequenzen. Sie haben das größte Verhaltensrepertoire. Umgekehrt verfügen die im Kronendach operierenden Männchen über das reichste akustische Repertoire. Schon die im Unterholz werbenden Akteure erzeugen ein variableres Schallgemisch («Schalldiversität») als ihre Vettern am Waldboden.

Extravaganten ästhetischen Genuss bietet der Blauparadiesvogel *(Paradisaea rudolphi)*, in dessen Präsentation Gefiedermerkmale und Verhalten eindrucksvoll zusammenwirken. Anders als ihre nächsten Verwandten bemühen sich die Hähne der von blauen Farbtönen dominierten Spezies stets einzeln um weibliche Besucher. Auf einem dünnen Ast nahe dem Boden und über sich das Laubdach, zieht der balzende Vogel sein Programm durch.[62] Er setzt ganz auf eine einzige, allerdings hochkomplexe «Vorstellungsnummer» – einmal mehr vom Großen Paradiesvogel sowie den anderen Mitgliedern seiner Gattung abweichend. Kopfabwärts hängend, die Flügel angelegt und schließlich die Beine streckend, spreizt er die unterseits vor allem in intensivem Blau erstrahlendem Gefiederbüschel der Körperflanken. Der «Angebeteten» werden so – optisch eine Art Ellipse bildend – Farbbänder zwischen Türkis- und Kobaltblau präsentiert. In dem von den Flankenfedern unbedeckten Feld des Unterleibs scheint ein tiefschwarzes Gefiederoval auf und bildet einen massiven Kontrast. In der hängenden Position blickt das Tier nach oben und lässt seine Rufe erschallen, ruckt mit dem Kopf und versetzt die zur Schau gestellten Federfahnen in Bewegung. Die Lautfolgen gehen in ein Geräusch über, das an das Summen eines Elektromotors erinnert. Dank seiner Flügelfärbung gibt bei dieser gefährdeten Art auch das Weibchen eine blaue Schönheit ab.

Zahlreiche andere Beispiele für die gegenseitige Betonung äußerer Merkmale und bestimmter Körperbewegungen ließen sich anführen, etwa bei den gruppenweise werbenden Bänderparadiesvögeln (Abb. 10-3).[63] Diese ursprünglich als *Standartenflügler* bezeichneten Vertreter rasen in einer Flugbalz steil und rasant bis zu elf Meter in die Höhe, um anschließend mit den ausgebreiteten Flügeln zum Startpunkt oder zu einem nahen Ast zurückzugleiten. In der Schwebephase fallen vor allem die weißen Handschwingen ins Auge. Bei einer zweiten Methode halten sich die Individuen bevorzugt an vertikal verlaufenden Ästen fest und breiten ihr Brustgefiederschild maximal aus, während sie die Flügel alternierend ein Stück weit öffnen und schließen. Dadurch entsteht ein knackendes Geräusch, und die schmalen weißen Standarten – je ein Gefiederpaar der Flügeldecken – geraten in eine wirbelnde Drehung.

Abbildung 10-3: Bänderparadiesvogel. Halmahera (Indonesien), 28.9.2016.
Aufnahmen: Simon van der Meulen

Trickreiche Schönheit und die Risiken

Betrachtet man die Familie en gros, beeindrucken allemal die oft vorkommenden knalligen Gelb- und satten Rottöne. Doch kommt im Gefieder der Paradiesvögel – ähnlich wie im Fall der Stare – dem ultravioletten Wellenbereich ebenfalls ein hoher Rang zu.[64] Während sich dieses Spektrum gänzlich unserer Sinneswahrnehmung entzieht, hat sich in der Vogelwelt ein Sehpigment durchgesetzt, das – mehrfach abgewandelt – entweder den «violetten» Anteil oder einen darüber hinaus weit in das UV-Band reichenden Sektor des Lichtes «lesen» kann.[65] Ja, mehr noch: In diesem Strahlbereich können Vögel besonders gut sehen. Dies darf als überzeugendes Beispiel für die Gültigkeit von Uexkülls These gelten, wie unterschiedlich verschiedene Organismen die Umwelt erfahren. Nach gegenwärtigem Stand zählen die Paradiesvögel zu den «violett» erfassenden

Abbildung 10-4: Fadenparadieshopf. N. Lowlands (West-Papua, Indonesien), 11.7.2015. Aufnahme: Jürgen Schneider (Albatros Tours)

Vertretern; Staren, Blaumeisen, Papageien und vielen anderen Vögeln ist zusätzlich das noch kurzwelligere UV-Band zugänglich.[66]

Zu welchen Tricks Paradiesvögel greifen, verdeutlicht die Neuentdeckung eines Superschwarz-Farbtons durch ein Forscherteam aus Harvard, Yale und der Smithsonian Institution in Washington.[67] Dieses Karbonschwarz, das bis zu 99,95 Prozent des einfallenden Lichtes absorbiert, spürten Dakota McCoy und seine Mitstreiter im Gefieder von fünf Spezies auf. Die Forscher vermuten, dass das radikale Schwarz unter den Paradiesvögeln zu einem Täuschungsphänomen führt. Derartige Sinnestäuschungen sind für den Menschen nachgewiesen. Demnach würden die tiefschwarzen Partien die Wahrnehmung benachbarter, anders gefärbter Gefiederpartien beeinflussen. So könnten etwa im Fall der Kragenparadiesvögel die verlängerten Nackenfedern, in der Balz zu einem mächtigen Cape aufgestellt, den ebenfalls weit spreizbaren blauen Kehlgefiederkragen als intensiv selbstleuchtend erscheinen lassen. Dieser könnte also umso markanter wirken. Die Weibchen ließen sich durch diese Illusion

noch stärker von den werbenden Männchen beeindrucken. Karbonschwarz zeichnet auch das Scheitelgefieder des Wahnesparadiesvogel *(Pa-
rotia wahnesi)* aus und ebenso das Brustgefieder des auf der Unterseite
hälftig quer scharf gelb-schwarz kontrastierten Fadenparadieshopfes *(Se-
leucidis melanoleucus;* siehe Abb. 10-4). Den superschwarzen Effekt erzielen
die Nebenstrahlen der Federfahnen, die schuppenartig verzwergt sind
oder, komplex verzweigt, das Licht wie in kleinen Gruben verschlucken.

Ob das beschriebene Superschwarz im Vogelreich tatsächlich unüber-
troffen ist, steht noch dahin. Den amerikanischen Forschern schien jedenfalls die achtzig Jahre zurückliegende Beobachtung des Zoologen Fritz
Frank nicht bekannt zu sein, der an einem Vertreter der neotropischen
Schmuckvögel eine ähnlich anmutende Eigentümlichkeit ausgemacht
hatte. Der Doktorand, Schüler des schon genannten Begründers der *New
Avian Biology* Erwin Stresemann,[68] hatte das seinerzeit vollkommen neue
«Übermikroskop» (heute Elektronenmikroskop) erstmals für vogelkundli-
che Studien herangezogen. Dabei war er auf die ungewöhnlichen Federn
des Schmuckvogels gestoßen: «Die seltsamste Überraschung bildeten für
mich Schnitte durch schwarze Federn des Cotingiden *Xipholena lamellipen-
nis,* die rot aussahen.» Diese Merkwürdigkeit erfuhr eine zusätzliche Stei-
gerung in der weiteren Analyse. Als er nämlich die Federn erhitzte, verwandelte sich das Cotingin in Rot, während es in den Schnitten gelb aus-
sah. Frank erklärte die beobachteten Effekte mit der Vermutung, dass die
Konzentration des roten Continginfarbstoffes in der intakten Feder so
hoch sei, dass das auftreffende Licht fast vollständig absorbiert würde. Dadurch entstünde die «normale» Schwarzfärbung.[69]

Die Annahme, dass sich Vögel buchstäblich hinters Licht führen lassen, ist keineswegs abwegig. Denn verschiedene optische Täuschungen
sind für einige Vogelarten bereits belegt. Schon in den 1960er Jahren wies
die Münsteraner Zoologin Gerti Dücker die sogenannte Ebbinghaus-Illu-
sion bei einem Prachtglanzstar *(Lamprotornis splendidus)* und zwei Tiger-
astrilden *(Amandava amandava)* nach – übrigens auch bei gewissen Fischen. Bei dieser Wahrnehmungstäuschung schätzen Tiere, wie unsereiner auch, die Größenverhältnisse kreisförmiger Figuren in bestimmten geometrischen Kombinationen falsch ein. Die fehlerhafte Längenab-
schätzung verschiedener Linien tritt in der Müller-Lyer-Illusion auf. Entsprechenden Tests wurde *Alex,* der überaus gelehrige Graupapagei der
amerikanischen Kognitionsforscherin Irene Pepperberg, unterzogen. Zum

Zeitpunkt des Tests war das schlaue Tier bereits dreißig Jahre alt und zur internationalen Berühmtheit geworden – und genauso wie erwachsene Menschen (mit ihrem 175-mal größeren Hirnvolumen) unterlag er der Täuschung.[70]

So bestechend erfolgreich die Arena-Balz erscheint, so fragil dürfte sich allerdings das anschließende, dem Weibchen überlassene Brutgeschäft gestalten. Ein überzeugendes Beispiel schildern William Davis und Bruce Beehler, einer der anerkanntesten Paradiesvogelexperten, aus dem südöstlichen Zipfel Neuguineas. Dort hatten sie zufälligerweise den versteckten Nistplatz eines Raggiparadiesvogels *(Paradisaea raggiana)* entdeckt. Das napfförmige Nest war in einem Baum sieben Meter über dem Boden im wuchernden Bambus errichtet worden. Zweiundzwanzig Tage beobachteten die Forscher die Brut- und Aufzuchtbemühungen der Vogelmutter, die sich ungemein heimlich verhielt. Welche Vögel auch immer in die Nähe kamen, sie gab keinen Mucks von sich. Auch von dem einzigen Jungen war nach dem Schlupf nichts zu vernehmen. Dabei hatten sich mehrfach Papuametzgervögel *(Cracticus cassicus)*, ein Salvadorihabicht *(Megatriorchis doriae)*, eine Greisenkrähe *(Corvus tristis)* und andere potentielle Nesträuber in der Nähe des Brutplatzes aufgehalten. Selbst von kleinen Vögeln, die weniger als zwei Meter davon entfernt waren, ließ sich das Weibchen zu keiner Reaktion verleiten. Aber alle Heimlichkeit, das fleißige Brüten, Hudern und Füttern waren vergebens. Am zwölften Lebenstag des Jungen fiel heftiger Niederschlag. Zwar war die Mutter davor bei Regen stets auf dem Nest geblieben, doch an diesem Tag setzten viermal Wolkenbrüche in der Abwesenheit des Altvogels ein. Infolgedessen war der Nestling insgesamt über eine Stunde den Regengüssen ungeschützt ausgeliefert – zu lange für den offenbar noch nicht ausreichend gegen Kälte und Nässe gefeiten Nestling. Am Tag darauf gab das Weibchen ihr Junges auf, und die Forscher konnten nur noch einen leblosen Körper bergen.

Die Ästhetik des Individuums

Die unterschiedlichen Methoden der Arenavögel, auch der miteinander verwandten Arten, zogen seit ihrem Bekanntwerden das Interesse der Vogelkundler auf sich. Mittlerweile wurden ebenfalls innerartliche Abweichungen entdeckt. Als einer der Ersten befasste sich der amerikanische Biologe Jared Diamond mit diesem Phänomen. Vor vierzig Jahren untersuchte er den Hüttengärtner *(Amblyornis inornata)*, einen Laubenvogelvertreter, der in verschiedenen Bergregionen des indonesischen Teils Neuguineas zu Hause ist. Die Geschlechter der unauffällig gefärbten Art gleichen sich, doch wie die Geschlechtsgenossen unter den nahen Verwandten legen die männlichen Individuen Lauben an, in die sie die Weibchen zu locken versuchen. Die Konstruktionen der schmucklosen Spezies gelten sogar als besonders extravagant. Diamond fand heraus, dass sie sich in voneinander getrennten Bergregionen teilweise sogar drastisch unterscheiden, als ob sie von verschiedenen Arten stammen würden. Die spektakulären Befunde veröffentlichte er in den renommierten *Proceedings* der amerikanischen Academy of Sciences unter Verwendung des Begriffs «animal art» (Tierkunst).[71]

Im südlichen Kumawa-Gebirge errichtet das Männchen seine Laube so, dass sie von Osten her gut beleuchtet ist. Weiblichen Besuchern erscheinen die Lauben dadurch am frühen Morgen in bestem Licht. Die Platzwahl ist nicht zufällig: ein bis fünf sprossende Bäumchen müssen für die Anlage vorhanden sein. Sie dienen gewissermaßen als Maibäume, um die herum das Männchen jeweils ein bis zu drei Meter hohes turmartiges Gebilde aus langen Reisern aufschichtet, die es an Kontaktpunkten miteinander verleimt. Der Boden um die Baumtriebe ist mit einem ein bis 15 Zentimeter hohen, kreisrunden Moosteppich ausgekleidet. Die drosselgroßen Vögel schaffen Unmengen an Ziermaterial herbei, darunter *Pandanus*-Blätter, Schneckenschalen und Käferelytren, die sie auf und nahe dem Moos platzieren. Insgesamt sechs Ornamentkategorien lassen sich unterscheiden. Die in der Süd-Kumawa-Population gebräuchlichen Gegenstände sind bräunlich und eher düster. Im Laubeninneren jedoch malt der Besitzer Reisig, Moosportal und Moosteppich sowie die Käferflügel glänzend schwarz an. Pokerchips unterschiedlicher Färbung, die Diamond auf dem Moos deponiert hatte, merzten die Vögel aus oder beachteten sie nicht.

Dagegen bestehen die Lauben der im Wandamen-Gebirge lebenden Hüttengärtner nur aus ein oder zwei relativ niedrigen Türmen miteinander verhakelter, unverleimter Reiser, «überzeltet» von einem verflochtenen Reiserhäuschen mit einem Eingang. Dafür aber sind diese Lauben mit prächtig gefärbtem Naturschmuck bunt bestückt. In der Auswahl der schmückenden Gegenstände wichen die beobachteten Männchen erheblich voneinander ab. Eines kaprizierte sich auf orangefarbene Früchte, Samen und Blüten, ein anderes auf Schmetterlingsflügel; wieder andere hatten sich auf gelbe oder violette Blüten oder orange Pilze verlegt. Auch aus einem versuchsweise bereitgestellten Sortiment unterschiedlicher Pokerchips bedienten sich die Vögel sehr wählerisch. Am beliebtesten waren blaue Jetons, weiße blieben dagegen vollkommen ausgespart.

Neuere Untersuchungen am in Australien beheimateten Graulaubenvogel (Chlamydera nuchalis) ergaben, dass von Menschenhand «perfektionierte» Lauben von den Besitzern innerhalb von drei Tagen wieder zum ursprünglichen Erscheinungsbild hin umgestaltet wurden.[72] Ferner blieben charakteristische geometrische Merkmale der über einen langen Zeitraum bekannten Lauben erhalten. Dieser Befund entspricht dem Konzept des sogenannten erweiterteten Phänotyps, wonach nicht allein körperliche Kennzeichen, sondern auch gewisse Ausdrucksformen, wie die beschriebene «Hüttenästhetik», bestimmten Individuen als Qualitätsmerkmal zugeordnet werden können.

Die Vorführungen der Paradiesvögel und die auffallenden Bauwerke der Laubenvögel haben offenbar in Gebieten eine Chance, wo die klassischen Bodenräuber, wie Raubkatzen, Marder oder Hundevertreter, gänzlich fehlen, zumindest ursprünglich – also so lange, bis der Mensch in die natürliche Fauna fremde Tiere und Pflanzen einschleppte. Zu den exquisiten Fähigkeiten, die sich eher im feindfreien Umfeld entwickeln können, scheinen ebenso die Herstellung und Verwendung von Werkzeugen zu gehören. Unter Vögeln ist die Kombination dieser Fertigkeiten in freier Natur einzig auf Neukaledonien beschränkt, einen entlegenen Fleck im Pazifik, fernab aller Kontinente, wo von Raubsäugern keine Spur ist. Die dort lebenden Geradschnabelkrähen (Corvus moneduloides) stochern mit aus pflanzlichem Material gefertigten Werkzeugen in Spalten nach wirbellosen Kleintieren.[73] Nur diese Vögel beherrschen die dazu erforderlichen Kniffe, dies allerdings in großem Stil, in höchster Differenziertheit und in mannigfachen Variationen.

Die Auffälligkeiten der wenigen Arenavögel unserer Breiten mögen aus unserer Sicht nicht ganz an die Attraktivität der Paradies- und Laubenvögel heranreichen. Ein Vertreter jedoch, der Kampfläufer, wartet mit einer gestaltlichen Besonderheit auf, die sonst nirgendwo zu finden ist. Hierzulande als Brutvogel nahezu ausgelöscht, war dieser Watvogel einst in den feuchten Niederungen Mitteleuropas weit verbreitet. Dort, wo man ihn antrifft, tritt er in mannigfachen, sehr unterschiedlichen Morphen auf. Dies gilt insbesondere für die Prachtkleider der männlichen Individuen.[74] Etliche Männchen verteidigen im *Lek* kleine Bezirke, umgeben von anderen, besitzlosen Männchen in nächster Nachbarschaft. Während die «Parzelleneigentümer» vornehmlich dunkles Gefieder tragen, dominiert bei den Besitzlosen helles Gefieder.[75] Daneben tauchen ab und zu weiblich aussehende Geschlechtsgenossen auf, die Paarungen zu ergattern versuchen, wenn sich die Weibchen von balzenden Männchen betören lassen. Bei der Halskrause und dem Perückengefieder der männlichen Prachtkleider lassen sich allein fünf Hauptfärbungstypen zwischen Schwarz und Weiß unterscheiden.[76] Allerdings sind diese beiden Gefiederbereiche voneinander unabhängig. Zusätzlich variieren ihre Zeichnungsmuster. Sie reichen in mehr oder minder starken Abwandlungen von eintönigen Varianten bis zu unterschiedlich gefleckten, quer gebänderten oder gefelderten Musterungen. Anders gesagt: Die Individualität ist hier unmittelbar am Körper festgemacht.

Wie kommt die außerordentliche Gefiedervariation zustande? Dreißig Jahre brauchten die Vogelkundler, um das Geheimnis ein wesentliches Stück weit zu entwirren. Gefangenschaftszuchten sollten dabei helfen, die Stammlinien zu verfolgen und die vermuteten Erbfaktoren aufzuspüren, und die moderne Genomik tat ihr Übriges. Schließlich wurde man fündig und identifizierte auf Chromosom 11 einen Supergen-Komplex, der zu dem variantenreichen Habitus beiträgt. Der betreffende Bereich im Genom, veranschlagt auf 125 Gene, beruht auf einer Chromosomenmutation, die für besitzlose und weibchenfarbige Männchen charakteristisch ist. Zudem finden sich zwischen den Supergen-Komplexen der beiden Morphentypen weitere beträchtliche Abweichungen. Allein vererbt, wäre dieses Genomsegment für die betreffenden Tiere allerdings tödlich. Doch gemeinsam vererbt mit den ursprünglichen, komplementären Genbereichen, wirkt das entdeckte Supergen an der Ausbildung der Männchenmorphen mit der jeweils daran gekoppelten Paarungsstrategie mit.[77]

11. Hochamt der Monogamie: Nashornvögel

Huai Kha Khaeng

Geräuschvoll ist der imposante Vogel mit dem mächtigen Schnabel zur Verpflegung seiner eingemauerten Familie zurückgekehrt. Die Insassen der Bruthöhle hoch oben sind auf seine Versorgungsflüge mit Früchten und Kleingetier angewiesen.[78] Euphorische Ornis strecken die Hälse. Gebannt und andächtig haben wir ihn im Blick: Das Nepalhornvogel-Männchen *(Aceros nipalensis)* präsentiert sich vor dem Höhleneingang, mit Kehlsack, intensiv blauem Augenring und satt rotbraunem Gefieder bis zur Brust, das Steuer halb weiß, halb schwarz. Der *Second International Asian Hornbill Workshop* hat uns in den Urwald des Huai Kha Khaeng geführt. Es ist April, die Zeit der Regengüsse noch vor dem Monsun. Und es ist heiß und drückend. Die Strecke zu dem abgelegenen Ort war beschwerlich, von Landegeln begleitet. Das alles ist in diesem Augenblick vergessen. Der Name des Hornvogels da oben täuscht allerdings. Zwar zog sich das Verbreitungsgebiet der sino-himalajaischen Spezies ursprünglich von Nepal bis zum westlichen Thailand. Aber längst ist dieses Areal geschrumpft und fragmentiert. Im Western Forest Complex, nahe der Grenze zu Burma, stoßen seine Süd- und Westgrenze zusammen. Hier leben noch Gaur und Banteng, stattliche Wildrinder, dazu die einzigen wilden Wasserbüffel Thailands, Tiger und Leopard. Und eben mehrere Vertreter der Nashornvögel. Die Leopardenlosung, frisch abgesetzt auf einem der Wege, erinnert an eine kraftvoll pulsierende Wildnis.

Seub Nakhasathien, ein thailändischer Biologe und Naturschützer, rettete das Gebiet vor Flutungen, Ausbeutung und Wilderei. Der Freitod des Vierzigjährigen rüttelte die Nation auf. Das war 1990. Ein Weckruf für den Naturschutz in Thailand, der bis heute nachwirkt. So steht es überall zu lesen.[79] Gegenwärtig bilden siebzehn Naturreservate – so groß wie

Abbildung 11-1: Rhinozerosvogel *(Buceros r. rhinoceros)* im Anflug zur Nisthöhle. Budo-Sungai National Park (Narathiwat, Thailand), 26.5.2012. Abbildungen 11-1 bis 11-4 mit Genehmigung des Thailand Hornbill Project

Sachsen – den Schutzschild des Western Forest Complex mit dem Rang eines Unesco World Heritage.[80] Das Gebiet stellt den Außenposten mancher Vertreter des gebirgigen Nordens und des tropisch malayisch-indochinesischen Raums. So kommen hier Schabrackentapir und Nepalhornvogel nebeneinander vor.

Nashornvögel geben immer wieder Anlass zum Staunen, zumal die asiatischen Vertreter. Das liegt nicht allein an ihrer Gestalt, der schieren Größe und dem überlangen Schnabel. Einige Arten tragen obendrein über der Schnabelbasis einen voluminösen Hornaufsatz (siehe Abb. 11-1). Der ist mit einer Ausnahme fast vollkommen hohl und federleicht.[81] Die auf die Alte Welt beschränkte Gruppe umfasst auch etliche farbenfrohe Formen. Sie kann freilich nicht ganz mit den plakativen Farbkompositionen der neuweltlichen Tukane mithalten, die – ebenfalls mit einem großen Schnabel ausgestattet – innerhalb der Artengemeinschaften Mittel- und Südamerikas eine vergleichbare Nische besetzen. Vor allem aber die

Brutgewohnheiten lassen die Nashornvögel singulär erscheinen. Überdies wird den im tropischen-subtropischen Asien lebenden Arten ein enormer Einfluss auf die Waldentwicklung zugeschrieben. Einerseits bedienen sie sich am Früchteangebot in großem Stil, andererseits verbreiten sie Unmengen entschlackter und ausgeschiedener Samen – für Ökologen ein großes Forschungsfeld. Margaret Kinnaird und Timothy O'Brien, die ihnen nachgespürt und ihre Rolle im Ökosystem jahrelang untersucht hatten, betitelten sie in ihrem zusammenfassenden Opus folgerichtig als «Farmer des Waldes».[82]

Allerdings hebt noch etwas Hornvögel heraus: Sie führen offenbar ein geradezu mustergültiges Eheleben und repräsentieren mithin das glatte Gegenteil zu den Paradiesvögeln, wie ja überhaupt der Mythos von der überwiegend monogam lebenden Vogelwelt entzaubert wurde (Kapitel 9). Doch Nashornvogelgatten scheinen einander stets treu zu sein.

In unseren Breiten sind die Wiedehopfe die nächsten Verwandten der Nashornvögel. Das Auseinanderdriften der gemeinsamen Vorfahren liegt jedoch weit zurück. Ihre Wege trennten sich nach neueren Schätzungen schon vor 76 Millionen Jahren und damit lange vor dem Verschwinden der Dinosaurier.[83]

Jahrvögel und Feigenbäume

Die tiefe Verflechtung zwischen den Hornvögeln und der sie umgebenden Flora, die ihnen Früchte und Nistraum bietet, untersucht die thailändische Ornithologin Pilai Poonswad mit ihren Mitarbeitern seit über dreißig Jahren in ihrem Heimatland. Dort gibt es ein gutes Dutzend Arten der geschnäbelten Riesen. Im Khao Yai National Park, dem ältesten Nationalpark des Königreichs, zeichneten die Forscher acht Jahre lang den Früchtekonsum der dort lebenden Hornvogelformen auf. Diese besiedeln den weitläufigen, gebirgigen Monsunwald in vier gut unterscheidbaren Arten. Als Feldkennzeichen dienen in dem unübersichtlichen Gelände unter anderem die Fluggeräusche. So lassen sich die Flügelschläge des von Schnabel- zu Schwanzspitze über einen Meter messenden Furchenhorn- oder Jahrvogels *(Rhyticeros undulatus)* bis mindestens einen Kilometer weit vernehmen. Ein markantes äußeres Merkmal dieses Hornvogels bilden die

Abbildung 11-2: Doppelhornvogel an Nisthöhle. Budo Mountain (Budo-Sungai Padi National Park), Narathiwat Province (Thailand), 26.5.2010

Querfurchen an der Schnabelbasis und auf dem flachen Hornschild, der dem Oberschnabel aufsitzt. Solange der Schnabel wächst, kommt ungefähr im Jahresrhythmus eine Furche hinzu. Darauf deutet auch der Alternativname hin. Ist der Schnabel voll ausgewachsen, können den Träger neun, selten sogar elf Querrillen zieren. Sie stellen also in gewissem Rahmen eine Altersangabe dar.[84] Unter den verwandten Arten wird der Jahrvogel nach Größe im Khao Yai lediglich vom Doppelhornvogel übertroffen. Als Nahrung für die breitschwingigen Vögel wurden hier die Früchte von 84 Arten aus 30 verschiedenen Pflanzenfamilien ermittelt.[85] Herausragend vertreten waren die Produkte der Lorbeer- und Maulbeergewächse. Zur zweiten Gruppe zählen vornehmlich Feigengehölze. Frühere Studien in dem immergrünen Ökosystem hatten bereits ergeben, dass diese Pflanzengruppe fast das ganze Jahr über Früchte trägt. Bei den beiden größten Hornvogelarten des Gebiets machen Feigen denn auch mehr als 50 Prozent der gesamten Nahrungsmenge aus. Die Feigengewächse stehen im Zentrum einer vielgestaltigen Lebensgemeinschaft, die gewisse gallbildende Erzwespen (Agaonidae), zahlreiche Vogelarten und etliche Säugetiere einschließt, darunter Hörnchen, Gibbons und Kragenbären.[86] Die Befruchtung der Feigenblüten erfolgt mit Hilfe der kleinen Feigenwespen, die in den krugförmigen Blütenständen einen komplizierten Lebenszyklus durchlaufen. Bestäuber und Pflanze sind in diesem Fall eine enge Allianz des gegenseitigen, auch verlustreichen Gebens und Nehmens eingegangen. Die winzigen Hautflügler legen in den Fruchtknoten bestimmter weiblicher Blüten ihre Eier ab und lösen an diesen Stellen des Pflanzengewebes die Bildung von Wucherungen (Gallen) aus.

Obwohl die Feigengewächse für die südostasiatischen Biozönosen unbestritten von kolossaler Bedeutung sind, stammen besonders gewichtige Futterpflanzen der Nashornvögel auch aus anderen Pflanzenordnungen. Diese Fruchtfresser delektieren sich schließlich an unterschiedlichsten Fruchttypen, seien sie schwarz oder rot, orange, dunkelviolett oder gelb. So ermittelte Pilais Team im Huai Kha Khaeng während einer Brutperiode zwei Lorbeervertreter, deren Früchte von den ansässigen Nepalhornvögeln bevorzugt wurden.[87] Unter den an die Brut verfütterten Happen lag eine dieser Lorbeersorten knapp vor den Feigen. Zu der beobachteten Nahrungswahl kam es nicht von ungefähr. Denn im Gebiet wuchsen zehnmal mehr Individuen der Lorbeerspezies als alle Feigenvertreter zusammen, und das zweite begehrte Lorbeergewächs war immerhin noch fünfmal so häufig wie die Feigenbäume. Ein paar Jahre später wiederholte ein weiteres Team die Untersuchungen an gleicher Stelle. Diesmal erwies sich jedoch die Steinfrucht eines Annonengewächses sowohl unter den Nepal- wie den Doppelhornvögeln als die bevorzugte vegetabilische Kost.[88] Deren Zuckeranteil übertraf den der Feigen um das Dreifache. Offenbar trugen zu dieser Zeit im Einzugsgebiet etliche Exemplare des Annonenbaumes die geschätzten Früchte. Diese überflügelten in der Beliebtheitsskala alle anderen Früchte einschließlich der Feigen; die einst am häufigsten verzehrte Lorbeersorte nahm nun lediglich Rang neun ein.

An diesen Beispielen lassen sich zwei gegensätzliche Trends ablesen. Einerseits bietet die tropische Pflanzenwelt den tierischen Konsumenten über die Jahre ein enorm breites und vielseitiges Nahrungsspektrum. Zeitweise wachsen die begehrten Früchte sogar im Übermaß heran und befriedigen zudem wechselnde Gelüste. Andererseits ist auf zeitgerechten «Nachschub» nicht unbedingt Verlass, vor allem nicht auf einen festgelegten Früchtecocktail. Unter den Hornvögeln ist deshalb Flexibilität angesagt. Neben gewissen Vorlieben wirken dementsprechend offenbar auch die Häufigkeit einer Baumart sowie die Ergiebigkeit einer Nahrungspflanze in einer Saison lenkend auf die Nahrungswahl. Die Verfügbarkeit genießbarer Früchte hat großen Einfluss darauf, ob Nashornvögel in Südostasien überhaupt zur Fortpflanzung schreiten. Bleibt die Fruchtreife im großen Stil aus, kann die Brut ausfallen.[89] Denn ihre Aussichten hängen entscheidend von einem ausreichenden Ernteangebot ab.

Für das Genießbare haben fruchtfressende Vögel freilich ihre eigenen Maßstäbe. Sie verspeisen manches, was unsereinem gar nicht bekommt. Beispielsweise verträgt unsere Amsel ohne weiteres Tollkirschen.[90] Auch Hornvögel warten mit sonderbaren Menüvarianten auf. Ragupathy Kannan und Douglas James berichten aus den südindischen Anaimalai-Bergen von einem Doppelhornvogel-Männchen, das an einem Märztag bei seinem im Nest ausharrenden Weibchen elf reife, strychninhaltige Früchte ablieferte. Später fanden sich die ausgeschiedenen Samen von *Strychnos nux-vomuca* unter dem Nest. Offenkundig hatten die giftigen Früchte dem brütenden Vogel nichts anhaben können.[91]

Über dem Golf von Thailand

Das prägnante Äußere und die Schlüsselstellung in der tierischen und pflanzlichen Artengemeinschaft machen Nashornvögel zu geeigneten Flaggschiffarten des Naturschutzes. Pilai erkannte das früh und wandte sich über ihre Forschungsarbeit hinaus mit der Gründung einer Stiftung an die Öffentlichkeit. Dabei richtet sie sich vor allem an junge Leute.[92] Am Beginn ihres schützenden Engagements bildete allerdings der illegale Verfolgungsdruck an der Grenze zu Malaysia die größte und unmittelbare Herausforderung. In dem Krisen- und Kriegsgebiet mit hohem muslimischem Bevölkerungsanteil herrscht weithin Armut, eine Triebfeder für illegalen Tierhandel. Beispielsweise brachte ein Langschopf-Hornvogel-Küken *(Berenicornis comatus)* schon vor Jahren 750 Dollar ein. Einigen der in dieser feucht-heißen Zone vorkommenden Hornvogelspezies kann man kaum oder sogar nirgendwo sonst in Thailand begegnen. Die Idee, Vogeljäger und Nestplünderer in zuverlässige Nest- und Brutbewacher zu verwandeln, erschien reichlich unorthodox, zugleich aber verlockend. Immerhin war eine wesentliche Voraussetzung, nämlich Beobachtungsgabe und Vertrautheit mit der Wildnis, in der Zielgruppe bestens erfüllt. Der Plan ging auf.[93] Am Anfang standen Zuwendungen aus der Forschungskasse für die Mitarbeit ehemaliger Wilddiebe bei der Datengewinnung, sprich bei den Beobachtungen. Die finanziellen Mittel waren freilich knapp, besonders spürbar in der Wirtschaftskrise um 1997. Die Antwort darauf bildete das Konzept der Patenschaften für die Nestbewachung. Seither wurden von überall Spender eingeworben. Auf Wunsch können sie die von ihnen «gesponserte» Bruthöhle selbst in Augenschein nehmen.

Nach Pilais Überzeugung gehören Forschung, Schutz, die gefühlsmäßige Bindung ferner Unterstützer und der Nutzen für die einheimischen Dorfbewohner zusammen. Nur mit aktiver, sich auszahlender Beteiligung der Siedler seien der Budo-Wald und seine Hornvögel langfristig gesichert, so das Kalkül. Dauerhafte Einkünfte anstelle kurzatmiger Ausbeutung: Der Rückblick bestätigt den Erfolg des «Tauschgeschäfts». Hunderte junger Nashornvögel wuchsen in den vergangenen zweieinhalb Jahrzehnten unbehelligt im Budo-Tieflandwald auf. Pilai selbst ging allerdings ein hohes Risiko ein. Denn der Konflikt mit den malayisch-muslimisch geprägten Separatisten fordert auch unter Unbeteiligten zahlreiche Opfer.

Evolutionäre Ironie

Haben sich zwei Hornvögel füreinander entschieden, gehen sie eine Langzeitbeziehung ein. Vordringlichstes Projekt stellt zunächst die Besetzung einer geeigneten Bruthöhle dar. Selbst können sie keine Höhlen zimmern. Allein aufgrund ihrer Größe sind sie daher – das ist die erste Klippe – auf geräumige Naturhöhlen angewiesen. Dies mag zunächst als gravierendes Manko erscheinen. Doch andererseits bieten Höhlen Sicherheit vor Beutegreifern und Schutz vor Wetterunbill, ein angesichts der elementaren Kraft tropischer Regengüsse kaum zu überschätzender Vorteil. Dementsprechend sind sie ein wertvolles Gut, um das Nashornvögel auch zwischenartlich konkurrieren. Pilai schildert die wechselvolle Geschichte um eine Nisthöhle im Khao Yai, die im Laufe von dreißig Jahren verschiedenen Hornvogelvertretern als Unterkunft diente. Jahrelang nutzten Doppelhornvögel den Brutplatz in der Astgabel eines 45 Meter hohen

Hopea-Titanen; 16 Jungvögel wuchsen dort heran. Aber in manchen Jahren übernahmen Furchenhornvögel das Regiment. In einer Saison war es sogar ein Paar des deutlich kleineren Orienthornvogels *(Anthracoceros a. albirostris)*, das einen – wenn auch erfolglosen – Brutversuch unternahm. Hingegen reifte 2012 wieder ein Doppelhornvogel-Küken heran, diesmal allerdings fiel das Junge einem Buntmarder zum Opfer.[94]

Nach der Wahl des Nistorts beginnt sich das Weibchen einzumauern. Wohlgemerkt: Es schafft sich das Baumverlies eigenständig. Schließlich wird es sich mit Schnabelschlägen auch wieder selbst aus dem Gewahrsam befreien. Als Mauerwerk dient vornehmlich Kot.[95]

Während der Bebrütung und eines großen Teils der Nestlingsphase ist das Doppelhornvogel-Weibchen bis auf den schmalen Versorgungsschlitz von der Außenwelt vollkommen abgeschnitten. Allein die Bebrütung nimmt um die 38 Tage in Anspruch. Danach bleibt die Vogelmutter noch 14 bis 59 Tage bei ihrem Sprössling. Dann verlässt sie die Höhle und unterstützt ihren Lebensgefährten bei der Verpflegung des Nachwuchses. Das Junge verschließt wieder den Zugang, von einem kleinen Durchlass abgesehen, bis es, flugfähig geworden, sein Quartier aufgibt. Doppelhornvögel weichen insofern von anderen Nashornvogelarten ab, als die Weibchen dieser Arten gemeinsam mit dem oder den Jungen die Zeit bis zum Flüggewerden in der Bruthöhle verbringen.[96]

Selbst wenn das Doppelhornvogel-Weibchen bis zu vier Eier produzieren kann: Unter natürlichen Bedingungen wird letztlich nur ein Jungvogel – im wahrsten Sinn – das Licht der Welt erblicken.[97] Das verwundert kaum, bedenkt man das brutbiologische Dilemma, dem diese Vögel ausgesetzt sind. Einerseits erfordert das Heranreifen zu einem so großen flugfähigen Tier einen beträchtlichen Energieaufwand, andererseits weist die Nestlingsdiät – im Wesentlichen nämlich wasserreiche pflanzliche Kost – einen relativ bescheidenen Nährstoffgehalt auf. Aus dieser zwiespältigen Ausgangslage ergibt sich das Paradox des gewaltigen Appetits und der zugleich zögerlichen Entwicklung[98] des aufwachsenden Nesthockers.

Genaue Aufzeichnungen zum Brutgeschehen steuern nun die für Schutz und Beobachtung gewonnenen Feldassistenten am Budo Mountain bei. Die lokalen Bewacher sind im Umgang mit einem Klima geübt, in dem mit über 3000 Millimeter jährlichen Niederschlägen zu rechnen ist. So zahlt sich die Schutzstrategie auch für die Wissenschaft aus, die auf diese Weise unter anderem präzise Daten zur Ernährung der Nestinsassen erhält. Der versorgende Altvogel transportiert fast alle gesammelten Früchte im Schlund, der dadurch aufgebläht erscheint. Diese würgt er an der Höhlenspalte hervor, bevor er sie weitergeben kann. Dadurch lässt sich die Zahl der abgelieferten Früchte ermitteln. Im Visier stand beispielsweise in der Brutsaison 2011 ein recht produktives Doppelhornvogel-Paar, das bereits seit 1994 mindestens elf flügge Jungvögel aufgezogen hatte. Es siedelte in einem 60 Meter hohen Dipterocarpaceen-Baum. Die den Nestinsassen zugetragene Nahrung bestand zu fast hundert Prozent aus Früchten; davon waren mehr als 95 % Feigensynkonien. Von der Lieblingssorte der drei Feigenarten würgten die Elternvögel pro Tag durchschnittlich 120 Früchte hervor. Ab und zu wurde die Kost mit tierischem Protein aufgepeppt, darunter Heuschrecken, Würmern, Schlangen und fremde Vogeljungen. Bis das Weibchen die Höhle verließ, hatte es dort ununterbrochen 109 Tage ausgeharrt; elf Tage danach folgte der Jungvogel.[99]

Trotz der offenkundigen Herkulesaufgabe scheint der Nist- und Brutzyklus des Doppelhornvogel-Paares völlig geradlinig abzulaufen. Ein halbes Jahr muss ein Paar auf Gedeih und Verderb miteinander auskommen, soll ein Nachkomme den Fortbestand der eigenen Gene sicherstellen. Aber ist der Verlauf tatsächlich so selbstverständlich, wie er auf den ersten Blick wirkt? Jede Brutsaison bedeutet einen immensen Kraftakt der Elternvögel. Und dass die Partner nachdrücklich auch in die Paarbindung investieren, zeigt sich am Beispiel des Partnerfütterns durch das Männchen, lange bevor es mit dem Brüten ernst wird. Doch warum nur schließen sich die Hornvogelweibchen selbst ein?

Erwähnt wurde bereits der vorbeugende Schutz vor Fressfeinden, die sich sonst an dem brütenden Vogel, dem Gelege oder den Nestlingen vergreifen könnten. Leichtes Spiel hätten der klettergewandte Binturong oder der Buntmarder, wie es trotz aller Vorkehrungen gelegentlich dann doch geschieht. Das Team um Vijak und Pilai führt mehrere solcher Ereignisse an, bei denen Nepalhornvögel zu Tode kamen. In einem Fall wurde das Weibchen von einem Binturong erbeutet, doch das Junge flog vier Monate[100] nach Beginn des Nistzyklus wohlbehalten aus seinem Quartier in 18 Meter Höhe.

Kinnaird und O'Brien schlagen allerdings eine raffiniertere Erklärung für die selbstbestimmte Höhlenklausur des Weibchens vor. Indem sich die

Quasigefangene der Betreuung durch den Partner völlig ausliefert, zwingt sie diesen zur möglichst ausschließlichen Sorge um ihr Wohl und damit um den Fortbestand seiner Gene. Auf diese Art fesselt die eierlegende und brütende Quasigefangene ironischerweise den uneingeschränkt mobilen Gatten bedingungslos an sich. Zudem muss sein Bestreben schon lange vor dem «Einkerkern» darin bestehen, jeden denkbaren Zugriffsversuch anderer Männchen auf die Partnerin zu vereiteln – so die soziobiologische Logik. Das heißt für ihn, ständig in ihrer Nähe zu sein. Umgekehrt lässt sich die anschließende Höhlenklausur ein Stück weit als Sicherheit gegen einen Seitensprung der Partnerin in der Eiablagephase verstehen.

Den Aufenthalt in der Bruthöhle nutzt das Doppelhornvogel-Weibchen häufig zu einer kompletten Großgefiedermauser; es verliert dann sämtliche Flugfedern und ersetzt sie durch nachwachsende. Im Freien wäre sie in diesem Fall großen Beutegreifern schutzlos ausgeliefert. Allerdings gibt es dazu auch abweichende Befunde. So kann der Fluggefiederwechsel vollständig ausbleiben. Das schon angeführte Weibchen aus den indischen Anaimalai-Bergen erneuerte dagegen wenigstens vier oder fünf Flugfedern, allerdings keine der großen Schwanzfedern.[101] Demnach unterliegt die Mauser ähnlich wie die Dauer der Klausur und die Nahrungsbeschaffung für den Nestling beträchtlicher Variation. Individualität ist Trumpf und das Vermögen, sich auf örtliche Besonderheiten sowie jahres- und saisonbedingte Schwankungen einzustellen, von Vorteil. Obendrein kann Flexibilität in der Nahrungswahl gegen ein latent drohendes Proteindefizit helfen.

Früchte sind nicht alles

Insbesondere tierische Nahrung vermag die Bilanz aufzubessern. Manche Beobachtungen bescheinigen den obligaten Fruchtfressern beim Beutemachen beachtliches Geschick. Darauf deutet etwa das Vorgehen eines Orienthornvogels, der im nordindischen Uttarakhand mitten am Tag einen Hirtenstar im Handumdrehen erjagte. Hirtenstare gelten als regelrechte «Rabauken» unter den Starenvögeln. Für andere Vogelarten stellen sie sogar eine Gefahr dar. Auf dem Gelände eines Instituts hatte sich ein

Abbildung 11-3: Langschopf-Hornvogel. Inset: Die schützende Nickhaut ist über das Auge gezogen. Budo-Sungai Padi National Park (Yala, Thailand), 24.7.2013

Schwarm dieser robusten Stare in einem Sandelholzbaum niedergelassen. Dass sich Hornvögel im freien Astwerk ein derartig wehrhaftes Beutetier aussuchen, ist nicht zu erwarten; insofern war die Beobachtung auch rein zufällig. Doch in diesem Fall stieß der Hornvogel plötzlich in die Gruppe, überrumpelte eines der Schwarmmitglieder und packte es am Hals. In einem benachbarten Baum versuchte er, das getötete Tier zu verwerten. Doch offenbar war er nicht in der Lage, den Happen mundgerecht zu verarbeiten, ließ ihn schließlich ungenützt fallen und machte sich davon.[102]

Bei den Langschopf-Hornvögeln macht tierische Kost einen auffallend großen Teil der Nahrung aus. Die Art gibt in mehrfacher Hinsicht noch Rätsel auf.[103] Die seltenen Vögel gehören ebenfalls zur Hornvogelfauna des Budo-Waldes. Vor dem Brutgeschäft zeigen bis zu acht Individuen Interesse am Nistort, doch das dominierende Weibchen vertreibt andere Weibchen. Das Männchen wird in der Brutpflege dagegen von einem oder sogar mehr Geschlechtsgenossen bei der Futterbeschaffung unterstützt. Dem widersprechen freilich neuere Untersuchungen in Südthai-

Abbildung 11-4: Kurzschopf-Hornvogel. Budo-Sungai Padi Nationalpark (Südthailand), 13.6.2007

land, wonach bei zehn Brutpaaren stets ein «Helfer» festgestellt wurde, und «der» war meistens ein Weibchen.

In einer Brut am Budo Mountain bildeten Gliederfüßer, Würmer, Frösche und Reptilien, darunter Flugdrachen *(Draco)* zwei Drittel der Verpflegung. Das restliche Drittel entfiel auf Früchte; Feigen spielten nur eine geringe Rolle. Das Weibchen dieser Brut verbrachte 88 Tage eingemauert in einem knoblauchduftenden Baum, bis es gemeinsam mit dem Jungvogel die Nisthöhle verließ. Sie befand sich in nur sechs Meter Höhe und hatte davor eine Familie der kleineren Kurzschopf-Hornvögel *(Anorrhinus galeritus)* beherbergt.[104]

12. Patchwork- und Großfamilien

Viele Wege führen zum Familienglück, aber warum?

Zahllose Studien bestätigen den Trend, wonach sich nur wenige Vogelarten streng monogam verhalten. Popularität genießt die Monogamie – abgesehen von den Nashornvögeln – auch unter vielen Röhrennasen. Zu ihnen zählen die Albatrosse und Sturmvögel (siehe Kapitel 4). Bei diesen Hochseevögeln befindet sich über dem Schnabelansatz zwei Röhren, die der Ausscheidung des mit dem Meerwasser aufgenommenen Salzes dienen. Entgegen der starken Tendenz zu Dauerbindungen wurden jedoch gerade unter gewissen Albatrossen Vergewaltigungsversuche durch außereheliche Männchen sowie ein beachtlicher Fremdvateranteil ermittelt.[105] Ein Viertel aller Küken des Galapagosalbatrosses *(Phoebastria irrorata)* stammt von nestfremden Männchen ab.

Auf den Hawaii-Inseln Oahu und Kauai kommen Laysanalbatrosse *(Phoebastria immutabilis)* auf besonders originelle Weise zum Familienglück. Diese Inseln wurden erst in neuerer Zeit als Brutplätze auserkoren. Allerdings herrscht dort Weibchenmangel. Ein Drittel aller Brutpaare auf Oahu setzt sich aus Weibchen zusammen. In der Hälfte der Fälle legen beide ein Ei, doch nur ein Junges wird ausgebrütet. Allerdings gehen zumindest viele dieser Paare eine Langzeitbindung ein. Daher kann jeder der beiden «Muttervögel» über die Jahre als leibhaftige Mutter zum Zug kommen. Wie DNA-Proben zeigen, ist dies tatsächlich auch der Fall. Auf Kauai blieben mehrere Weibchenpaare mindestens acht Jahre zusammen; in einem Fall betrug die Bindung sogar 19 Jahre.[106]

Aber selbst wenn die klassische Einehe im Vogelreich eher untypisch ist, so bedeutet das – salopp ausgedrückt – keineswegs «freie Fahrt zu Fremdgehen und Treulosigkeit». Immerhin stellt die *soziale* Monogamie, also paarweises Zusammenleben, in der Brutperiode die überwiegende

Abbildung 12-1: Bartmeise. Hortobágy (Ungarn), 2.7.2011.
Aufnahme: Christoph Roland

Lebensform dar. Beispielsweise bilden Bartmeisen mit einem Partner lebenslang ein Paar, obwohl Begattungen mit fremden Artgenossen häufig vorkommen.[107] Demgegenüber kennzeichnet die heimischen Beutelmeisen ein offenbar bis zum Äußersten getriebener Geschlechterkampf. Ihm geschuldet sind die vollkommen gegensätzlichen, zumeist kurzfristigen Verpaarungsformen dieser Auen- und Röhrichtbewohner. Die Bebrütung des Geleges bleibt einem der Partner überlassen. Übernimmt diese Aufgabe keiner von beiden, scheitert die Brut. Die Option einer durchgehend gemeinschaftlichen Brutpflege hat unter Beutelmeisen offenkundig keine Chance.[108]

Überhaupt repräsentieren die Meisen Vögel, an denen sich völlig unterschiedliche Fortpflanzungsstrategien anschaulich demonstrieren lassen. Einschränkend ist allerdings festzuhalten, dass etliche Arten, die wir Meisen nennen, aus vogelkundlicher Sicht überhaupt keine Meisen sind. So haben Bart- und Beutelmeisen ebenso wie die Schwanzmeisen verwandtschaftlich nur wenig miteinander gemein, und allesamt gehören sie auch nicht zu den eigentlichen Meisen. Das ist in gewisser Weise ver-

Abbildung 12-2:
Beutelmeise im Nest.
Donauinsel (Wien),
4.4.2012. Aufnahme:
Christoph Roland

gleichbar mit den Bezeichnungen für Marderhund, Seehund und Flughund, die bekanntlich jeweils völlig verschiedenen Tiergruppen zuzuordnen sind.

Welche Gründe stecken nun hinter den alternativen Fortpflanzungsweisen im Meisen-Vielerlei? Welche Vorzüge versprechen sie? Wo liegen ihre Nachteile? Dazu zunächst ein Blick auf einen Vertreter der *echten Meisen,* die Kohlmeise: Männchen und Weibchen agieren in der Brut sozial monogam, selbst wenn sich unter den Nestlingen häufig fremdgezeugte Junge finden. Ein Vorteil solcher fremdgezeugter Jungvögel könnte in der Reduzierung von Inzucht liegen. Marta Szulkin vom Edward Grey Institute in Oxford und ihre Kollegen gingen dieser Frage im nahe gelegenen Wytham-Forst nach. Seit vielen Jahrzehnten gilt dieser Wald als ein Eldorado der Meisenforschung. In einem Fall stießen die Vogelkundler auf die fünfköpfige Brut einer Kohlmeise und ihres Sohnes, die die Nachteile einer derart engen Blutsverwandtschaft besonders drastisch vor Augen führten. Zwei der gemeinsamen Nachkommen entwickelten sich normal, zwei Geschwister jedoch waren zurückgeblieben und wiesen schwere Defekte in der Flügelbefiederung auf. Doch der fünfte Jungvogel stammte von einem anderen Meisenmännchen ab. Er verließ das Nest kerngesund am sechzehnten Lebenstag.[109] Insgesamt fielen Inzuchteffekte in der Population allerdings nicht sonderlich ins Gewicht.[110] Nur selten verpaarten sich nahverwandte Kohlmeisen. Erstaunlicherweise war die Neigung zu Fremdvaterschaften in den Verwandtschaftsehen sogar besonders gering. Die «Meisenversteher» hatten eher das genaue Gegenteil erwartet.[111]

Gleichzeitig kann kein Zweifel daran bestehen, dass die genetische Bandbreite der Nachkommenschaft aus einem Gelege mit mehr als einem Vater erhöht ist. Aus dem Genpool fremder Männchen lassen sich auf diese Weise Allele für besonders attraktive oder widerstandsfähige Merkmale einschleusen. Daraus können Weibchen, was die Aussichten ihrer Nachkommen angeht, profitieren. Sie lassen sich demnach als «Gewinner» betrachten. Umgekehrt droht den männlichen Paarpartnern ein Pferdefuß. Die Betreuung eines «Kuckuckskinds» geht womöglich zu Lasten der eigenen Nachkommenschaft.

Wie massiv sich die abweichenden Fortpflanzungstaktiken auf die Chancen der Geschlechter auswirken können, macht ein Ausflug zu den Vertretern einer weiteren Vogelgruppe, den Steinsperlingen, besonders deutlich. Die aus Mitteleuropa längst verschwundene Spezies kann man heutzutage in Südeuropa an Felshängen und allgemein auf steinigem Gelände antreffen. Unter ihnen ist Familienuntreue kein Tabu, wie Untersuchungen an Nestern in Bergdörfern in den nordwestitalienischen Alpen zeigen. Sowohl Männchen wie Weibchen können die Brut verlassen und mit einem neuen Partner eine weitere Brut anschließen.[112] Der frühere Paarpartner füttert in diesem Fall die erste Brut durch. Doch meist bleibt es für die Weibchen in einer Saison bei einer Brut. Weibchen, die eine weitere Brut in Angriff nehmen, tun dies häufig mit demselben Partner. Für diejenigen jedoch, die ein neues Männchen ergattern, kommen grundsätzlich zwei Partnerkategorien in Betracht: bereits verpaarte oder ledige. Mit einem bis dato ungebundenen Männchen ist der Bruterfolg höher.[113] Auch die polygyn gewordenen Männchen zahlen einen Preis: Sie müssen in ihren Zweitbruten fast zehnmal so viel Fremdvaterschaften in Kauf nehmen, nämlich bei 50 Prozent der Nestlinge, wie ihre einehig bei ihrer Brut gebliebenen Geschlechtsgenossen.[114]

Aber zurück zur Melange der Meisen, und zwar zu den Schwanzmeisen. Sie warten mit einer weiteren Familienvariante auf. Bei den bisher behandelten Familienmodellen stand von klassischer Monogamie bis zur Vielmännerei die elterliche Paarbindung, ihre Brüchigkeit oder gänzliches Fehlen im Mittelpunkt der Betrachtung. Schwanzmeisen gehören zu den

Abbildung 12-3: Schwanzmeise mit Beute. Andau (Hanság, Burgenland), 23.4.2016. Aufnahme: Hans-Martin Berg

Fällen, in denen regelmäßig außer den Elternvögeln andere Artgenossen zur Versorgung des Nachwuchses beitragen.[115] Dieses Phänomen ist in unseren Breiten allerdings verhältnismäßig selten. Die im Schwarm lebenden Schwanzmeisen bilden da also eine Ausnahme. Bis zu neun Altvögel können sich für das Aufwachsen einer Brut abmühen. Bei den Helfern handelt es sich vornehmlich um nahe Verwandte eines Elternteils, mitunter sogar von beiden.[116]

Anders als im gemäßigt temperierten Europa gibt es in den heißen Regionen der Erde viele Vogelarten, bei denen während der Aufzucht der Jungvögel zusätzliche Individuen elterliche Aufgaben übernehmen. Die schon erwähnten, noch nicht ganz verstandenen Familien- und Betreuungsverhältnisse der Langschopf-Hornvögel gaben in diesem Rahmen darauf einen Vorgeschmack. Mehr über das Phänomen weiß man vom Dreifarben-Glanzstar *(Lamprotornis superbus)*, seit Dustin R. Rubenstein am Äquator dessen Sozialsystem genauer unter die Lupe nahm.[117] Zwölf Jahre widmete der mittlerweile an der Columbia University lehrende

Zoologe den farbenfrohen Sturniden auf dem Hochplateau Zentralkenias zwischen dem Mount Kenia und dem Großen Grabenbruch Ostafrikas. Die Stare müssen sich dort unter außerordentlich wechselvollen und unvorhersehbar schwankenden klimatischen Bedingungen behaupten.

Die Familienpolitik der Dreifarben-Glanzstare

Unter den über hundert Starenarten gehören Dreifarben-Glanzstare ohne Zweifel zu den ausgesprochen bunten Formen. Als Rubenstein seine Untersuchungen in der Buschsavanne aufnahm, sah er sich einer geradezu verwirrenden Soziologie seiner Studienobjekte gegenüber.[118] Im Durchschnitt sind es 25, bisweilen aber mehr als 40 Individuen, die ein beachtliches Territorium von etwa 50 Hektar für sich reservieren und gegen andere Artgenossen verteidigen. Charakteristische Bäume ihres Lebensraums sind die dornenreichen Akazien, unter denen eine der häufigsten Arten von Ameisen symbiotisch besiedelt ist. Die Stare nutzen denn auch

Abbildung 12-4: Dreifarben-Glanzstare. Ol Pejeta Conservancy, Laikipia, Kenia, 7.6.2016. Aufnahme: Sarah Guindre-Parker

die Akazien mit Vorliebe als Nistplatz. Doch längst nicht alle Gruppenmitglieder schreiten zur Brut; deutlich mehr Vögel betätigen sich dagegen als Helfer bei der Aufzucht einer Brut, und etliche verhalten sich, was die Brutversorgung angeht, offenbar vollkommen passiv. Dennoch: Gerade unter ihnen finden sich wiederum mehrere, die sich bei der Nestverteidigung gegen Fressfeinde engagieren, die unter den Bruten enorme Verluste fordern. Nur ein Viertel aller Brutversuche bringen flüggen Nachwuchs hervor, das heißt mindestens einen überlebenden Jungvogel. Gefahr droht am Tag wie in der Nacht. Paviane, Schlangen und Schleichkatzen greifen zu, selbst Mäuse und Hörnchen. Und das, obwohl die Akaziendornen den Zugang zum Nistplatz erschweren und die Nester bis auf eine bescheidene Öffnung, oft einen Eingangstunnel, rundum geschlossen sind.

Dies alles steckt allerdings nur einen sehr groben Rahmen ab. Denn das Gruppenleben wird in den einzelnen Jahren entscheidend von der kurz- und mittelfristigen Verteilung der Niederschläge bestimmt. Insbesondere die Zahl der Reviermitglieder und die Anzahl der Bruten hängen davon ab.

Abbildung 12-5: Erwachsener Dreifarben-Glanzstar mit Beute. Mpala Research Centre (Laikipia, Kenia), 28.3.2014. Aufnahme: Sarah Guindre-Parker

Abbildung 12-6: Alt- und Jungvogel. Tsavo East National Park (Kenia),
20.1. 2012. Aufnahme: Zoltan Kovacs

Üblicherweise gibt es auf der kenianischen Hochebene zwei nieder-
schlagsreiche Saisons. In der kurzen Regenperiode im Oktober und No-
vember führen nur ein oder zwei Paare eines Gruppenverbands eine Brut
durch. Demgegenüber können in der längeren, von März bis Mai dauern-
den Regenzeit drei oder sogar mehr Paare nisten und brüten. Dazwischen
liegt die niederschlagsärmste Periode des Jahres.

Paradoxerweise wirkt gerade der trockenste Abschnitt des Jahres in
das spätere Brutgeschehen besonders stark hinein. Sein Verlauf ist kaum
berechenbar, und unter Umständen bleibt der Regen in dieser Zeit sogar
vollkommen aus. Die Folgen sind für die Stare in jedem der möglichen
Szenarien beträchtlich. Denn was sie während der Fortpflanzungszeit für
ihren Nachwuchs in großer Menge brauchen, sind nun einmal Heuschrecken und Raupen. Und die gedeihen am besten, wenn das Savannengras
üppig sprießt. Die Basis dazu legen kräftige oder zumindest ausreichende
Niederschläge.

Fällt in den trockensten Monaten verhältnismäßig viel Niederschlag,
erweisen sich die Revierverbände anschließend als besonders mitglieder-
stark, und auffallend viele Individuen lassen sich zum ersten Mal auf eine

Brut ein. Relativ feuchte Trockenperioden dämpfen überdies bei rang-
niedrigen Individuen den Stresshormonspiegel. Diese Vögel übernehmen
in der darauffolgenden Regenzeit eine Helferrolle.[119]

Bemerkenswert – und abweichend von vielen anderen Vogelarten mit
Brutassistenten – ist die Tatsache, dass sich männliche wie weibliche Individuen als Helfer ansehnlich engagieren können.[120] Üblicherweise überwiegen dabei nämlich sehr deutlich männliche Anverwandte, bei den oben
erwähnten Schwanzmeisen handelt es sich vielfach um Brüder der männlichen Elternvögel.[121] Die Paare der Dreifarben-Glanzstare sind auf die Unterstützung zusätzlicher Ernährer angewiesen. Durchschnittlich greifen
pro Nest drei Helfer dem Elternpaar gewissermaßen «unter die Flügel».
Als Maximum wurden 14 Helferindividuen festgestellt. Auch wenn das
Weibchen eines Elternpaares mehr als die Hälfte der Nahrung herbei-
schafft, geht ein beachtlicher Anteil der erbeuteten Happen auf das Konto
des geflügelten Zusatzpersonals. Rubensteins penible Untersuchungen
zeigen eindeutig, welch große Bedeutung den Helfervögeln in der rauen
Savannenwirklichkeit zukommt. Denn unter den Starennestlingen ist der
Hungertod gang und gäbe. Tragen aber Helfer fleißig zur Versorgung bei,
erhöht sich die Überlebenswahrscheinlichkeit der Jungvögel markant.

Die Zusammensetzung der Helferteams unterliegt keineswegs dem
Zufall. Sehr häufig besteht zwischen den jeweiligen Brutpaaren beziehungsweise einem der Partner und den Helfern eine enge Blutsverwandt-
schaft. Somit gilt deren Einsatz dem Fortbestand einer Familienlinie. Da-
gegen ist der übergeordnete Gruppenverband aus verwandtschaftlicher
Sicht heterogen. Als Indiz dafür lässt sich rein äußerlich anführen, dass die
Paare die Nester stets getrennt voneinander jeweils in einem eigenen
Baum errichten. Partnerwechsel finden ausgesprochen häufig statt. Abge-
sehen davon nehmen es Dreifarben-Glanzstare, wie die meisten anderen
Vogelarten auch, nicht so genau mit der ehelichen Treue – mit der Folge
fremdgezeugter Jungvögel. Das verkompliziert die verwandtschaftlichen
Verhältnisse. Doch dieser Effekt hält sich in Grenzen: Obwohl derartige
Fälle regelmäßig vorkommen, machen sie insgesamt nur einen geringen
Teil der Nachkommenschaft aus. In (wenigstens) einem Jahr registrierte
Rubenstein überhaupt keinen Nestling mit fremden Wurzeln. Zudem
hängt die Häufigkeit solcher «Kuckuckskinder» von der Qualität des
Gruppenreviers ab. So stehen Territorien mit kräftig sprudelnden Nah-
rungsressourcen weniger ergiebigen gegenüber. Vermutlich halten sich

die Weibchen ungünstiger Reviere vermehrt auf auswärtigem Gelände auf, wo sie einerseits nach Insekten suchen, andererseits auf andere Männchen treffen. Dies würde die erhöhte Zahl «illegitimer» Nestlinge erklären. Alles in allem überstehen aber nur relativ wenige Jungvögel des Gruppenverbands die Kindheit – ihr Schicksal bestimmt wesentlich die künftige Gruppenstruktur mit. Während die in der Gruppe geborenen Weibchen schließlich überwiegend auswandern, bleiben viele der männlichen Nachkommen im heimatlichen Territorium.

Das Massenbrüten der Blutschnabelweber

Auch das Phänomen des Koloniebrütens lässt sich als eine Form einer erweiterten sozialen Brutpflege betrachten, die über die alleinige elterliche Betreuung hinausgeht. Nachgerade drastisch, sozusagen als spektakuläres Naturereignis erleben wir diese Fortpflanzungsstrategie bei Seevögeln: Möwen, Lummen, Papageitauchern und so fort. Mitunter widmen sich Hunderttausende Paare in offener Szenerie, auf knappem Raum zusammengepfercht, dem Brutgeschäft. Fälschlicherweise ist man auch geneigt, an die beeindruckenden Kinderkrippen kältetrotzender Pinguine zu denken. Doch dort sind es die heranwachsenden Pinguine selbst, die sich unter dem kolossalen aggressiven Druck ihrer Artgenossen zeitweise zu einem Verband zusammenschließen.[122]

Den spannenden Fall eines Landvogels, der in gewaltigen Kolonien brütet, repräsentiert der Blutschnabelweber *(Quelea quelea),* ein Geschöpf nicht einmal von der Größe eines Spatzen und dennoch eine Herausforderung für den Menschen. Er gehört zu den wenigen Vogelarten, die selbst heute noch für die Landwirtschaft eine reale Gefahr darstellen – freilich in den warmen und heißen Zonen. In der sogenannten Ersten Welt lässt die moderne Agrarindustrie den Vögeln keine Chance mehr. Früher zeugten in der mitteleuropäischen Kulturlandschaft Vogelscheuchen überall von der Konkurrenz zwischen den menschlichen und geflügelten Zweibeinern um knappe Nahrungsressourcen. Längst sind sie aus unserem Landschaftsbild verschwunden.

Doch auf dem afrikanischen Kontinent lehren die Millionenscharen des Blutschnabelwebers Siedler und Farmer schon seit langem das Fürchten.[123] Von bibelfesten Zeitgenossen wurden sie gar als die achte Plage der Menschheit bezeichnet. Dabei wirkt der kleine Vogel ziemlich schlicht: die Weibchen stets unscheinbar, die rotschnäbeligen Männchen lediglich zur Brutzeit kontrastreich am Kopf gezeichnet. Einst mussten sie sich mit den Samen wilder Gräser zufriedengeben. Mit dem großflächigen Getreide- und Reisanbau wuchs das Angebot. Die Ernteverluste durch diesen Webervogel erreichen enorme Größenordnungen.

Die Ausmaße der Brutkolonien und der Nachkommenproduktion sind schier unvorstellbar. In einem Tal im ostafrikanischen Tansania waren beispielsweise zwei Millionen Brutpaare auf 400 Hektar Fläche versammelt. Hochsynchronisiert und geradezu rasant führen die Koloniemitglieder das Brutgeschäft durch.[124] Nach vier Tagen ist das Nest errichtet. Aus den zwei bis vier Eiern schlüpfen bereits nach zehn Tagen die Jungen. Diese verlassen nach weniger als zwei Wochen das Nest – allerdings noch flugunfähig. Der gesamte Brutzyklus ist nach 42 Tagen abgeschlossen. Bei gutem Nahrungsangebot kann bald eine zweite Brut folgen. Für Nachschub stets hungriger Ernteplünderer ist also gesorgt.

Gerade im Fall dieser «Massenvögel» zeigt sich freilich, wie verschieden ein und dieselbe Vogelart zu agieren vermag. So können diese Weber ihre Bruten – entgegen ihrer üblichen Fortpflanzungs- und Vermehrungsweise – bei ungünstiger Ernährungslage aufgeben, selbst wenn sich in den Nestern bereits Gelege befinden. Für die Bekämpfung des Massenauftretens wurden sogar Konferenzen abgehalten. Mit Flammenwerfern, Sprengstoff und Kontaktgiften versuchte man der geschnäbelten Massen Herr zu werden – doch ohne nachhaltigen Erfolg. So setzt sich das Ringen um die Erntehoheit bis heute fort.

Obgleich die Schwärme für Greife und Stelzvögel ein wahres Schlaraffenland bedeuten, vermögen die natürlichen Beutegreifer nichts Wesentliches gegen die Unmengen an gefräßigen Vögelchen auszurichten. Der südafrikanische Ornithologe Otlef P. M. Prozesky beschrieb das Schauspiel, das Riesenschwärme des Webervogels am Ngami-See in Botswana boten.[125] Die Existenz dieses Gewässers hängt vollkommen von den Regenfronten des benachbarten angolesischen Hochlands ab. Einst von David Livingston entdeckt, wechselt der Wasserkörper seine Gestalt zwischen einem sumpfigen Areal bis zu einem mittelgroßen, gelegentlich Hunderte Quadratkilometer messenden See, je nach den Launen der Regenzeit.

Zum Zeitpunkt von Prozeskys Beobachtungen (1961) mochte die Seefläche rund 10 mal 25 Meilen einnehmen. Mit den umgebenden Grasfluren präsentierte sich den Webern ein ergiebiges Büfett. Das Geräusch schwirrender Flügel erfüllte die Luft von Sonnenaufgang bis Sonnenuntergang. Immer neue Scharen stiegen von den umliegenden Grassavannen auf und flogen zum Ufer, um zu trinken. In Ufernähe hielt sich zeitweise eine große Zahl Greifvögel bereit, um sich an dem überreichlichen Nahrungsangebot zu bedienen. Falken und Weihen, Gleitaare, Gaukler und Schreiseeadler: Sie alle zehrten vom geballten Einfall der Webervögel. Allein bis zu 20 Raubadler *(Aquila rapax)* versammelten sich auf einem einzigen Baum. Selbst eine Anzahl der langbeinigen Sekretäre *(Sagittarius serpentarius)* holte sich auf diesem «Schlemmer-Festmahl» ihren Teil. Zu den Fressfeinden der Weber zählten auch drei Geierarten und zahlreiche Marabus *(Leptoptilos crumenifer),* die am Ufer umherstolzierten. Die kleineren Greifvogelvertreter schlugen die Weber gewöhnlich in der Luft, während sich die Adler darauf spezialisiert hatten, den wendigen, leichteren Kollegen die Beute wieder abzujagen. Die Marabus verfügten über eine weitere Fangtechnik. Langsam näherte sich einer im seichten Uferbereich den über dem Wasser hängenden Rohrhalmen oder Zweigen, von denen aus die Blutschnabelweber tranken. Mit einem Mal stürmte er dann auf die durstigen Tiere zu, hieb mit heftigen Flügelschlägen mehrere von ihnen ins Wasser, aus dem er sodann seine Opfer auffischte. Obwohl die unterschiedlichen Beutegreifer täglich Tausende der Webervögel erjagten, war von einer Abnahme ihrer Massen nichts zu bemerken.

Auch völlig unerwartete Profiteure können zuschlagen. Der Cottbusser Zoologe Detlef Robel berichtete von einer Reise im Etoscha-Nationalpark, dass sich Unmengen der kleinen Vögel in Schüben dicht gedrängt an einem Wasserloch niederließen.[126] Um ihren Durst zu stillen, landeten viele Nachzüglergruppen etwas vom Ufer entfernt in tieferem Gewässer. Flogen die Trinkgruppen auf, blieben einige Individuen zurück. Hilflos ruderten sie mit den Flügeln auf dem Wasser, doch plötzlich tauchten sie unter. Zunächst vermuteten die Beobachter räuberische Fische als Ursache. Bald stellte sich heraus, dass Pelomedusen unter dem Wasser lauerten, die die wehrlosen Vögel nach unten zerrten. Ausgewachsen wiegen diese Halswender-Schildkröten immerhin zwei bis drei Kilo. Innerhalb von zwei Stunden ließen sie 30 Blutschnabelweber verschwinden.

IV. DIE SINNE DER VÖGEL UND DER ZUSAMMENPRALL MIT DEM MENSCHEN

13. Das Arsenal der Sinne

Trifft ein männliches Rotkehlchen im Frühjahr in seinem Revier auf einen Geschlechtsgenossen, stehen die Zeichen auf Sturm.[1] Der Revierbesitzer singt den Eindringling an, sträubt das rote Brustgefieder und präsentiert es dem Störenfried. Verlässt der Eindringling nicht schleunigst die Szenerie, kann es zum Kampf kommen. Die Auseinandersetzungen führen hin und wieder sogar zu Todesfällen. David Lack fand heraus, dass allein schon ein rotes Federbüschel den Angriff des Revierinhabers auf sich zu ziehen vermag.[2] Genauso bekämpft ein Rotkehlchen im Experiment sein Ebenbild im Spiegel.[3] Diese Versuche aus der Frühzeit der vergleichenden Verhaltensforschung mochten noch methodische Mängel aufweisen, und ebenso mochten die daraus gezogenen Schlussfolgerungen undifferenziert und voreilig sein. Gleichwohl belegen solche Beobachtungen die prinzipielle Bedeutung der Sinne im Vogelleben.

Bisher war unser Blick in erster Linie auf die vielfältigen Erscheinungsformen, Lebens- und Fortpflanzungsweisen der Vögel gerichtet. Doch das Gelingen derart effizienter Lebensformen und nuancierter, mitunter raffinierter Strategien wird erst durch den Gebrauch der Sinne möglich. Wie sonst könnte der Albatros in der gleichförmig endlosen Weite der Hochsee punktgenau seine Nahrungsquellen finden, die Schleiereule in der Finsternis ihr Opfer erspähen? Die Vorführungen des Kragenparadiesvogels (Abb. 10-1), die Abstimmung der Hornvogelpartner oder das «Eintaxierung» des Kuckucks, zum geeigneten Zeitpunkt ins richtige Nest sein Ei zu platzieren – all diese Verhaltensweisen setzen das Rüstzeug fein geeichter Sinnesleistungen voraus. Beobachtungsgabe, exaktes Lauschen, Dufterkennung, um nur einige Fähigkeiten zu nennen – das Spektrum der Wahrnehmungskanäle ist, nach Vogelgruppen variierend, breit gefächert. Manche davon, wie die Erkennung der magnetischen Feldlinien und die Messung der magnetischen Feldstärke, sind dem Menschen gänzlich fremd.

Eine weitere Grundbedingung für den Erfolg der Vögel als großer Tiergruppe wurzelt in ihren herausragenden gestaltbildenden Besonderheiten: dem Federkleid und dem Besitz von Flügeln. Sie bieten die Gewähr, den Unwägbarkeiten von Wind und Wetter zu trotzen, Beutegreifern Paroli zu bieten und das komplexe Zusammen-, ja vielfach Gegeneinanderleben mit den Artgenossen zu meistern. Allein schon die Ausstattung mit einem Gefieder, das sie gegen die Außenwelt abschirmt und der Aufrechterhaltung der Körpertemperatur dient, gleicht einem Wunderwerk. Ganz grob lassen sich die Konturfedern an Flügel, Steuer und Körper, die Dunen- und Unterfedern sowie die üblicherweise verdeckten Fadenfedern unterscheiden. Etliche Abwandlungen und Sonderbildungen sind im Rahmen dieser Grundtypen verwirklicht (z. B. Abb. 10-4). So stellen die Schnabelborsten der Nachtschwalben, Fliegenschnäpper und Fettschwalme (siehe Kapitel 1) in Wahrheit modifizierte Konturfedern dar.[4] Das Gleiche gilt übrigens für den dichten, stark isolierenden Gefiedermantel der Pinguine.[5] Zusammengenommen schmücken mehr als zwanzigtausend Federn einen Schwan, bei einem Kolibri sind es um die tausend, beim Spatz etwa dreieinhalbtausend Federn.[6]

Um den eigenen Fortbestand und den künftiger Generationen aktiv zu sichern, bedarf es freilich vor allem der ausgeklügelten Wahrnehmungsmaschinerie. Uns fällt es nicht schwer zu verstehen, dass Sehen und Hören für die Vögel von zentraler Bedeutung sind, ja *sein müssen*. Einerseits dominieren Auge und Ohr unsere gesamte Wahrnehmung, zumal im digitalen Zeitalter der ständigen Vernetzung und Beschleunigung. Andererseits erscheinen Aussehen und Stimme der Gefiederten unwillkürlich als ihre wesentlichen Kennzeichen. Denken wir nur an die Bienenfresser und Eisvögel im farbigen Dress, an die Pinguine im «Frackgewand» oder an den Nachtigallengesang und Hahnenschrei. Den Vögeln selbst dürfte es ebenfalls besonders auf die optischen und akustischen Sinneseindrücke ankommen.

Was Menschen und Vögel verbindet

Das Farbspektakel der Vogelklasse organisieren Haft-, Pigment- und die auf veränderten Lichtverlaufseffekten (wie der Reflexion) beruhenden Strukturfarben. Der Gefiederschiller der Starenverwandtschaft und der Kolibris verdankt sich solchen physikalischen Extravaganzen. Darüber hinaus erzeugen Kombinationen entsprechende Mischfarben. Nicht selten stechen auch unbefiederte Körperbereiche, wie Beine, Schnabel und Iris, farbenprächtig hervor (siehe Abb. 10-2). Vögel können also bunt auftreten bis zum schrillen Farbenoutfit und markante Farb- oder Zeichungsmerkmale aufweisen. Schon deshalb kommen sie uns oft anmutig und attraktiv vor. Ähnlich auffallend wirken die Vogellaute. Viele von uns kennen etwa den Amselgesang, das Krähengekrächze allemal. Und wenn auch die wenigsten Menschen die Strophen der Mönchsgrasmücke dieser Spezies zuzuordnen vermögen, so ist doch ihr eindrücklicher Vortrag sogar in den großen Städten und Wohnsiedlungen zu hören. Die Lautäußerungen der Vögel fanden auch Eingang in unsere Musik. Die Meister der Klassik griffen sie vielfach für ihre Kompositionen auf. Der französische Vertreter der klassischen Moderne Olivier Messiaen bekannte in einem Interview: «Ich verwende den Gesang der Vögel, weil für mich diese Tiere auf Erden die größten Komponisten sind – viel größere als die Menschen.»[7] Davor schon, nämlich 1808, hatte Ludwig van Beethoven den Klangkosmos der Vögel verewigt. Dabei lässt er in seiner sechsten Sinfonie, der Pastorale, ein natürlicherweise nicht vorstellbares Terzett auftreten, wie Eleonore Büning kritisch befindet: «Frau Nachtigall trillert in der Flöte, die Wachtel schlägt in der Oboe, der Kuckuck ruft in der Klarinette.»[8] Auch Goldammer und Hühner, Tauben und Spatzen tauchen auf.

Was Vögel wahrnehmen können

Neben Auge und Ohr führen auch etliche andere Sinneskanäle bei der Wahrnehmung der Vögel Regie. Sie sind im Alltag der Vögel zwingend erforderlich, aber unauffälliger und weitaus schwieriger zu enttarnen als das optisch-akustische Sensorium. Besonders deutlich wird dies in der Orien-

tierung und Navigation. Gleich mehrere Sinnesmodalitäten entfalten hier
ihre Wirkung. Nebeneinander bestehen Sonnen-, Stern- und Magnetkompass. Himmelsrotation und das Polarisationsmuster des Lichts, Geruchspartikel und Eigenschaften des Erdmagnetfeldes stellen natürliche Signalgeber dar.[9] Und damit ist die Liste nicht einmal vollständig. Ein Wirrwarr
an Reizen – und zugleich der Boden für eine sprudelnde Vielzahl von Hypothesen, die teilweise seit Jahrzehnten im Wettstreit miteinander stehen.
Da zeigten Wissenschaftler schon mal Emotionen. Das Ringen um Kompetenz und wissenschaftliche Wahrheit geriet mitunter zum Glaubenskrieg, mitunter gewürzt mit scharfem, manchmal groteskem persönlichem Unterton. Allerdings machen es die Vögel den Experten auch nicht
leicht. Denn in der Wahrnehmung der gefiederten Flugkünstler konkurrieren die nutzbaren Elemente des Himmels-, Erd- und atmosphärischen
Panoramas miteinander, ergänzen oder ersetzen sich – je nach den äußeren Bedingungen, der Vorgeschichte eines Vogel oder schlicht gemäß seiner Eigenart. Warum sollte auch in einer Tausende Arten zählenden Tiergruppe ausgerechnet das facettenreiche Orientierungsverhalten von Anpassungen und Abwandlungen verschont bleiben? So hatten manche Erklärungen an bestimmten Orten Bestand, an anderen hingegen nicht,
oder sie trafen für eine Spezies zu, versagten aber bei einer anderen.[10] Beispielsweise verwerten italienische Brieftauben offenbar das umgebende
Duftfluidum zum Heimfinden. Doch der Nachweis für diese Fähigkeit
ließ sich mit Tieren eines Frankfurter Taubenschlags und in den USA
nicht wiederholen.[11]

Demgegenüber ist die Orientierung nach Duftbukett bei Albatrossen und Sturmvögeln durch Experimente unzweifelhaft belegt.[12] Für die
Bewohner der Ozeane, eines äußerlich nahezu strukturlosen Lebensraums, kommt ihr sogar eine maßgebliche Bedeutung zu. So haben Wanderalbatrosse[13] für Fischgeruch eine feine Nase, und verschiedene Sturmvogelvertreter sprechen hochsensibel auf Dimethylsulfid an, eine von Algen stammende Substanz.[14] Wo diese pflanzlichen Organismen geballt
auftreten, herrscht ebenfalls Krill- und Fischreichtum. Auf diese Weise
lotst das Phytoplankton-Aroma die feinnasigen Vögel zu ergiebigen Nahrungsgründen.[15] Genauso verhilft Sturmvögeln ihr überragendes Geruchsvermögen dazu, in der Nacht zielgenau ihre Brutröhren an entlegenen Orten inmitten oder am Rand der ozeanischen Endlosigkeit zu finden.[16]

Abbildung 13-1: Wanderalbatros (Gibsons Albatros). Kaikoura (Neuseeland), 13.10.2006. Aufnahme: Otto Samwald

Navigation und Zugverhalten stellen naturgemäß ganz spezielle Anforderungen an das Sinnessystem der Vögel. Doch auch oder sogar gerade für «ganz gewöhnliche» Aufgaben kommen verborgene Sinne zum Zug – Wärmeempfindung, Riechen und Schmecken zum Beispiel. In vielen Facetten stellte Tim Birkhead in seiner Synopsis mit dem bezeichnenden Untertitel *Wie es ist, ein Vogel zu sein* gerade die weniger bekannten Sinne dar. Eine wichtige Gruppe bilden die *Tastrezeptoren,* die dem Erspüren von Berührungsreizen, Druckkräften, Vibrationen und anderen taktilen Stimuli dienen. Sie sind von allerhöchster Bedeutung bei der Nahrungssuche, bei der Bearbeitung der gesammelten oder erjagten Beutestücke sowie beim Umgang mit dem eigenen Gelege. Entsprechende Tastkörperchen finden sich in Fülle am Schnabel, auf der Zunge und in der Mundhöhle. Der gesamte Vogelkörper ist übersät mit einem Netzwerk feinster Rezeptoren. Sie registrieren Veränderungen im «Empfinden», die etwa durch Windzug, beim Ordnen des Federkleids oder aufgrund sozialer Gefiederpflege durch Artgenossen zustande kommen.

Zu den lange vernachlässigten Feldern der Vogelkunde zählt die Geschmackswahrnehmung. Dabei hatten bereits in den 1920er Jahren Bernhard Rensch und Rudolf Neunzig beim Studium Dutzender Arten herausgefunden, dass die Vögel die uns geläufigen Geschmacksrichtungen – süß, salzig, sauer und bitter – kennen.[17] Neunzig war seinerzeit eine Autorität der Vogelhaltung; Rensch, ein vielseitiger Zoologe, begegnete uns in diesem Buch schon als Sunda-Fahrer, Evolutionstheoretiker und führender Vertreter der Berliner Ornithologen-Schule. In seiner späteren Karriere als Ordinarius in Münster wandte sich der kunstbeflissene Universalist und Erkenntnistheoretiker gemeinsam mit seinen Schülern den Sinnes- und Lernfähigkeiten der unterschiedlichsten Tiere zu: vom Opossum bis zum Leguan, vom Indischen Elefanten und Riesenkänguru bis zu Dohle, Amsel und Emu.[18] Unter den Vögeln hatte es ihm vor allem das Federvieh angetan, nämlich Hühner diverser Größen und Rassen. Wie bei den pionierhaften Geschmacksstudien handelte es sich jeweils um Verhaltenstests. Ein spezielles Interesse verdienen bittere Geschmacksstoffe. Viele Vögel, etwa Hühner, Stare und Blaumeisen, reagieren darauf mit Ekelreaktionen.[19] Dies lässt sich als Schutzmechanismus verstehen. Giftige Naturstoffe haben häufig einen abstoßenden Geschmack. In den klassischen Versuchen Lincoln P. Browers wurden Blauhäher *(Cyanocitta cristata)* dazu gebracht, cardenolidhaltige Monarchfalter *(Danaus plexippus)* zu fressen. Nach dem Verzehr erbrachen sich die Versuchsvögel und würgten die offenbar ungenießbare Nahrung aus. Als Raupen ernähren sich die betreffenden Schmetterlinge vielerorts von bitter schmeckenden, cardenolidhaltigen Seidenpflanzengewächsen. Später erneut als Futter angebotene Falter rührten die Häher nicht einmal an, obwohl die nun angebotenen Individuen «giftfrei» aufgezogen worden waren.[20]

Neuerdings haben Kai Wang und Huabin Zhao von der chinesischen Wuhan University molekulargenetisch intakt erscheinende Tas2r-Bittergeschmacksgene ausfindig gemacht. Das Haushuhn hat immerhin drei davon, der Annakolibri *(Calypte anna)* sechs, Zebrafink und Amerikanerkrähe je sieben, Wellensittich und Rhinozerosvogel *(Buceros rhinoceros)* allerdings lediglich eines. Nur bei wenigen der überprüften Vogelarten, etwa dem Adeliepinguin *(Pygoscelis adeliae)*, wurden die beiden Genforscher nicht fündig. Der zirkumpolare Bewohner wies lediglich drei mutmaßlich funktionsuntüchtige Tas2r-Segmente auf.[21]

Lange an den Rand des vogelkundlichen Blickfelds verbannt, wurde das Geruchsvermögen der Vögel vollkommen unterschätzt. Nur wenigen Vogelgruppen traute man überhaupt nennenswerte Fähigkeiten auf diesem Gebiet zu. Vor allem zwei amerikanische Forscherinnen begannen vor einem halben Jahrhundert, Licht ins Dunkel dieser versteckten Eigenschaften zu bringen. Betsy Bang von der Johns Hopkins University nahm die Nasenanatomie und Riechkolben unter die Lupe, Bernice Wenzel, Professorin an der University of California, untersuchte die Riechkompetenz elektrophysiologisch und in Wahrnehmungstests. Bald folgte Thomas Grubb mit Feldversuchen auf einer kleinen Insel vor der kanadischen Atlantikküste. Dabei deckte er erstmals die eminent bedeutsame Rolle von Geruchsgradienten (also geruchlicher Umgebungsänderungen) als Orientierungsquelle für Seevögel auf.[22] Doch erst die nachgerade verschwenderische Fülle olfaktorischer Belege in den letzten Jahren wertete in der Ornithologenwelt den unterschätzten Sinneskanal ihrer Protagonisten vollends auf. Düfte können nämlich in den unterschiedlichsten Belangen einer Vogelexistenz von Bedeutung sein, vom Nahrungserwerb über die Feinderkennung bis selbst zum Sozialverhalten.[23] Bei gewissen Arten zeichnet sich der einzelne Vogel durch individuellen Körpergeruch aus.[24] Vor einigen Jahren gelang ein derartiger Nachweis in Kalifornien beim Junko (*Junco hyemalis*), einem gängigen amerikanischen Singvogel.[25] Die Forscher berücksichtigten in ihrer Analyse 19 Duftkomponenten der Bürzeldrüse. Das Bukett variierte aber nicht nur zwischen den Individuen. Vielmehr ließen sich die Duftprofile auch nach Geschlecht und Population unterscheiden. Kürzlich berichteten Bielefelder Forscher sogar über Experimente, in denen wenige Stunden alte Zebrafinkenjunge auf vorgefächelten Elternduft vermehrt nach Futter bettelten.[26] Die Reaktion auf den Geruch fremder Zebrafinken fiel deutlich schwächer aus.

Das Vogelauge: Spielfeld der Evolution

Zwei Fähigkeiten sind es, in denen das Sehvermögen des Vogels dem des Menschen weit überlegen ist. Zum einen sehen Vögel Bewegungsabläufe etwa siebenmal so gedehnt wie unsere gewissermaßen «trägen Augen». So können Trauerschnäpper pro Sekunde eine Folge von 146 Sehreizen getrennt wahrnehmen, bei der Blaumeise sind es immerhin noch 131.[27] Die feine Zeitauflösung kommt sowohl dem beutemachenden Greif als auch dem flüchtenden Singvogel zupass. Für den im Flug jagenden Habicht beispielsweise gilt es, auf den fliehenden, in einer Hecke Deckung suchenden Fasan laufend mit schnellen Bewegungskorrekturen zu reagieren. Umgekehrt erleichtert die schnell getaktete Umgebungswahrnehmung dem Kleinvogel das Erkennen einer Gefahr. Die zweite herausragende Eigenschaft der Vögel wurde bereits erwähnt, nämlich bis weit im kurzwelligen Spektrum Farben (nämlich des Purpur- bzw. UV-Bereichs) zu unterscheiden.

Gleichwohl zeichnen sich, grob betrachtet, die Augen von Mensch und Vogel durch viele Gemeinsamkeiten aus: Linse und Iris, die Netzhaut mit den Zapfen für das Farbsehen und den Stäbchen für die Unterscheidung der Graustufen (Schwarz-Weiß-Sehen). So liegen etwa Amsel und Mensch hinsichtlich der Sehschärfe gar nicht so weit auseinander.[28] Dennoch verfügen Vögel, allgemein gesprochen, über eine Reihe von Besonderheiten, darunter die Nickhaut, die wie ein Lid schützend über die Linse gezogen werden kann (siehe Abb. 11-3: Inset). Auch das *Pecten* zählt zu ihren Eigentümlichkeiten. Dieser Fächer von Blutgefäßen, im blinden Fleck des Auges platziert, versorgt Glaskörper und Netzhaut mit Sauerstoff.[29] Vor allem aber besitzen Vögel zusätzlich einen für das kurzwellige Licht hochempfindlichen Zapfentyp, außerdem Doppelzapfen und sogenannte Ölkugeln. Die in ihrer Bedeutung noch wenig verstandenen Doppelzapfen nehmen die vierfache Fläche eines «normalen» Zapfenrezeptors ein. Die Ölkugeln sind dem Zapfenpigment vorgelagert und gewöhnlich farbig. Im Fall des UV-Rezeptors sind sie allerdings vollkommen lichtdurchlässig.[30] Überhaupt stechen die auf die energiereichen, kurzwelligen Strahlen geeichten Rezeptortypen in mehrfacher Hinsicht hervor. Beispielsweise verbessern die purpurempfindlichen Sehzellen, zumindest bei der Weißen Leghorn-Hühnerrasse, das Bewegungssehen.[31]

Die allgemein zutreffenden Kennzeichen werden aber von den zum Teil beträchtlichen Diskrepanzen überformt, die es zwischen den Augen der Vogelarten gibt.[32] Mit anderen Worten: Der Gesichtssinn ist bei den diversen Arten sehr unterschiedlich ausgebildet. Eulen haben ein stark eingeschränktes Blickfeld, sie spähen nach vorne. Bei anderen, etwa langschnäbeligen Watvögeln, sind die Augen dagegen am Kopf extrem seitlich angeordnet, so dass sie gleichzeitig nach vorne und hinten sehen können. Das krasse Gegenteil dazu bilden die Augen der nachtaktiven Kiwis; sie wirken regelrecht degeneriert. Doch selbst vollkommen blinde Individuen leben offenbar gesund und munter in freier Natur.[33]

Wie kann man sich nun das Bild vorstellen, das Vögel von ihrer Umwelt haben? Vögel verfügen in ihrer Retina je nach Spezies über unterschiedlich angeordnete und zudem unterschiedlich viele Bezirke größter Sehschärfe. Binokulares, also räumliches Sehen, wie es unsereiner gewöhnt ist, spielt bei ihnen eine bedeutend geringere Rolle; die Sehfelder der beiden Augen überschneiden sich meistens verhältnismäßig wenig. Freilich – das kann man nicht oft genug betonen: Die Fülle der verwirklichten Seh-Alternativen ist enorm. So übertrifft etwa die Sehschärfe von Altweltgeiern und großen Adlern die des Menschen deutlich.[34] Der Variantenreichtum ist zu gewaltig, um diese Vielfalt hier auch nur annähernd zu skizzieren. Dies alles lässt sich als bestechende Untermauerung für Uexkülls Diktum anführen, wonach jedes Tier eine eigene Umwelt wahrnehme beziehungsweise in einer eigenen Umwelt zu Hause sei.

Dass diese Vielfalt über die Artebene hinausgeht, beweisen Untersuchungen am Haushuhn. Während ihrer Entwicklung bilden Hühner je nach den Beleuchtungsverhältnissen unterschiedlich intensiv gefärbte Ölkugeln aus. Da die winzigen Strahlenfilter dem «Messfeld» der Farbrezeptoren vorgeschaltet sind, beeinflusst dies die Farbunterscheidung und die Farbkonstanz in der Wahrnehmung.[35]

Vogelaugen halten noch eine weitere – völlig andersgeartete – Überraschung bereit. In der Netzhaut sind Proteine eingelagert, die aller Wahrscheinlichkeit nach als Magnetfühler dienen. Diese sogenannten *Cryptochrome* arbeiten offenkundig unter Lichteinfluss. Gegenwärtig gelten sie unter der Vielzahl der Moleküle im Auge als die einzigen Kandidaten, die für die Orientierung im irdischen Magnetfeld in Betracht kommen.[36] Vier unterschiedliche Cryptochrome sind aus der Retina bekannt.[37] Eines davon, Cry1a, das in den UV-empfindlichen Zapfen sitzt, schien besonders prädestiniert für die Magnetperzeption. Neuerdings rückte allerdings Cryptochrom 4 in den Fokus. Es kommt in den Doppelzapfen vor und ist bei Rotkehlchen während der Zugzeiten im Frühjahr und Herbst hochaktiv.[38] Das Rätsel, wie der Magnetfühler im Vogelauge tatsächlich funktioniert, zog Dutzende von Forschern, ja ganze «Seilschaften» in seinen Bann. Bislang bissen sie sich daran die Zähne aus.

Das Rechts-Links-Problem im Tierreich

Unter diesem Titel[39] warf 1932 der Zoologe Wilhelm Ludwig einen 496 Seiten starken Band in den Ring der Wissenschaften. Der Hallenser Privatdozent handelte darin alles ab von der Asymmetrie der Krebsscheren und dem Windungssinn der Schneckengehäuse über Stand- und Greifbein beim Papagei bis zu den Rechts- und Linkshändern unserer Spezies, schloss in einem Anhang sogar noch die Pflanzenwelt ein. Seit einiger Zeit hat das Phänomen in der Verhaltensbiologie unter dem Begriff *Lateralität* Hochkonjunktur, auch in der Vogelkunde. Dezidierte Kandidaten dafür sind die Augen. Beispielsweise finden sich bei Star und Blaumeise im linken Auge mehr Zapfen als im rechten. Umgekehrt sind bei denselben Arten die für das Bewegungssehen vermutlich besonders wichtigen Doppelzapfen im rechten Auge zahlreicher vertreten.[40]

Experimente, die seit den 1980er Jahren durchgeführt wurden, deuten darauf hin, dass das linke und das rechte Auge im Leben der Vögel voneinander abweichende Aufgaben abdecken.[41] Sie setzen offenbar unterschiedliche Schwerpunkte. Demnach ist das rechte Auge eher für den Nahbereich zuständig, das linke Auge widmet sich dagegen der weiteren Umgebung, etwa der Aufmerksamkeit gegenüber Raubfeinden. Die beiden Augen arbeiten also unabhängig voneinander. Das verwundert nicht unbedingt, sind doch die Sehorgane der Vögel im Allgemeinen, anders als bei uns Menschen, zu den Kopfseiten hin platziert.

Kürzlich publizierte ein italienisch-britisch-amerikanisches Expertenteam aufwendige Untersuchungen an Brieftauben, die in der Umgebung von Pisa auf Flugrouten in den heimatlichen Schlag trainiert worden waren. Anna Gagliardo, Enrica Pollonara und ihre Kollegen interessierte, wie sie Landmarken, etwa eine Küstenlinie, während des Fluges verwerten. Bereits zuvor hatten Vogelkundler der Wiltschko-Schule (siehe Kapitel 9) herausgefunden, dass Brieftauben in unterschiedlichen Taubenschlägen nach vollkommen verschiedenen Kriterien ihren Heimflug organisieren, zum Beispiel in Oxford anders als im Rhein-Main-Gebiet.[42] Ferner zeigte sich ein gewisses individuelles Vorgehen der Vögel. Offenbar können Landmarken bei der Orientierung eine nicht unerhebliche Rolle spielen.

Die meisten der in der Toskana trainierten Tauben trugen entweder auf dem rechten oder auf dem linken Auge eine milchglasartige Klappe.[43] Lediglich die Kontrollgruppe blieb in der Sicht unbehelligt. Die Versuchstiere führten kleine GPS-Sender bei sich. Mithin ließen sich die Flugwege genau verfolgen. Mit Ausnahme des letzten Trainingsflugs wurden die Vögel stets in Gruppen auf die Heimreise geschickt. Im entscheidenden Test durften sämtliche Versuchsvögel an den Auflasspunkten ohne Augenklappen starten. Raffinierterweise hatten die Experimentatoren die Tiere mehrere Tage vor dieser letzten Aufgabe in einem Raum mit verschobener Lichtphase untergebracht. Auf diese Weise war die innere Uhr der Vögel um sechs Stunden verstellt, so dass ihnen ihr Sonnenkompass den «falschen Weg weisen» sollte. Deshalb kam es nun auf das visuelle Taubengedächtnis an. Die Individuen, die zuvor stets mit freiem linken Auge fliegen konnten, hielten sich mehr an die vertrauten Heimrouten als ihre Artgenossen, die sich mit dem rechten Auge hatten begnügen müssen. Diese benachteiligten Vögel hatten dagegen einen deutlich stärkeren Hang zum gemeinschaftlichen Fliegen. Das wiederum passt gut zu der früheren Beobachtung anderer Forscher an Hühnern, wonach das rechte Auge für die individuelle Erkennung sowie soziale Signale ausgelegt ist.

14. Nicht alle sind Genies, und manche haben einen Vogel

Eine verkrachte Rotkardinal-Existenz

Gegen Ende seiner wissenschaftlichen Laufbahn fiel Ernst Schüz, eine Kapazität der Vogelzugforschung, durch den Bericht über einen seltsamen Vertreter der Rotkardinäle *(Cardinalis cardinalis)* auf. Die amerikanische Vogelart hatte er vierzehn Jahre lang in seiner Wohnung gehalten. Bei vielen Ornithologen des vorigen Jahrhunderts war die Pflege von Stubenvögeln Usus, auch dann, wenn dieses Hobby außerhalb des eigentlichen Arbeitsgebiets lag. Exponenten der klassischen Ethologie wie Klaus Immelmann und Jürgen Nicolai, ein Schüler von Konrad Lorenz, repräsentieren exemplarische Fälle dieser Liebhaberei.

Nur einmal war Schüz die erfolgreiche Brut seiner Rotkardinäle vergönnt. *Filius* blieb der einzige Überlebende der Zuchtbemühungen, und zwar nur deshalb, weil «sorgfältige Beobachtung das Junge rettete». Sonst wäre *Filius* das «Opfer einer vermutlich hormonalen Störung auf Seiten der Eltern» geworden. Sein Geschwister überdauerte jedenfalls die elterlichen «Wirrungen» nicht. Die Zoologen-Familie nahm *Filius* ganz in ihre Obhut und «brachte ihn durch», wie Schüz lapidar feststellt. Da bald, nach einem erfolglosen Zweitbrutversuch, die Rotkardinal-Mutter ebenfalls starb, stand als Artgenosse lediglich das alte Rotkardinal-Männchen zur Verfügung. Die beiden Individuen lebten allerdings in heftiger Dauerfehde. Nach einem Beschädigungskampf, den *Filius* verletzt überstand, wurden die beiden auf zwei Stockwerke des Hauses verteilt. Zehn Jahre verbrachte *Filius* im Schüz'schen Haushalt. Der Vogel, aufgrund seiner Vergangenheit handzahm, legte allerlei Schrulligkeiten an den Tag. Die Prägung auf den Menschen war die eine – durchaus verständliche – Seite.

Erstaunlich aber erscheint, wie unterschiedlich er mit den Mitgliedern der Stieffamilie umging. Der Gattin des Vogelforschers war er zugetan; sie wurde mit werbenden «Kolibri-Flügen» und Kopulationsversuchen bedacht. Dagegen zogen der Hausherr (also Ernst Schüz) und sein Sohn Angriffe auf sich, so dass regelmäßig sogar Blut floss. Die Tochter wurde mal attackiert, mal freundlich begrüßt, während der zur Familiengemeinschaft zählende Spaniel, obwohl «respektlos» behandelt, einen neutralen Part verkörperte, wie der Berichterstatter resümiert. Fremde Hunde allerdings fürchtete der Vogel. So widersprüchlich oder gebrochen das Tier wirkte, sein Auftreten stellte gleichwohl das Differenzierungsvermögen anschaulich unter Beweis.[44]

Bevor die möglichen tierpsychologischen Folgerungen aus solchen unmittelbaren Tier-Mensch-Begegnungen zur Sprache kommen, ist jedoch zunächst ein Blick auf die Antriebe der menschlichen «Mitspieler» zweckmäßig. Schon damals holte man sich auf diese Art sozusagen die Natur ins Haus. In dem vor wenigen Jahren herausgegebenen Buch *Ornithomania* ruft Bernd Brunner mehrere ausladende Beispiele der Ziervogelhaltung in Erinnerung. Zu den exzentrischen Vertretern dieser Gilde gehörte ohne Zweifel Alfred Ezra, der im südenglischen Surrey als Besitzer einer außerordentlich umfangreichen Vogelsammlung seine Liebe zu den geschnäbelten Geschöpfen bedingungslos auslebte. Selbst noch in seinem Schlafgemach brachte er in großem Stil gefiederte Pfleglinge unter. Beispielsweise fanden Kolibris und Nektarvögel, seinerzeit nur schwer zu haltende Kostbarkeiten, in seiner unmittelbaren Umgebung Unterschlupf. Auch Jean Delacour gehörte zu dieser exklusiven, herrschaftlichen Sorte ornithophiler Privathalter. Delacour entstammte einer begüterten Familie und wuchs seit der frühen Kindheit gewissermaßen zwischen dem zahlreichen Hofgeflügel auf. Er erwarb schließlich ein Schloss im französischen Clères, ließ dort Volieren und Gewächshäuser errichten und gründete einen Zoo, der bis heute existiert.

Der weltläufige Vogelfreund und Sammler lebender Vögel zwischen Karibik und Fernem Osten wurde im Alter von 62 Jahren zum Direktor des Los Angeles County Museum of History, Science and Art ernannt. Von da an pendelt er zwischen den USA und Frankreich. Längst zählte er zu den Giganten der Vogelkunde. Den bei einem Großbrand im Februar 1939 völlig verwüsteten Tierpark in seiner Heimat ließ er in dieser Periode in neuem Glanz wiedererrichten. Nach einem Leben voller Katastrophen und grandioser wissenschaftlicher Erfolge starb Delacour 1985 im Alter von 95 Jahren in Los Angeles.[45]

Offenbar kann sich der Mensch als Feind oder Freund der Vögel gebärden. Selbst die Vogelhaltung trägt den Keim einer gefährlichen Ambivalenz in sich. Die Faszination des scheinbar harmlosen Vergnügens wird nämlich mitunter zur tödlichen Falle ganzer Arten. Geradezu katastrophal wirkt sich die unbeschreibliche Begeisterung für diese Passion gegenwärtig in Indonesien aus, wo die Käfighaltung tief in der Landeskultur verankert ist.[46] Vor allem gesanglich attraktive Arten wie der Gelbscheitelbülbül *(Pycnonotis zeylanicus)* stehen hoch im Kurs; die genannte Art befindet sich am Rand der Ausrottung.[47] Andere Vogelarten stehen schlicht deshalb hoch im Kurs, weil der Wunsch nach Haltung gefiederter Haustiere so übermächtig ist.[48] Hinzu kommt die Vogeljagd zur Befriedigung des Fleischkonsums. Kürzlich präsentierten indonesische Vogelkundler erschreckende Bilder massenhaft erlegter Weißbrauendrosseln *(Turdus obscurus)* auf Sumatra. Zu Abertausenden werden diese Singvögel auf den Märkten feilgeboten.[49] Doch nicht nur auf den Straßenmärkten vollzieht sich das Geschäft mit den Vögeln hemmungslos. Bei spektakulären Vogelarten erfolgt der Handel heutzutage in großem Stil über das Internet.[50] Die südostasiatische Singvogelkrise gilt zurzeit als eine der weltweit größten Herausforderungen des Artenschutzes.[51] Akut steht das Überleben von mehr als dreißig begehrten Vogelformen, eine schöner als die andere, auf dem Spiel – darunter verschiedene Stare, Häherlinge und Buschelstern. Sie könnten in kürzester Zeit verschwinden. Mehr noch: Die Formenvielfalt des Sunda-Archipels droht insgesamt zu verschwinden.

Von den Temperamenten der Vögel

Kehren wir noch einmal zu *Filius* und seinen Eigentümlichkeiten und Marotten zurück. Rotkardinäle sind generell für ihre vielseitigen Ausdrucksmöglichkeiten bekannt. Filius' nuanciert abgestuftes Vorgehen im häuslichen «Familienverband» lässt jedoch darüber hinaus ein erhebliches individuelles Gestaltungspotential vermuten. Immerhin hatte er eine «gestörte» Kindheit und Jugend hinter sich und wurde schließlich von seinem Vater übel zugerichtet – alles «gute» Voraussetzungen für ein eigenwilli-

Abbildung 14-1: Blaumeisen. Alberner Hafen (Wien), 28.3.2003. Aufnahme: Christoph Roland

ges Verhalten, das vom Üblichen abweicht. Schüz erwähnt allerdings auch einen kuriosen Fall aus dem «Freiland», und zwar aus North Carolina, wo ein Rotkardinal regelmäßig Goldfische in einem Teich fütterte.[52]

Was im engen Kontakt mit Menschen, also unter «künstlichen» Bedingungen, noch den Verdacht vermenschlichender Fehleinschätzung aufkommen lässt, hat sich im Experiment und im natürlichen Umfeld mittlerweile bestätigt. *Charakter* und *Temperament* gelten im fachlichen Diskurs heute als anerkannte Begriffe, die in der Vogelkunde keinen Anstoß mehr erregen sollten. In den vergangenen zwanzig Jahren entwickelten Forscher Testverfahren, um etwa bei Kohl- und Blaumeisen Persönlichkeitsmerkmale ausfindig zu machen.[53] Zur Beschreibung individueller Profile dienen Bewegungsdrang (Aktivität), Aggressionsbereitschaft und die Neigung zum Anschluss an Artgenossen (Soziabilität). Zu solchen Charaktereigenschaften zählen auch Keckheit und ihr Gegenteil, die Scheu, genauso wie Neugier, Erkundungsstreben und ihr Gegenstück, die Ängstlichkeit gegenüber unvertrauten Situationen (Neophobie). Diese Annäherungen an das Wesen eines Vogels sind keineswegs vergleichbar mit den Anthropomorphismen, wie sie einst Brehms *Illustrirtes Thierleben* prägten. Darin war die Rede von fröhlichen Staren, mutigen Wanderfalken, von Bettlern, trägen und ungeschickten Gesellen, boshaften Papageien, durchtriebenen und mordlustigen Habichten und so fort. In der modernen Betrachtungsweise geht es hingegen um graduell abgrenzbare Verhaltenseigenheiten, die ein einzelnes Tier *auf Dauer* auszeichnen.

Ein Maß, das Ornithologen gerne zur Charakterisierung eines Vogels verwenden, ist beispielsweise die Erkundungsneigung. Zu Beginn dieses Jahrhunderts führte ein niederländisches Forscherteam dazu eine Untersuchung an zwei Kohlmeisen-Populationen durch. Über tausend Individuen, sämtlich Wildfänge, wurden in einer Voliere jeweils einzeln einem Verhaltenstest unterzogen. Dabei zeigte sich, dass Elternvögel und ihre Nachkommen unabhängig voneinander die ihnen fremde Umgebung mit verhältnismäßig ähnlichem Eifer erschlossen. Noch stärker war allerdings die Übereinstimmung zwischen Meisengeschwistern. Offenbar hinterlässt die Veranlagung, das heißt eine erblich beeinflusste Komponente, im Verhalten ihre Spuren.[54]

Derartige Persönlichkeitsmerkmale bleiben im Grunde auch unberührt davon, ob sich die betreffenden Tiere draußen in freier Natur bewegen oder einer Volierensituation ausgesetzt werden. Dies zumindest belegen Studien in Schottland zum Erkundungsverhalten und zur Neophobie von Blaumeisen.[55] Die im Freien observierten Vögel wurden mit Hilfe kleiner Transponder überwacht. Die Forscher wollten wissen, wie leicht eine Meise neue Futterplätze fand und wie stark sie sich von der Nutzung bekannter Futterplätze durch optische Veränderungen irritieren ließ. Bei der Studie am Loch Lomond fiel zudem auf, dass die beiden untersuchten Eigenschaften – Erkunden und die «Angst vor dem Ungewohnten» – zueinander in keiner Beziehung standen, nicht einmal in einer negativen. Mithin repräsentierten sie zwei voneinander unabhängige Charakterzüge oder Temperamente.

Mit zunehmendem Wissen entpuppen sich Stare, Meisen, Vögel überhaupt mehr und mehr als eigentliche Persönlichkeiten. Ein Beispiel: In einem Experiment wurden mehrere Dutzend Hirtenstare nacheinander darauf geprüft, ob sie angefärbten Reis als Nahrung erkennen und unter einem milchigen Deckel verborgenes Futter verwerten. Die Beobachter erfassten die Bewegungsaktivität der Tiere, ihre Ängstlichkeit gegenüber unbekannten Objekten sowie eine Reihe anderer Verhaltensparameter. Eine gute Hälfte der Vögel, nämlich 33 Individuen, löste die erste Aufgabe, und lediglich 13 Tiere bewältigten die schwierigere zweite. Dem restlichen Viertel der Versuchsteilnehmer blieb jeglicher Erfolg versagt. Zum Erstaunen der Wissenschaftler fanden sich unter den wenigstens einmal erfolgreichen Vögeln gerade acht Individuen, die beide Aufgaben meisterten.[56] Bei solchen Versuchsreihen sehen sich die Vogelkundler «schillernden» Verhaltenssyndromen gegenüber, die vielschichtig und daher schwer zu enträtseln sind. Die Standardtests der Wissenschaft zielen nichtsdestoweniger auf eine Handvoll Charakterkennzeichen. Ob der Individualität damit ausreichend beizukommen ist? Daran wird zweifeln, wer Papageien, Staren- und Krähenvertreter im Blick hat, ihre Vielseitigkeit im Auftreten und ihre Bandbreite bei kognitiven Tests.

Individuelle Abweichungen hatten aufmerksame Vogelkundler schon viel früher registriert. Ein besonders gelungenes Beispiel schilderte Jürgen Nicolai von seinem «Lieblingsvogel», dem Gimpel, über den er vor mehr als einem halben Jahrhundert seine Dissertation verfasste.[57] Wie eine Reihe seiner Verwandten tun sich diese Finkenvertreter gern an Löwenzahn gütlich. Sie fliegen den Stiel in halber Höhe an, klammern sich an ihm fest und ziehen ihn rüttelnd durch ihr Gewicht zu Boden. Dann laufen sie in Richtung des begehrten Köpfchens den Stiel entlang und machen sich darüber her. Ein Gimpelmännchen ging jedoch meistens «geradliniger» vor: In bequemer Standhöhe kappte es mit einem einzigen Biss den hohlen Löwenzahnschaft und beutete den heruntergesunkenen Fruchtstand aus. Zwar beherrschte es die klassische Methode ebenfalls, doch bevorzugte es die vermutlich selbst erfundene, elegante Alternative.

Durch Mensch und Technik sind die Lebensräume massiv verändert, ja großteils völlig umgestaltet worden. Da können neu erworbene Fertigkeiten ebenso wie gewisse Stärken des persönlichen Profils einem Vogel erhebliche Vorteile verschaffen.

Zum urbanen Leben verdammt

Seit diesem Jahrtausend lebt erstmals mehr als die Hälfte aller Menschen in Großstädten. Die Ballungszentren dehnen sich immer weiter aus, und Verdichtung ist angesagt. Gleichzeitig gehen unberührte Naturräume zunehmend verloren. Der Anteil urbaner, verbauter und versiegelter Areale steigt folglich unaufhaltsam. Sind damit aber die dem natürlichen Kreislauf entzogenen Flächen für die anderen Erdbewohner ein für alle Mal verloren?

Der Artenrückgang in den zu Beton, Stahl und Plastik degenerierten Biotopen lässt sich seriös wohl kaum bestreiten. Dass über ihren «Naturwert» dennoch nicht ganz so schematisch zu urteilen ist, zeigt eine vor einigen Jahren veröffentlichte britische Studie, wonach die Siedlungsdichte einer ganzen Reihe von Vogelarten mit zunehmender Wohnungsdichte ansteigt, sofern diese nicht eine gewisse Grenze überschreitet.[58] Immerhin ist dies für 27 Vogelarten belegt. Als Paradebeispiel darf die Amsel (siehe Abb. 2-1 bis 2-3) gelten.[59] Schon vor über fünfzig Jahren stellte der englische Ornithologe David W. Snow fest, dass Amseln in städtischen Gebieten viel dichter beieinander nisten als ihre im Wald lebenden Artgenossen. Ursprünglich waren unsere Amseln im Wald beheimatet. Doch vor mehr als 150 Jahren begannen sie, in Europa die städtischen Bereiche zu erobern. So gliedert sich ihre Population heutzutage in zwei «kulturell» unterschiedliche Kategorien: Stadt- und Waldamseln. Die verstädterten Amseln pflanzen sich früher im Jahr fort als ihre Genossen im Wald. Forscher vom Max-Planck-Institut in Andechs und Seewiesen fanden heraus, dass Münchner Amseln ihren Artgenossen aus einem Waldstück nur wenige Kilometer von der bayerischen Hauptstadt rund drei Wochen voraus waren! Auch im Hormonspiegel weisen die beiden «Siedlertypen» beträchtliche Unterschiede auf. Beispielsweise sind die in der Stadt geschlüpften Individuen gegenüber Stress robuster als die aus dem Wald stammenden Amseln. Kurzum, das Stadtleben verwandelte die ursprünglich scheue, einsiedlerische Schwarzdrossel in einen konfliktproben, eher langlebigen und sesshaften Vogel. Überdies dauert ein Amseltag in der Stadt länger als draußen im Walddunkel; schließlich sind die Städte nachts hell angestrahlt oder zumindest mit künstlichem Licht reichlich aufgehellt. Dementsprechend singen Stadtamseln noch lange nach Einbruch der Dunkelheit.

Stellen wir uns den Herausforderungen, mit denen Vögel in städtischen Ballungsräumen konfrontiert sind, dürfte die erste Frage lauten, wie es um die Ernährungslage in dem weithin abiotischen Milieu bestellt ist. Darüber hinaus zählt zu dem Bündel gravierender Umgebungsbedingungen auch das akustische Umfeld, also Auto-, Bahn- und Fluggeräusche, Baulärm, die vielfältigen Siedlungslaute und so fort. Wie gehen Vö-

gel damit um? Wie vermeiden sie es, dass ihre eigene Stimme im Groß-
stadtrauschen untergeht? Eine simple Art, damit fertigzuwerden, besteht
im Verlegen der Gesangsaktivität in relativ stille Tageszeiten. Dies tun
Rotkehlchen, indem sie die Gesangsaktivität bei hohem Lärmpegel großteils in die Nachtstunden hinein verschieben.[60] Schon früher hatten zwei
Ornithologen in Dortmund festgestellt, dass Buchfinken, Blau- und Kohlmeisen in einem innerstädtischen Park eher zu singen begannen als in einem sieben Kilometer entfernten Waldareal am Rand dieser großen In-
dustrie- und Handelsstadt des Ruhrgebiets.[61]

Was hat für Vögel die größeren Auswirkungen: die Lichtverschmutzung oder die durch den Menschen gesteigerte Geräuschkulisse? Dieser
Frage nahmen sich kürzlich Vogelkundler des traditionsreichen Seewiesener Max-Planck-Instituts an. Erste Anhaltspunkte hatte ihnen bereits die
Beobachtung einer Population der Blaumeise im Westen von Wien gelie-
fert. Dort war in einer ruhigen Wohngegend mit Straßenbeleuchtung eine
Nistkastenkolonie angesiedelt. Ein Teil der Meisenterritorien blieb nachts
deshalb künstlich erhellt. In diesen Revieren begannen die Meisenweib-
chen in der Brutsaison eineinhalb Tage früher mit der Eiablage als ihre benachbarten Artgenossinnen, deren Nistplätze nicht angeleuchtet waren.
Vor allem aber wirkte sich der Lichtstress unter den männlichen Meisen
aus. Die Männchen angestrahlter Reviere ergatterten doppelt so oft wie
ihre «naturlicht-dominierten» Geschlechtsgenossen ein «Zweitweibchen»,
mit dem sie wenigstens einen Jungvogel zeugten.[62]

In der Folge nahm das Seewiesener Team, nun in veränderter Besetzung, an mehreren Stellen in Süddeutschland die Gesangsaktivität, einen
mit der Fortpflanzung verknüpften Faktor, ins Visier. Neben der Blaumeise bezogen die Forscher diesmal fünf andere weitverbreitete Singvo-
gelvertreter ein, darunter Rotkehlchen und Buchfink. Bewusst hatten sie
diverse *nicht*städtische Areale ausgesucht, um den möglichen Einfluss des
Verkehrslärms und der Lichtverschmutzung zuverlässig unterscheiden zu
können. Neben aufgehellten, lautarmen Örtlichkeiten kontrollierten sie
geräuschvolle Lokalitäten und solche mit zugleich hoher Licht- und
Lärmbelastung. Das Ergebnis fiel überraschend eindeutig aus. Hohe
künstliche Lichtintensität hatte auf die Gesangsakitivität den stärksten Effekt, und zwar besonders krass am frühen Morgen. Mit Ausnahme der
Buchfinken setzten die Vogelmännchen unter dem künstlich veränderten
Lichtregime erheblich früher mit dem Gesang ein. Oftmals ließen sie be-

reits eineinhalb Stunden vor Sonnenaufgang ihre Stimme erschallen. Purer Verkehrslärm hatte dagegen, wenn überhaupt, nur einen geringfügigen Effekt.[63] Dennoch hinterlässt, wie etliche andere Untersuchungen zeigen, eine starke Schallkulisse ebenfalls ihre Spuren in der Vogelwelt. Bei hohem Geräuschpegel singen nämlich Vögel häufig lauter beziehungsweise mit höherer Stimme.[64]

Aliens und Parias

In einer radikal veränderten Umwelt, wie wir sie heute in den Städten vorfinden, erscheinen Individuen oder Arten im Vorteil, die einerseits forsch, andererseits aufmerksam, womöglich vorsichtig oder gar scheu gegenüber Fremdartigem auftreten. Gleichzeitig sollten sie lernfähig und für Erfindungen aufgeschlossen sein. Solche Eigenschaften kommen Krähen und etlichen Vertretern der Stare zu. Wohl aufgrund derartiger Fähigkeiten hat der Europäische, also «unser» Star – unter menschlicher Regie zunächst an mehrere «Startplätze» verfrachtet – große Areale zusätzlich in Besitz genommen (siehe Kapitel 5). So begann sein Siegeszug durch die USA mit hundert 1890 und 1891 im New Yorker Central Park freigelassenen Exemplaren, von denen allerdings nur 16 Paare überlebten.[65] Die Angehörigen der Spezies repräsentieren demzufolge in Nordamerika und anderswo Exoten.[66] Mittlerweile verfälschen allerdings viele Vogelarten die lokalen Faunen. Manche der Neuankömmlinge sind außerordentlich aggressive Arten und werden als regelrechte Parias wahrgenommen, die sogar alteingesessene Vogelformen in Bedrängnis bringen. Als eindrückliches Beispiel dafür steht der Hirtenstar, ein asiatischer Vetter unseres Stars. In Singapur stellt er zusammen mit zwei anderen *Aliens*, dem nahverwandten Javamaina *(Acridotheres javanicus)* und der Glanzkrähe *(Corvus splendens)*, die örtliche Fauna auf den Kopf.[67] Nach einer Schätzung bevölkern hundert- bis hundertsiebzigtausend Glanzkrähen, in gleicher Größenordnung Javamainas sowie zwanzig- bis dreißigtausend Hirtenstare den Stadtstaat. Ergänzt wird diese Armada robuster *Aliens* unter anderem durch die kopfstarken Populationen dreier eingeschleppter Papageien-Arten.[68]

Zum Studium krummschnäbliger Invasoren ist jedoch kein Flug nach

Singapur mehr nötig. Längst haben sich Papageien zwischen London, Brüssel und Istanbul eingenistet.[69] Somit kann man die exotischen Neozoen auch hierzulande bewundern, und das in diversen Ausführungen. Zu Tausenden siedeln sie zwischen dem Rheinland und dem Rhein-Neckar-Raum. Mit der Gelbkopfamazone *(Amazona oratrix)* lebt in Stuttgart gegenwärtig sogar eine Spezies, der in der ursprünglichen Heimat die Ausrottung droht.[70] (Allerdings haben die eingebürgerten Tiere den Makel, art- und rassenmäßig vermischt zu sein.) Kurioserweise verdrängt bereits eine Form, der Große Alexandersittich *(Psittacula eupatria)*, an manchen Stellen den zuerst etablierten Asiatischen Halsbandsittich *(P. krameri manillensis)*. Letzterer hat sich seit seiner Erstansiedlung in Köln (1969) körperlich im Verlauf weniger Generationen bereits verändert. Offenbar sind die Schnäbel breiter und größer, Schädel und Flügel in unseren Breiten länger als unter ihren Vorfahren aus dem Osten.[71]

Ein Aspekt der weltweiten Tendenz zur Faunendurchmischung lässt sich – unter nachgerade ironischem Vorzeichen – am Europäischen Star veranschaulichen. Paradoxerweise könnte die global so erfolgreiche Spezies jetzt auf dem angestammten Heimatkontinent ihrerseits unter den Druck vordringender Neozoen geraten. Dabei ist etwa an die wetterfesten und widerstandsfähigen Halsbandsittiche der Rheinebene zu denken. Größenmäßig sind Star und Sittich vergleichbar, sieht man vom erheblich längeren Steuer der ruffreudigen Immigranten[72] ab. Was geschieht, wenn die beiden Höhlenbrüter aufeinandertreffen? In verschiedenen Parkanlagen Südwestdeutschlands, in denen beide Arten nebeneinander vorkommen, begutachteten Biologen der Universität Heidelberg die Brutbäume sowie potentielle und tatsächlich benutzte Nisthöhlen.[73] Zunächst einmal zeigte der Zensus, dass Stare und Halsbandsittiche mit Abstand die häufigsten Bewohner der Höhlen waren. Indes bevorzugten Sittich und Star unterschiedliche Baumtypen. Die Sittiche entschieden sich in mehr als der Hälfte der Bruten für Platanen, wogegen Stare in der Wahl der Baumart weniger festgelegt schienen. Oft nahmen sie allerdings Eiche und Bergahorn in Beschlag. Umgekehrt nisteten die Sittiche in der letztgenannten Baumart trotz sechzig vorhandener Höhlen kein einziges Mal. Offenbar herrschte ein Überangebot an Brutkammern, blieben doch die meisten brauchbar anmutenden Höhlungen unbesetzt. Etwaiger Nistkonkurrenzdruck dürfte sich demnach in Grenzen gehalten haben. Zur Aufteilung des Höhlensortiments trug vermutlich eine Präferenz der Nistbäume nach Stammdicken bei: Die Brutpaare der Stare tendierten zu schlankeren Gehölzen, obwohl ihnen Hunderte unbelegter Höhlen in dickstämmigen Bäumen zur Verfügung standen. Das Papageienvölkchen schien also den Alteingesessenen nichts anzuhaben. Freilich liegen die Verhältnisse oft komplizierter. So ging im Biebricher Schlosspark, einer der Untersuchungsflächen, die Zahl beider Arten in wenigen Jahren drastisch zurück, wobei am Ende der Studie rund dreimal so viele Nisthöhlen gezählt wurden wie bei der ersten Bestandsaufnahme! Zumindest im konkreten Fall also Entwarnung für den befürchteten schädlichen Einfluss der Neubürger.

15. Die Vogelwelt im Anthropozän

Apokalypse der Geschnäbelten?

Klimawandel, Habitatzerstörung, Urbanisierung und Agrarindustrie. Das sind die Synonyme für die weltweite Vernichtung der Vogelfauna. Die physische Verfolgung von Vögeln zum Zwecke ihres Verzehrs oder im Interesse selbstsüchtiger Vogelhalter stellen weitere Bedrohungen dar. Und dort, wo nach Lösungen gesucht wird, um die globale Erwärmung zu dämpfen, tauchen mit Windfarmen und Solarparks neue Gefahren auf.

Vor dem Hintergrund all dieser Hiobsbotschaften kann die Frage nur lauten: Wie ernst steht es um die Vogelwelt? Was wird von der immer noch bezaubernden Vielfalt der Vögel bleiben? Wird diese Mannigfaltigkeit – oder werden wenigstens Reste davon – überhaupt noch zu retten sein? Unmittelbar sind die bedeutendsten Bestandsverluste in Südostasien und Brasilien zu erwarten. Beide Gebiete verkörpern Hotspots der Artenvielfalt. Im Amazonasbecken treiben Rohstoff- und Energiegewinnung sowie der Hunger der Agrarindustrie nach Weide- und Anbauflächen die Schrumpfung des Regenwaldes voran – und dies unter einer Art Schirmherrschaft des neu gewählten populistischen Präsidenten. Auf Java und Sumatra wüten lukullisches Verlangen, vor allem aber eine regelrechte Sucht nach sangesfreudigen oder anderweitig betörenden Hausgenossen und letztlich ein hemmungsloser Handel.[74] Zieht man etwa Thailand oder Costa Rica zum Vergleich heran, erscheinen die indonesischen Waldgebiete als geradezu leer gefegt. Der Wiener Tropenforscher Christian Schulze, der rund um den Globus in unterschiedlichen Biomen unterwegs war, spricht von auffallend stillen Wäldern.

Ganz allgemein sind die Inselfaunen vom Artentod besonders stark betroffen. Dort begrenzt der an sich schon knappe Raum die Ausweichmöglichkeiten. Vom Menschen verbreitete Neozoen stellen in diesen oft

überaus kleinen Lebensräumen die größte Gefahr dar. So versetzten ein-
geschleppte Katzen, Ratten und kleine Mardervertreter auf dem ver-
gleichsweise großen Doppelarchipel Neuseeland etlichen Spezies den
Todesstoß.[75]

Hierzulande geht die größte Bedrohung von der intensiv geführten
Landwirtschaft aus. Einst arbeiteten die Bauern *mit* der Natur, mittlerweile arbeiten sie auf der übergroßen Mehrheit der Flächen *gegen* sie. Es
ist leider wahr: Heute muss die Agrarindustrie als der Todfeind der Vogelwelt gelten. Deshalb haben es bei uns die Feld- und Wiesenvögel
besonders schwer. Ortolan, Grauammer, Schwarz- und Braunkehlchen
(Abb. 15-1), selbst Goldammer und Feldlerche – wo kann man ihnen noch
begegnen? Ihre Zahlen schrumpfen. Die Schlüsselfrage bilden der Fortbestand einer natürlichen Flora und das damit zusammenhängende Insek-
tenangebot. Bleiben die Gliedertiere aus, wird die Mehrheit der Vögel
ebenfalls verschwinden. Die gegenwärtige Entwicklung erscheint wie die
Neuauflage des *Stummen Frühlings,* den Rachel Carson Anfang der 1960er
Jahre beklemmend festgehalten hat. Damals war es ein Insektizid, das
DDT, das Greifvögeln den Garaus machte. Die heutigen Herbizide stellen
dagegen einen Großangriff auf die gesamte natürliche Pflanzenwelt und
ihre Bewohner dar – und zwar weltweit.

Ein weiteres, bislang weithin noch völlig unterschätztes Problem ergibt sich aus der Faunenfälschung. Sie ist ebenfalls auf allen bewohnten
Kontinenten im Gang und ebnet unentwegt die regionalen Tier- und
Pflanzengemeinschaften ein. Diese Durchmischung begünstigt der Klimawandel. «Eindringlinge» wie der Hirtenstar gefährden ansässige Vögel
unmittelbar durch Höhlen- und Nahrungskonkurrenz, womöglich aber
auch durch Übertragung ortsfremder Krankheitskeime. Manche der Invasoren vermischen sich mit verwandten ortsansässigen Vogelformen. So
würde der seltenen eurasischen Weißkopf-Ruderente *(Oxyura leucoce-
phala)* durch Bastardierung mit der amerikanischstämmigen Schwarz-
kopf-Ruderente *(O. jamaicensis)* ohne rigorose Kontrollmaßnahmen die
Ausrottung drohen.[76] Diese wurde in England eingebürgert und breitete
sich anschließend in das kontinentale Europa aus. Auch Artenschutzpro-
jekte können sich in dieser Hinsicht negativ auswirken, so in Mitteleuropa
im Fall des Habichtskauzes und des Uhus.[77]

Vom Uhu kennt man nicht weniger als 16 Unterarten. In Deutschland
stand der imposante Nachtgreif allerdings vor sechzig Jahren aufgrund di-

Abbildung 15-1: Braunkehlchen. Altvogel mit Futter. Tadten (Hanság, Burgenland), 10.6.2018. Aufnahme: Hans-Martin Berg

rekter Verfolgung und massiver Pestizidanwendung vor dem Aussterben. Um ihn vor diesem Schicksal zu bewahren, legten die Naturschützer mit Hilfe fremdblütiger Individuen ein groß angelegtes Zuchtprogramm auf. Infolgedessen wurden viele fremdblütige Individuen eingeführt. Tiergärten und andere Gehegeeinrichtungen beteiligten sich in großem Stil an dem Projekt. Zahllose Uhus wurden ausgewildert. Inzwischen ist der Nachtgreif wieder fester Bestandteil der heimischen Fauna. Bei einer kürzlich durchgeführten genetischen Analyse stellte sich freilich heraus, dass in und um Deutschland statt der früheren mitteleuropäischen Unterart eine Mischung sehr unterschiedlicher Uhus lebt. Das Beispiel reiht sich in die zunehmenden Fälle ein, in denen Arten und Unterarten – unter kräftiger Mitwirkung des Menschen – andere verdrängen und / oder bastardieren.[78] Diese Form der Globalisierung bildet auf längere Sicht eine der größten Bedrohungen für die Formenvielfalt, wie wir sie gegenwärtig noch kennen.

Was können wir für die Vögel tun?

Was bleibt in der urbanen Zivilisation außer Tauben, Stadtkrähen und ab und an eine Amsel? Unter dem Eindruck der radikalen Technisierung und Vernichtung ökologischer Nischen – selbst in den Städten! – ist sogar die Frage erlaubt: Und wann wird es selbst den *Aliens* und *Parias* an den Kragen gehen?

Mögen die Aussichten insgesamt noch so düster sein, aus der widersprüchlichen Beziehung zwischen Mensch und Vogel gibt es auch ein paar Erfolgsgeschichten zu melden, die Mut machen können. Der arg verfolgte Kolkrabe hat große Landstriche zurückerobert, See- und Fischadler brüten hier wieder in beachtlicher Zahl, und über unseren Alpen kreist wieder der Bartgeier.[79] Weltweit gibt es spektakuläre Beispiele. Sogar Vogelhalter und vor allem die oft schief angesehenen Tiergärten haben entscheidend dazu beigetragen. Ohne sie wäre der paradoxerweise seiner Schönheit wegen verfolgte Balistar längst ausgerottet.

Geradezu abenteuerlich erscheint im Rückblick die Rettung des majestätischen Kalifornischen Kondors *(Gymnogyps californianus)*, zum Teil gegen heftigen Widerstand aus der Naturschutzbewegung selbst.[80] Im natürlichen Lebensraum gab es 1985 gerade noch neun Tiere des bei Weitem gewaltigsten nordamerikanischen Vogels, die Abschuss und Vergiftung entkommen waren. *AC9*, den letzten Freilebenden seiner Art, fing man 1987 ein. Zusammen mit 18 Zoo-Individuen bildeten sie den Grundstock für die Wiedergeburt einer lebensfähigen Population des Vogelriesen. Zunächst startete man mit im Freiland entnommenen Nestlingen und Eiern, die im San Diego Wild Animal Park und Los Angeles Zoo ausgebrütet wurden; später folgten die expandierenden Zoozuchten. Nach 52 bis 54 Tagen Brutdauer geschlüpft, hatten die kleinen Geier zunächst eine überaus künstlich geprägte Lebensphase vor sich. Sie wurden mit nachempfundenen Kondor-Marionetten gefüttert und während der weiteren Entwicklung Mentorkondoren «überantwortet». Die Vermehrungsorte wurden um zusätzliche Zuchtstätten erweitert.

Die eigentliche Krönung des Unternehmens bildet die kontinuierliche Aussetzung der Vögel an verschiedenen Plätzen Arizonas und Kaliforniens. Inzwischen brüten Kondore wieder in ihrem angestammten Lebensraum. Das gigantomanisch anmutende Projekt war und ist an

Abbildung 15-2: Rhinozeros-vogel *(Buceros rhinoceros silvestris)* im Alter von einem Monat. Zoo Nashville, 3.7.2008. Aufnahme: Joe de Graauw

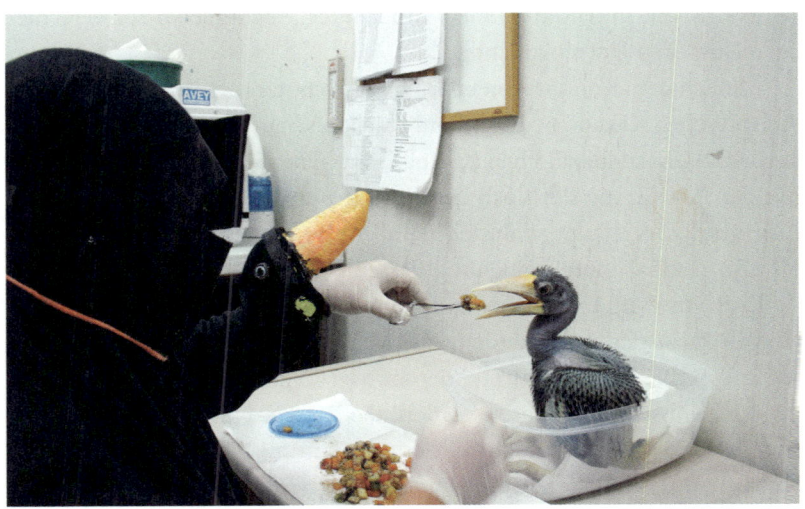

Abbildung 15-3: Handaufzucht eines Rhinozerosvogels unter Verwendung einer Altvogelattrappe. Zoo Nashville, 3.7.2008. Aufnahme: Joe de Graauw

Aufwand kaum zu überbieten und verschlang bis heute enorme Geldsummen.

Die in San Diego angewandte Elternattrappen-Methode setzt auch der Zoo in Nashville bei der Handaufzucht junger Rhinozerosvögel ein (siehe Abb. 15-2, 15-3). Die prächtigen, in ihrer Heimat stark gefährdeten Hornvögel kommen in drei markant voneinander abweichenden Formen vor. Eine davon lebt auf Java. Der amerikanische Zoo züchtet diese Unterart seit zehn Jahren mit großem Erfolg.[81] Anstelle einer Baumhöhle steht den Altvögeln hier für die Brut ein Fass zur Verfügung. Überwiegend erweisen sie sich als vorbildliche Eltern, und meistens wachsen zwei Jungvögel auf. Doch einige der 21 aufgezogenen Jungvögel wurden mit Hilfe der Attrappen künstlich aufgepäppelt. Schließlich sollen Fehlprägungen vermieden werden, so dass der Nachwuchs später einmal ein normales Sozial- und Brutverhalten zeigen kann.

Tiergärten verstehen sich ja nicht mehr als museale Schausteller kurioser Lebensformen, sondern in erster Linie als Bildungsstätten, die auch eine emotionale Brücke zu der uns umgebenden Organismenvielfalt schaffen wollen. Vor allem sollen hier Tierarten für eine Übergangsperiode ex situ, also außerhalb des eigentlichen Lebensraums, überdauern, bis sie dort wieder ausreichenden Schutz genießen und eine bleibende Perspektive haben. In diesem Sinne wurden auch Zuchtbücher für verschiedene Nashornvögel eingerichtet.[82]

Ähnlich dem Kondorprojekt erregt das Schutzprogramm für den neuseeländischen Kakapo in der Öffentlichkeit bis heute beträchtliches Aufsehen. Auf dem südpazifischen Inselpaar hat man allgemein viel Erfahrung mit der Bewahrung der noch verbliebenen ursprünglichen Fauna.[83] Die Ausrottung der Hauptgefährder, nämlich der eingeführten Raubsäuger, bis 2050 erhob die Regierung unterdessen sogar zur offiziellen Agenda.

Kurz vor der Jahrtausendwende standen die nachtaktiven und flugunfähigen Papageien dicht vor dem Aus. Vor allem weibliche Individuen waren knapp. Die letzten Vertreter der moosgrün gefiederten Spezies waren auf Kleinstinseln verfrachtet worden, die Ratten, Frettchen, Wiesel und anderes Getier bis dato nicht in Besitz genommen hatten. Nur deshalb konnte ein Rettungsversuch gelingen. Eine grundsätzliche Herausforderung bestand offenbar in der weitgehenden Abhängigkeit der Brutbereitschaft der «eulengesichtigen» Papageien von Mastjahren, vor allem vom massenhaften Fruchten des Rimu-Baums.[84] Daher nisten die Kakapo-

Weibchen in den meisten Jahren erst gar nicht. Aber auch davon abgesehen, haben wir es hier mit einem äußerst ungewöhnlichen Fortpflanzungsverhalten zu tun. Die Männchen buhlen in der Fortpflanzungsperiode von einem Arenakomplex aus mit einem gewaltigen Dröhnen ihres mächtig entwickelten Resonanzapparats in der Brust um die Geschlechtspartner. Die erheblich kleineren Weibchen – sie allein sind für die Brut und Aufzucht der Jungen verantwortlich – lassen sich allerdings nicht so leicht in Fahrt bringen [85] Indem die Naturschützer glaubten, mit Zufütterung die Fortpflanzungsrate zu heben, unterlief ihnen eine fatale Fehleinschätzung. Bei besonders üppiger Versorgungslage verschieben nämlich die Weibchen das Geschlechtsverhältnis der Nachkommen in Richtung des männlichen Nachwuchses, und zwar bereits mit der Eiablage! [86] Tendenziell wären damit die Weibchen immer rarer geworden, hätten die Naturschützer diese Lektion nicht ernst genommen und ihr Vorgehen angepasst. [87] So aber läuft ihr enthusiastisches Engagement gegenwärtig auf ein Happy End hinaus. [88]

★★★

Selbst wenn das Engagement der Naturschützer der Erhaltung der Arten gilt, so geht es den beteiligten Personen in der konkreten Tagesarbeit oft um bestimmte Individuen. Häufig, insbesondere bei extrem seltenen Arten, kennen sie ihre «Sorgenkinder» und geben ihnen womöglich Namen. Und nicht selten zeigt sich deren Individualität gerade in den Schwierigkeiten, mit denen derartige Rettungsprojekte konfrontiert sind. Beispielsweise beruhen die Zuchterfolge bei den erwähnten Rhinozerosvögeln auf einem einzigen Brutpaar, das offenbar harmonierte. Die Bildung neuer Paare kann sehr schwierig sein, wie der zuständige Kurator Joe de Graauw berichtet. Viele der Nachkommen wurden von Kansas bis ins tschechische Zlín verteilt, neue Paare zusammengestellt. Zudem warten einige der nachgezüchteten Vögel noch auf geeignete Partner. Bislang brachte die beachtliche Nachkommenschar jedenfalls keinen einzigen Enkelvogel hervor. [89] Überhaupt brauchen die großen Vögel einige Jahre, bis sie zur Fortpflanzung schreiten. Deutlich wird das auch bei einer anderen gefährdeten Spezies, dem Palawanhornvogel *(Anthracoceros marchei),* von dem drei Paare in europäische Institutionen gelangten. Allein die beiden Vögel des Warschauer Zoos erfüllten die Erwartungen, und dies gleich in drei aufeinanderfolgenden Jahren. Allerdings hatte es bis zur ersten Nachzucht fünf Jahre gedauert. *Sofia* und *Avilon* waren bei ihrer Ankunft zwei Jahre alt gewesen.[90]

Mit dem Interesse am einzelnen Schicksal steigt auch das Verständnis der Öffentlichkeit an Natur-, Arten- und Umweltschutz. Unter künstlichen Bedingungen sind individuelle Eigenheiten leichter zu entdecken als bei freilebenden Tieren. Auch Hinweise auf ein tierliches Bewusstsein sind hier eher der Beobachtung zugänglich. So lassen sich wissenschaftliche Neugier und das Anliegen eines umfassenden Vogelschutzes verbinden. Ein hervorragendes Beispiel für solche subtilen Detailstudien bilden die Untersuchungen der Ethologin Gisela Deckert an Grünflügelaras und Elstern. Noch vor der Flut der Experimente zur Intelligenz vor allem der Krähenvögel seit den späten 1990er Jahren gelangen ihr Beobachtungen, die an Originalität schwer zu überbieten sind. Besonders spektakulär erscheint mir das Spielverhalten zweier fünf Monate alter Elstern. Bei diesem Geschwisterpaar hatten bestimmte Spielgegenstände über Tage oder Wochen einen hohen Stellenwert. Das geradezu Geniale, was in einem Vogelhirn möglich ist, wenn sich die Begierde auf «einen bestimmten halben Pflaumenkern» richtet, soll wörtlich wiedergegeben werden: «Dieser wurde im Sand versteckt. Der Partner suchte und vergrub ihn nun seinerseits, möglichst hinter einem Stein oder einem Pfosten, so daß der andere es nicht sah. Hatte das Weibchen das Suchen aufgegeben, holte das Männchen den Kern wieder hervor und versteckte ihn so, daß seine Schwester es sehen konnte. Sie kam auch sogleich, schleuderte an der Stelle, wo sie den Kern wähnte, Sand weg, doch oft nicht genau an der richtigen Stelle. Das Männchen beobachtete gespannt, dann ging es einige Schritte beiseite und grub hier besonders eifrig. Die Partnerin kam sofort dazu und hackte hier auch den Sand weg. Da sie nichts fand, gab sie schließlich auf, worauf ihr Bruder an das Versteck eilte, dessen Lage er offenbar ganz genau kannte, und mit einem Schnabelhieb die Trophäe wieder hervorzog. Dieses Täuschungsmanöver machte er öfter.»[91] Es fällt schwer zu glauben, dass hier keine Affekte und Bewusstseinsvorgänge im Spiel waren. Sollte dieser Verdacht, über den Fall der beiden Elstern hinaus, «allgemeiner», das heißt auf andere Verhaltensbereiche und andere Vogelarten zutreffen, wird ein Zusammenhang zwischen erlebnishafter Erfahrung – oder besser Bewusstseinsformen – und Individualität immer wahrscheinlicher.

Dank

Für die Entstehung und Gestaltung des Buches habe ich vielen Menschen zu danken. Sie alle hier ausdrücklich zu nennen, ist leider nicht möglich. Der Weg zu diesem Buch führte von meinen ersten Beobachtungen in den Tiergärten von Frankfurt und Zürich letztlich bis zu Studien in Südafrika und Thailand. Unendlich viele Anregungen habe ich von meiner Studienzeit an durch meine Freunde erfahren. Aus meinem Wiener Umfeld möchte ich vor allem Erwin Nemeth, Alexander Seidel und die leider schon verstorbene Anita Gamauf nennen.

Bei der Suche nach einem Verlag halfen mir entscheidend Mag. Gerald Schmickl und Dr. Andreas Wirthensohn. Dass der Verlag C.H.Beck auf das Buchprojekt vertraute, bedeutet für mich ein großes Glück. Besondere Dankbarkeit empfinde ich gegenüber Dr. Stefan Bollmann. In ihm begegnete mir ein verständnisvoller und feinsinniger Lektor und Kritiker, dank dessen Einfühlungsvermögen und Sorgfalt das Buch wesentlich gewonnen hat. Durch ihre Aufmerksamkeit beim Korrekturlesen und bei der exakten Registererstellung gab Angelika von der Lahr dem Buch den letzten Schliff.

Für die bildliche Ausgestaltung des Buches erhielt ich von mehreren Seiten tatkräftige und uneigennützige Unterstützung. Mit schönen Motiven haben mich vor allem Christoph Roland, Otto Samwald und mein Studienfreund der ersten Stunde Georg Krohne (Würzburg) versorgt. Hans-Martin Berg vom Naturhistorischen Museum in Wien half mir darüber hinaus immer wieder bei der Literatursuche.

Prof. Martina Weber komponierte auf meine Sonderwünsche hin mehrere Abbildungstafeln. Etliche Bilder erhielt ich von weit außerhalb. Auf Vermittlung von Dr. Karl Schulze-Hagen stellte mir Oldřich Mikulica (Tschechische Republik) die wunderbaren Kuckucksphotographien zur Verfügung. Russell A. Ligon und Edwin Scholes III vom Cornell Lab of

Ornithology (Ithaca/New York) stimmten der Verwendung einiger Motive aus ihren Publikationen zu. Hervorzuheben ist die wunderschöne Vorlage von Kókay Szabolcs zur Paradiesvogel-Evolution. Weiterhin unterstützten mich bei der Bildbeschaffung Professor Dustin R. Rubenstein (Columbia University, New York) und Professor Sarah Guindre-Parker (Kennesaw State University, Georgia) sowie Zoltan Kovacs (Ungarn). Sie bedienten mich außerdem mit Auskünften über ihre Aufnahmen. Joe de Graauw vom Zoo Nashville (Tennessee) ließ mir über die Nashornvogel-Motive hinaus wichtige Informationen zum entsprechenden Artenschutzprogramm zukommen.

Die überwältigende Gastfreundschaft und Unterstützung, die ich, oft gemeinsam mit meiner Familie, in Thailand wie in Südafrika durch etliche Personen vielfach genießen durfte, bleiben mir unvergesslich. Eigens hervorheben muss ich die Hilfe durch Professor Pilai Poonswad (Mahidol University, Bangkok) und Siriwan Nakkuntod. Sie haben mir in Thailand jede nur vorstellbare Unterstützung gewährt, mich mit meiner Familie beherbergt und über viele Jahre meine Forschungsinteressen gefördert. Die zum Abdruck freigegebenen Hornvogelbilder des Thailand Hornbill Project bilden dabei nur eine Zugabe. Besonders verbunden bin ich Adrian Craig (Grahamstown) und seiner Familie. Was ich Adrians Integrität und Einsatz zu verdanken habe, lässt sich kaum in Worten ausdrücken. Das Ostkap ist mir so zu einer zweiten Heimat geworden.

Den Schlusspunkt setzen soll der Dank an meine Familie, vor allem an meine Frau. Susanne hatte stets Verständnis, sie beriet mich nicht nur einmal beim Schreiben und ertrug meine nächtlichen Schreiborgien. Oft musste sie zurückstehen und war zugleich das Ohr zur Außenwelt. Danke.

Anmerkungen

I. DIE ÜBERWÄLTIGENDE MANNIGFALTIGKEIT

1 p. 375 in: Alfred Russel Wallace *Abenteuer am Amazonas und Rio Negro*, 2014
2 p. 359 in: Alfred Russel Wallace, *Abenteuer am Amazonas und Ric Negro*, 2014
3 HBW, vol. 8, p. 49 (2003)
4 p. 137 in: Alfred Russel Wallace, *Abenteuer am Amazonas und Rio Negro*, 2014
5 Podos & Cohn-Haft (2019), E. Nemeth (pers. Mitt.)
6 vgl. Nachwort von M. Glaubrecht in: Alfred Russel Wallace, *Abenteuer am Amazonas und Rio Negro*, 2014
7 p. 95–97 in: Alfred Russel Wallace, *Abenteuer am Amazonas und Rio Negro*, 2014
8 Wallace (1869: 175–177)
9 siehe p. 329 ff. in Wallace (1869)
10 siehe p. 407–409 u. 694–696 in Wallace (1869)
11 siehe p. 677 in Wallace (1869)
12 Lorenz (1935)
13 von Uexküll & Kriszat (1956: 82)
14 HB 9 (1980)
15 Birkhead (2015)
16 Birkhead (2015); HB 9 (1980)
17 dazu Schifferman & Eilam (2004), Taylor (1994) zitierend
18 HB 9 (1980), p. 269–271
19 Browning et al. (2016)
20 vgl. Birkhead (2015: 42) zum Bartkauz, Tryon (1942, Wilson Bull. 55, p. 130–131) zitierend
21 Schifferman & Eilam (2004)
22 Bunn et al. (1982)
23 Birkhead (2015: 42)
24 Birkhead (2015: 44), Konishi (1973, How the owl tracks its prey, American Scientist 61, p. 414–424) zitierend
25 HBW 5 (1999)
26 Browning et al. (2016)
27 z. B. März (1949)
28 Knudsen & Knudsen (1985)
29 Birkhead (2015)
30 Mitkus (2015)
31 Brinkløv (2013)
32 HBW 5 (1999)
33 David Holyoak & David W. Snow in Perrins (2003: 345), Birkhead (2015)
34 Earl of Cranbrook et al. (2013)
35 Konishi & Knudsen (1979), zitiert in Birkhead (2015)
36 Mascha (1905)
37 Baumann (1906)
38 Ji & Ji (1996)
39 Chen et al. (1998)
40 Xing & Norell (2006)
41 Lovette & Fitzpatrick (eds., 2016)
42 siehe p. 328–333 in Wallace (1869)

43 Wallace (1869), HBW 2 (1994)
44 Jaeger (1949)
45 HBW 1 (1992)
46 Duncker (2000)
47 Duncker (2000: 27)
48 Stresemann (1951)
49 Bergmann et al. (2008), Bergmann (2015)
50 Haffer (2001a)
51 Haffer (2003)
52 Bezzel (1993)
53 HB 12 (1991)
54 Haffer (2001a)
55 Haffer (2001a)
56 Bergmann et al. (2008)
57 Makowski (1961/1965)
58 Eens (1997)
59 HB 12 (1991)
60 HB 12 (1991: 1386)
61 HB 12 (1991: 1430)
62 P. H. Becker (1976)
63 P. H. Becker (1976)
64 Zimmer (1982)
65 Thaler (1979)
66 HB 12 (1991: 1439)
67 HB 12 (1991: 1439–1440 incl. Verweis auf Thaler 1981)
68 Berthold (1971)
69 siehe auch: Eens, M., R. Pinxten & R. F. Verheyen. 1992. Hybrids between European Starlings *Sturnus vulgaris* and Spotless Starlings *Sturnus unicolor* in captivity. Acta Zoologica et Pathologica Antverpiensia 82: 35–39
70 Motis (1992)
71 J. Becker (2007)
72 Nach aktuellem Stand; früher wurden Nachtigall und Sprosser den Drosselvögeln (Turdidae) zugerechnet.
73 Lille (1988: 154 u. 155)
74 J. Becker (2007)
75 Haffer (2001b)

76 Haffer (2005)
77 Haffer (2001b)
78 Nöhring (1973), Rensch (1979: 54–68)
79 Benstead mündl. in: BirdLife International. 2018. Species factsheet: *Leucopsar rothschildi*
80 Haffer (2001b)
81 Mayr & Diamond (2001)
82 Haffer (2005)
83 Curio (2005)
84 Feduccia (2001)
85 dazu Eck (2001)
86 vgl. HBW 11 (2006: 649–651)
87 vgl. z. B. Stuessy (2009)
88 Lovette & Fitzpatrick (eds., 2016)
89 Franzen (2013, 2018)
90 Stuessy et al. (eds., 2018), J. Greimler (pers. Mitt.)
91 Hahn et al. (2004)
92 Gonzalez (2014)
93 Hahn et al. (2004)
94 Salvinsturmvogel *(Pterodroma externa)* u. Stejnegersturmvogel *(P. longirostris)*: de L. Brooke (1987), HBW 1 (1992: 244 u. 247)
95 HBW 1 (1992)
96 Grubb (1979) für den Wellenläufer *(Oceanodroma leucorhoa)*; Bonadonna & Bretagnolle (2002)
97 HB 11: 851 (1988)
98 Sontag (1986, J. f. Ornithol. 127 [3]: 392 u. unpubl.)
99 Sontag (1986, J. f. Ornithol. 127 [3]: 392 u. unpubl.)
100 Svensson et al. (1999)
101 Kemp (1990; 1995: 94–95, pl. 3.5)
102 Kemp (1990), Kemp & Kemp (2007)
103 HBW 1 (1992: 211)
104 Berger & Berger (1968), HBW 1 (1992), Robb et al. (2008: 160)
105 Moritz (1980), zitiert in Hüppop & Hüppop (2012)
106 Hatch & Nettleship (1998); HBW 1

(1992: 235) gibt für die Art ca. 9
(5–12+) Jahre an.
107 Mallory (2006), Franeker & Luttik
(2008)
108 Mallory (2006: 191)
109 HB 4 (1971/1979)
110 Voipio (1953), Honza et al. (2006),
Trnka et al. (2015)
111 Honza et al. (2006: 630, mit Verweis
auf Paulson 1973)
112 Trnka et al. (2015)
113 Hediger (1932)

114 Keller (1975)
115 Perals et al. (2017, Animal Behaviour
123, p. 69–79; bes. p. 69–70)
116 Steinmeyer et al. (2010)
117 Hediger (1980)
118 Lorenz (1963)
119 Birkhead (2015)
120 Hediger (1947)
121 Birkhead (2015: 78–84)
122 Birkhead (2015: 153)
123 Emery & Clayton (2001)
124 Maser (1975)

II. ZWISCHEN PARTNERSCHAFT UND FEINDSCHAFT

1 HB 13/III (1993: 1831, 1819, 1821–1822;
1490, 1497)
2 Heinrich (1992)
3 Heinrich (1992: 191)
4 Marzluff & Angell (2005)
5 Marzluff & Angell (2005: 180–182)
6 HD 14/I (1997)
7 HD 10/II (1985)
8 Broom et al. (1976)
9 Feare (1984: 46), HB 13 (1993)
10 HB 13 (1993)
11 Feare (1984)
12 Feare (1984: 49)
13 HB 13 (1993)
14 Schneider (1972: 75)
15 Marzluff et al. (1996)
16 Marzluff et al. (1996)
17 Feare (1984)
18 Sudfeldt et al. (2013), Heldbjerg
(2016), Versluijs et al. (2016). In
Holland fiel die Überlebensrate
juveniler Stare von 0,33 (1960) auf
0,12 (2012), dagegen stieg dort die
Stallhaltung der Milchkühe
zwischen 1997 und 2012 von 8 auf
30 Prozent (Versluijs et al. 2016: 162).
19 Rodriguez et al. (2010)
20 Cranmer-Byng (1990)

21 genau genommen: relativ weitaus
häufiger
22 HB 13/III (1993)
23 Massei & Genov (1995)
24 Massei & Genov (1995)
25 Wills (2013); eigene Beob. (Nepal,
Thailand)
26 HB 13 (1993)
27 Haffer (1988), Sontag (2016)
28 Genov et al. (1998)
29 Mikula & Tryjanowski (2016)
30 Stahler et al. (2002)
31 Heinrich (2002: 214)
32 Mech (1970, The Wolf), zit. in
Heinrich (2002: 340)
33 Heinrich (2002: 418)
34 Vucetich et al. (2004: 1118)
35 Vucetich et al. (2004: 1118), Hayes et
al. (2000) zitierend
36 Hayes et al. (2000), Kaczensky et al.
(2005)
37 Vucetich et al. (2004)
38 vgl. Kaczensky et al. (2005: 107)
39 Marler (1957)
40 Marler (1955, 1959), Marler &
Hamilton (1972: 438–439)
41 Marler & Hamilton (1966)
42 vgl. Magrath et al. (2007)

43 Haftorn (2000)
44 Marler; HB 13 (1993) u. a.
45 Thielcke (1970), Suzuki (2016)
46 Marler (1957)
47 Templeton & Greene (2007)
48 Hurd (1996)
49 Templeton & Greene (2007)
50 HBW 5 (1999: 211)
51 vgl. Caffrey (1999), HBW 5 (1999)
52 Templeton & Greene (2007)
53 Thielcke (1970: 58 f.)
54 Calvert et al. 2013 u. v. a.
55 Crick et al. (2002: 266), Versluijs
    et al. (2016); als ungefähres Maß
    ziehe ich die englischen und
    holländischen Daten heran.
56 Becker et al. (2016)
57 Zittra et al. (2016) u. a.
58 Bosch et al. (2012)
59 BirdLife Österr. 2017: Jahresber.,
    p. 28, Quillfeldt et al. (2018)
60 Berndt & Meise (1958), Shayegani et
    al. (1984), Vidal et al. (2013)
61 Gärtner (1981), Mikulica et al. (2017)
62 Gärtner (1981)
63 10+ und 29 Individuen
64 Hampton (1994)
65 von Uexküll & Kriszat (1956)
66 Prior et al. (2008)
67 Carter et al. (2008)
68 von Bayern & Emery (2009)
69 de Kort et al. (2006)
70 Lorenz (1931), HB 13 (1993), de Kort
    et al. (2006), von Bayern & Emery
    (2009)
71 Lorenz (1931)
72 HB 13 (1993), Johnsson (1994)
73 Weidinger (2009)
74 Weidinger (2010)
75 Schaefer (2004)
76 Hurd (1996)
77 Bezzel et al. (1976)
78 Sudfeldt et al. (2013: 35), Breuer
    (2014) u. a.

79 Busche et al. (2004)
80 Dudaniec & Kleindorfer (2006);
    Fessl et al. (2006a, b); Fessl et al.
    (2010); Cimadom et al. (2014, bes. p. 1
    u. 7); Kleindorfer & Sulloway (2016)
81 Blancher (2013); Woods et al. (2003),
    zit. in Blancher (2013)
82 Menzel (1970)
83 Mikulica et al. (2017: 21, 45)
84 vgl. Mikulica et al. (2017: 20)
85 vgl. Hallmann et al. (2017), Mikulica
    et al. (2017: 148–149)
86 Gärtner (1981)
87 z. B. Vega et al. (2016)
88 Nicolai (1965)
89 Mikulica et al. (2017: 51)
90 Gärtner (2002)
91 Mikulica et al. (2017: 80)
92 Davies (2000), zit. in Gärtner (2002)
93 Schulze-Hagen et al. (2009)
94 Jenner (1788), zit. in Miculica et al.
    (2017: 79)
95 Lottinger (1776), zit. in
    Schulze-Hagen et al. (2009)
96 Moksnes & Røskaft (1995), zit. in
    Schulze-Hagen et al. (2009: 6)
97 Gärtner (2002)
98 Miculica et al. (2017: 80, 95)
99 Gärtner (2002)
100 Wyllie (1981), zit. in Gärtner (2002:
    235)
101 Gärtner (2002)
102 Erlinger (1984)
103 Ausnahmen dazu: siehe Erlinger
    (1984: 27)
104 Grim et al. (2003)
105 Miculica et al. (2017: 118)
106 Walter (2010)
107 Yom-Tov (1980), HBW 1 (1992),
    Magige et al. (2010)
108 Dunett (1955)
109 Yom-Tov et al. (1974, Daten aus
    Dunnet 1955 u. Anderson 1961, nahe
    Aberdeen gewonnen)

110 siehe Bullough (1942)
111 Ricklefs (1974), zit. in Yom-Tov (1980)
112 Yom-Tov et al. (1974)
113 Evans (1988)
114 Feare & Burham (1978)
115 Evans (1988)
116 gemeint ist: in einem oder mehr als einem Gelege
117 Evans (1988); HB 9 (1980: 203)
118 z. B. Loyau et al. (2005), Jackson (1992)
119 Raethel (1973): Krankheiten der Vögel, Stuttgart: Franckh; Dolnik et al. (2010): Ardea 98 (1): 97–103; Lawson et al. (2015): Sci. Rep. 5:

17020, doi: 10.1038/srep17020; Sontag (2016: Abb. 29)
120 Roulin (1999): Stealing of nest material in *Ploceus cucullatus nigriceps*: costs and benefits of coloniality, Ostrich 70 (2): 152; Lavers & Jones (2007): Impacts of intraspecific kleptoparasitism and diet shifts on Razorbill *Alca torda* productivity at the Gannet Islands, Labrador. Mar. Ornithol. 35 (1): 1–7; Jackson (1992); Jackson (1993): Causes of conspecific nest parasitism in the Northern Masked Weaver, Behav. Ecol. Sociobiol. 32 (2): 119–126

III. FORTPFLANZUNG – ZWISCHEN TREUE UND UNTREUE

1 Edwards (1985)
2 HB 11 (1988)
3 Bezzel (1993)
4 z. B. Dunnet (1955)
5 Pinxten et al. (1989a, 1989b), Pinxten & Eens (1990, 1994), Sandell et al. (1996)
6 Sandell et al. (1996)
7 Pinxten & Eens (1990, 1994)
8 Pinxten & Eens (1990: 1044–1045)
9 Pinxten et al. (1993a, 1994)
10 Bruun et al. (1997)
11 Pinxten et al. (1989a: 47)
12 Mikulica et al. (2017) u. a.
13 Sick (1970)
14 dtsch. Rotbürzelpipra
15 Sick (1970)
16 HBW 2 (1994)
17 siehe p. 332–333 in Wallace (1869)
18 Lack (1968), zit. in Avise (1996: 16)
19 Mikulica et al. (2017)
20 Bezzel (1993), HB 10 (1097, 1101)
21 siehe HB 10/II (1985), Burke et al. (1989); Hatchwell & Davies (1992:

620), auf Davies & Lundberg (1984) verweisend; Bezzel (1993)
22 HBW 1 (1992), Perrins ed. (2003)
23 Andersson (2005), Vishnudas & Krishnan (2013)
24 Studie in einem 325 ha großen Mischnadelwald im Emsland (Dietrich et al. 2004)
25 vgl. Rathmann (1996): Untersuchungen zum Fortpflanzungsverhalten von Blaumeisen (*Parus caeruleus*) mit Hilfe des DNA-Fingerprinting, Diplom-Arbeit, Fr.-Wilhelms-Univ. Bonn (zit. in Lubjuhn 2005: Vogelwarte 43, no. 1, p. 3–13); Kempenaers et al. (1997): Extrapair paternity in the Blue Tit (*Parus caeruleus*): female choice, male characteristics, and offspring quality, Behav. Ecol. 8 (5): 481–492; Charmantier et al. (2004): Do extra-pair paternities provide genetic benefits for female Blue Tits *Parus caeruleus*? J. Avian Biol. 35 (6): 524–532

26 Biographische Angaben zu F. W. Merkel: Wiltschko et al. (2003)

27 z. B. Merkel (1978 f.)

28 Merkel (1978) in *Luscinia* 43: 177

29 Merkel (1979: 350)

30 Merkel (1978)

31 Schneider (1972)

32 Merkel (1978), Pinxten et al. (1989a)

33 Merkel (1978)

34 Pinxten et al. (1993b)

35 Pinxten et al. (1993b)

36 Merkel (1979)

37 z. B. Adret-Hausberger et al. (1989)

38 Eens et al. (1991)

39 Details in Sontag (2016: Kapitel 7)

40 Bennett et al. (1997)

41 Rand & Gilliard (1967): Handbook of New Guinea Birds, London; Dumbacher et al. (2000): Proc. Natl. Acad. USA 97: 12970–12975

42 Wallace nannte in seiner Liste zwar 18 Arten, aber die letztgenannte versah er mit Fragezeichen. Zu Recht – denn sie gehört tatsächlich (nach heutigem Verständnis) zu den Laubenvögeln (Ptilonorhynchidae).

43 Wallace (1869, p. 548–549: Aru-Inseln 1857)

44 Wallace (1869, p. 574: Aru-Inseln 1857)

45 Wallace (1869)

46 HBW 14 (2009)

47 Wallace (1869: 682–683)

48 siehe Clench (1978), Frith (1994), HBW 14 (2009)

49 Clench (1978: 424)

50 Clench (1978)

51 vgl. Clench (1978: 428), Thorpe (in Gilliard 1969) zitierend

52 Beehler (1990), HBW 14 (2009)

53 vgl. Haffer (1988: 32–34)

54 HBW 14 (2009)

55 vgl. Haffer (1988)

56 Grzimeks Tierleben, Bd. 9 (1970)

57 p. 484–486 in Rand & Gilliard (1967, Handbook of New Guinea Birds, London)

58 Scholes & Laman (2018)

59 vgl. Tab. 1 in Koch (2018): Zoosyst. Evol. 94 (2): 315–324

60 Ligon et al. (2018)

61 Frith (1992: 84)

62 HBW 14 (2009)

63 Bishop (1992), Frith (1992)

64 Ligon et al. (2018: Fig. 3C)

65 vgl. Ödeen & Håstad (2013), Sontag (2016: Kapitel 7)

66 Ödeen & Håstad (2003): Mol. Biol. Evol. 20: 855–861; Ligon et al. (2018)

67 McCoy et al. (2018)

68 Haffer (2001): J. f. Ornithol. 142, Sonderh. 1: 27–93

69 Frank (1939)

70 Pepperberg et al. (2008)

71 Diamond (1986)

72 Kelley & Endler (2012)

73 Hunt & Gray (2006); St. Clair, J. J. H. et al. (2016): Biol. J. Linn. Soc. 118 (2): 226–232; u. a.

74 HB 6 (1975)

75 Küpper et al. (2016)

76 HB 6 (1975)

77 Küpper et al. (2016)

78 Chimchome et al. (1998)

79 z. B. Bangkok Post, Bericht 12.2.2018: Santuary with a proud past

80 Simcharoen et al. (2007)

81 Kinnaird & O'Brien (2007: 42)

82 Kinnaird & O'Brien (2007)

83 vgl. Poonswad (2012: 19)

84 Kemp (1995: 233)

85 Plongmai et al. (2005)

86 vgl. Poonswad (2012: 143 f., 146–147, 150–151)

87 Chimchome et al. (1998)

88 Ouithavon et al. (2005)

89 P. Poonswad, pers. Mitt., Chimchome et al. (1998: 130)

90 siehe Seuter (1970): Zool. Jahrb. Physiol. 75: 342–359

91 Kannan & James (1997: 457)

92 z. B. Poonswad (2012)

93 Poonswad et al. (2012): J. Ornithol. 153 Suppl. 1: S49-S60

94 Poonswad et al. (2013: 5)

95 Kinnaird & O'Brien (2007: 129–130), Poonswad et al. (2013: 31 u. 135)

96 Kinnaird & O'Brien (2007), Poonswad et al. (2013), siehe auch Kannan & James (1997)

97 z. B. Kemp (1995)

98 Kinnaird & O'Brien (2007: 104)

99 Hornbill Nest Adoption Report 2011/GH#5: p. 1–12

100 genau: 119 Tage

101 Kannan & James (1997: 460), Kinnaird & O'Brien (2007: 139)

102 Goyal & Saxena (2018): Indian Birds 14 (4): 119

103 Poonswad et al. (2013: 118–121)

104 Hornbill Nest Adoption Report 2013/WCH#11: p. 1–12; der erwähnte Brutbaum war ein *Scorodocarpus borneensis*.

105 Jouventin et al. (2007), Huyvaert, K. P. & P. G. Parker. 2010. Extra-pair paternity in Waved Albatrosses: genetic relationships among females, social mates and genetic sires. Behaviour 147 (12): 1591–1613.

106 Young et al. (2008)

107 Griggio & Hoi (2011): Anim. Behav. 82 (6): 1329–1335, Hoi & Griggio (2012): PLoS ONE 7 (2): e32806, doi:10.1371/journal. pone.0032806, Lovász et al. (2017): North-Western J. Zool. (Oradea) 13 (2): 297–302

108 Franz (1991), Bezzel (1993)

109 Szulkin et al. (2012)

110 Szulkin et al. (2007): J. Evol. Biol. 20 (4): 1531–1543

111 Szulkin et al. (2012)

112 Griggio & Pilastro (2007)

113 Pilastro et al. (2001)

114 Griggio & Pilastro (2007: 783, Pilastro et al. 2002: Anim. Behav. 63: 967 ff. zitierend)

115 HB 13 (1993)

116 Russell & Hatchwell (2001); in Sontag (2016) wurde irrtümlich die Verwandtschaft von Jungvögeln mit älteren Geschwistern als Helfern betont.

117 Rubenstein (2016)

118 Rubenstein (2016)

119 Rubenstein (2007)

120 Rubenstein (2016)

121 Russell & Hatchwell (2001)

122 vgl. Le Bohec et al. (2005): Animal Behaviour 70 (3): 527–538

123 Raethel (1969)

124 Bruggers & Elliott (1989)

125 Prozesky (1964)

126 Robel (2008)

IV. DIE SINNE DER VÖGEL UND DER ZUSAMMENPRALL MIT DEM MENSCHEN

1 HB 11 (1988)

2 Lack (1943)

3 vgl. HB 11 (1988)

4 Birkhead (2015: 68)

5 HBW 1 (1992)

6 Bergmann (2015)

7 Taktvoll, no. 8, p. 12, 15.11.2014

8 Eleonore Büning in F. A. Z., 24.11.2014

9 siehe Sontag (2016)

10 Chernetsov (2016) u. a.

11 K. Schmidt-Koenig, 1980, Das Rätsel
    des Vogelzugs, p. 180–194, Hamburg:
    Hoffmann & Campe

12 Nevitt (2008), Nevitt et al. (2008)

13 Der Wanderalbatros (Diomedea
    exulans), bis vor kurzem allgemein
    in verschiedene Unterarten
    aufgeteilt, wird neuerdings in der
    Systematik bevorzugt in ver-
    schiedene Arten gesplittet. Das hier
    abgebildete Exemplar der ehe-
    maligen Unterart gibsoni ist somit
    der eigenen Spezies Diomedea gibsoni
    zuzurechnen.

14 Nevitt (2008), Nevitt et al. (2004);
    mit den Sturmvogelvertretern sind
    hier Pachyptila sp., Oceanodroma sp.
    und Procellaria sp. gemeint.

15 Nevitt (2008)

16 Bonadonna & Bretagnolle (2002),
    Nevitt & Bonadonna (2005)

17 Rensch & Neunzig (1925)

18 Rensch (1973)

19 z. B. Johnston et al. (1998): Anim.
    Behav. 56 (6): 1347–1353; Schuler
    (1987): Untersuchungen zur
    Bedeutung der unmittelbaren
    Erfahrung und des Lernens im
    Funktionskreis Nahrung beim Star,
    Göttingen: Habilitationsschrift

20 Brower (1969)

21 Wang & Zhao (2015)

22 Birkhead (2015), Sontag (2016) u. a.
    Recherchen

23 Amo et al. (2012), Caspers et al. (2013)

24 Caspers et al. (2013: 85)

25 Whittaker et al. (2010)

26 Caspers & Krause (2014)

27 Boström et al. (2016): PLoS ONE 11
    (3): e0151099, doi:10.1371/journal.
    phone.0151099

28 vgl. z. B. Altevogt, R. (1953),
    Untersuchungen über das optische
    Differenzierungsvermögen der

    Amsel, Turdus merula L., Journal für
    Ornithologie 94 (3–4): 220–251

29 vgl. Bohnet (2007): Inaug.-Diss.
    Universität München

30 vgl. Sontag (2016)

31 Rubene et al. (2010): J. Exp. Biol 213:
    3357–3363

32 Birkhead (2015) u. a.

33 Moore, B. A. et al. (2017): BMC
    Biology 15: 85, DOI 10.1186/
    s12915-017-0424-0

34 Fischer (1969), Martin (2011: 243)

35 Ronald et al. (2012: 1286)

36 Günther et al. (2018)

37 Mouritsen, H., D. Heyers & O.
    Güntürkün, 2016, The neural basis
    of long-distance navigation in birds,
    Annual Review of Physiology 78:
    133–154

38 Günther et al. (2018)

39 Der vollständige Titel lautet Das
    Rechts-Links-Problem im Tierreich und
    beim Menschen.

40 Pollonara et al. (2017: 405)

41 z. B. Birkhead (2015), Pollonara et al.
    (2017)

42 Schiffner et al. (2013, darin
    Wiltschko et al. 1987 u. Walcott 1992
    einschließend)

43 Pollonara et al. (2017)

44 Schüz (1988)

45 Mayr (1986): Auk 103 (3): 603–605

46 Chr. Schulze (pers. Mitt.) u. a.

47 Leupen & Shepherd (2018):
    BirdingAsia 30: 12–15

48 Nijman et al. (2017): BirdingAsia 27:
    20–25

49 Iqbal et al. (2018): BirdingAsia 30: 16–20

50 Table 1 in: Pramono, G., Z., H. et al.
    (2017): 88–93

51 Sykes (2017): BirdingAsia 27: 35–41

52 Schüz (1988)

53 Arvidsson et al. (2017), Perals et. al.
    (2017), Thys et al. (2017)

54 Dingemanse et al. (2002)
55 Herborn et al. (2010)
56 Sol et al. (2012)
57 Nicolai (1956; pers. Mitt.)
58 Tratalos et al. (2007)
59 siehe Nemeth & Brumm (2009, auch Snow 1958 zitierend); Partecke et al. (2005, 2006)
60 Fuller et al. (2007)
61 Bergen & Abs (1997)
62 Kempenaers et al. (2010)
63 da Silva et al. (2014)
64 Nemeth et al. (2013): Proc. Roy. Soc. B 280: 20122798, http://dx.doi.org/10.1098/rspb.2012.2798; Slabbekorn (2013): Anim. Behav. 85 (5): 1089–1099; u. a.
65 Linz et al. (2007), HB 13 (1993)
66 Feare & Craig (1998)
67 Lim et al. (2003)
68 Neo (2012)
69 Braun et al. (2017, 2018)
70 p. 218–219 in Barthel et al. (2018): Vogelwarte 56 (3): 205–224
71 Le Gros et al. (2016): Biol. Invasions 18: 1581–1598 (zit. in Braun et al. 2017)
72 Bergmann et al. (2008)
73 Braun et al. (2009)
74 Nijman et al. (2017): BirdingAsia 27: 20–25; Sykes (2017): BirdingAsia 27: 35–41; u. a.
75 siehe dazu Kegel (1999: v. a. 35–44, 56–57, 193) u. a.
76 Bergmann et al. (2008); Lafontaine

et al. (2013): Risk analysis of the Ruddy Duck, Technical Rep., Royal Belgian Institute of Natural Sciences
77 Scherzinger (1996), Wessels et al. (2018)
78 Casas et al. (2012): Biological Invasions 14 (2): 295–305; u. a.
79 z. B. Müller et al. (2008)
80 Toone & Risser (1988); Chemnick et al. (2000): Int. Zoo Yearb. 37: 330–339; Walters et al. (2010); Internet-Inform. San Diego Zoo Global (2016)
81 John de Graauw (pers. comm. 2019)
82 z. B. EAZA Tag Reports 2017, Hornbill: p. 24–26 (Internet)
83 vgl. Jansen (2006)
84 Cockrem (2006); Harper et al. (2006): What triggers nesting of Kakapo *(Strigops habroptilus)*? Notornis 53 (1): 160–163; Powlesland et al. (2006)
85 Eason et al. (2006)
86 Clout et al. (2002)
87 Robertson et al. (2006)
88 vgl. Stone et al. (2017): Kakapo habitat selection on Hauturu-o-toi in relation to plant phenology, New Zealand Journal of Ecology 41 (2): 207–217, DOI: 10.20417/nzjecol.41.32
89 Joe de Graauw, 18.10.2019 briefl.
90 EAZA TAG Reports 2017 (Internet), Zoo Warschau (Internet) u. a.
91 Deckert (1991)

Literatur

Adret-Hausberger, M., H. R. Güttinger & F. W. Merkel. 1989. Individualgeschichte und Gesangsausprägung beim Star *(Sturnus vulgaris)* in einer Kolonie. Journal für Ornithologie 130 (2): 149–160.

Amo, L., I. López-Rull, I. Pagán & C. C. Macías Garcia. 2012. Male quality and conspecific scent preferences in the House Finch, *Carpodacus mexicanus*. Animal Behaviour 84 (6): 1483–1489.

Andersson, M. 2005. Evolution of classical polyandry: three steps to female emancipation. Ethology 111 (1): 1–23.

Arvidsson, L. K. et al. (5 authors). 2017. Exploration behaviour in a different light: testing crosscontext consistency of a common personal trait. Animal Behaviour 123: 151–158.

Baumann, E. 1906. Beitrag zu Albino und gescheckten Vögeln. Gefiederte Welt 35 (12): 93–94.

Becker, J. 2007. Nachtigallen *Luscinia megarhynchos*, Sprosser *L. luscinia* und ihre Hybriden im Raum Frankfurt (Oder) – weitere Ergebnisse einer langjährigen Beringungsstudie. Vogelwarte 45 (1): 15–26.

Becker, N. et al. (5 Autoren). 2016. *Anopheles (Anopheles) petragnani* Del Vecchio 1939 – a new mosquito species for Germany. Parasitology Research, doi: 10.1007/s00436-016-5014-5.

Becker, P. H. 1976. Artkennzeichnende Gesangsmerkmale bei Winter- und Sommergoldhähnchen *(Regulus regulus, R. ignicapillus)*. Zeitschrift für Tierpsychologie 42 (4): 411–437.

Beehler, B. M. 1990. Paradiesvögel: Ökonomie als Evolutionsfaktor. Spektrum der Wissenschaft, Februar: 114–124. (Englische Originalfassung: 1989. The birds of paradise. Scientific American 261: 116–123.)

Bennett, A. T. D., I. C. Cuthill, J. C. Partridge & K. Lunau. 1997. Ultraviolet plumage colors predict mate preferences in Starlings. Proceedings of the National Academy of Sciences U. S. A. 94: 8618–8621.

Bergen, F. & M. Abs. 1997. Verhaltensökologische Studie zur Gesangsaktivität von Blaumeise *(Parus caeruleus)*, Kohlmeise *(Parus major)* und Buchfink *(Fringilla coelebs)* in einer Großstadt. Journal für Ornithologie 138 (4): 451–467.

Berger, M. & C. Berger. 1968. Das Meeressegeln des Eissturmvogels *(Fulmarus glacialis)*. Journal für Ornithologie 109 (4): 418–420.

Bergmann, H.-H. 2015. Die Federn der Vögel Mitteleuropas. Wiebelsheim: Aula-Verlag.

Bergmann, H.-H., H.-W. Helb & S. Baumann. 2008. Die Stimmen der Vögel Europas. Wiebelsheim: Aula-Verlag.

Berndt, R. & W. Meise. 1958. Naturgeschichte der Vögel, Bd. 1. Stuttgart: Franckh'sche Verlagshandlung.

Berthold, P. 1971. Experimentelle Untersuchung von Zwillingsarten: Über Fortpflanzungsverhalten und Brut von *Sturnus unicolor/vulgaris*-Mischpaaren. Vogelwelt 92 (4): 141–147.

Bezzel, E. 1993. Kompendium der Vögel Mitteleuropas. Passeres. Singvögel. Wiesbaden: Aula-Verlag.

Bezzel, E., J. Obst & K. H. Wickl. 1976. Zur Ernährung und Nahrungswahl des Uhus *(Bubo bubo)*. Journal für Ornithologie 117 (2): 210–238.

BirdLife Österreich. 2017. Dem Grünlingssterben auf der Spur (verfasst von K. Loupal). Jahresbericht 2017, p. 28 (Tätigkeitsbericht im Internet). Wien: BirdLife Österreich.

Birkhead, T. 2015. Die Sinne der Vögel oder Wie es ist, ein Vogel zu sein. Aus dem Englischen von Monika Niehaus. Berlin & Heidelberg: Springer.

Bishop, K. D. 1992. The Standardwing Bird of Paradise *Semioptera wallacii* (Paradisaeidae), its ecology, behaviour, status and conservation. Emu 92 (2): 72–78.

Blancher, P. 2013. Estimated number of birds killed by House Cats *(Felus catus)* in Canada. Avian Conservation and Ecology (2013) 8 (2): 3, http://dx.doi.org/10.5751/ACE-00557-080203

Bonadonna, F. & V. Bretagnolle. 2002. Smelling home: a good solution for burrow-finding in nocturnal petrels? Journal of Experimental Biology 205 (16): 2519–2523.

Bosch, S., J. Schmidt-Chanasit & W. Fiedler. 2012. Das Usutu-Virus als Ursache von Massensterben bei Amseln *Turdus merula* und anderen Vogelarten in Europa: Erfahrungen aus fünf Ausbrüchen zwischen 2001 und 2011. Vogelwarte 50 (2): 109–122.

Braun, M. P. et al. (16 Autoren). 2017. Ökologie und Bestandsentwicklung des Asiatischen Halsbandsittichs *Alexandrinus manillensis* in Deutschland und Europa mit aktuellen Bestandszahlen. Vogelwarte 55 (4): 307–309.

Braun, M. P. et al. (8 Autoren). 2018. Aktuelle Bestandserfassung des Großen Alexandersittichs *Psittacula eupatria* in Deutschland und Europa. Vogelwarte 56 (4): 383–385.

Braun, M., C. Czajka & M. Wink. 2009. Gibt es eine Brutplatzkonkurrenz zwischen Star und Halsbandsittich? Vogelwarte 47 (4): 361–362.

Breuer, W. 2014. Noch nicht außer Gefahr: Der Uhu ist zurück. Falke 61, Sonderheft: 13–16.

Brinkløv, S., M. B. Fenton & J. M. Ratcliffe. 2013. Echolocation in oilbirds and swiftlets. Frontiers in Physiology 4: article 123. doi: 10.3389/fphys. 2013.00123.

Brooke, M. de L. 1987. Population estimates and breeding biology of the petrels *Pterodroma externa* and *P. longirostris* on Isla Alejandro Selkirk, Juan Fernandez Archipelago. Condor 89 (3): 581–586.

Broom, D. A. et al. (5 authors). 1976. Pied Wagtail roosting and feeding behaviour. Bird Study 23 (4): 267–280.

Brower, L. P. 1969. Ecological chemistry Scientific American 220 (2): 22–29.

Browning, M. J. Cleckler, K. Knott & M. Johnson. 2016. Prey consumption by a large aggregation of Barn Owls in an agricultural setting. In: R. M. Timm & R. A. Baldwin (eds.), Proceedings of the 27th Vertebrate Pest Conference, p. 337–344. Davis: University of California.

Bruggers, R. L. & C. C. H. Elliott (eds.). 1989. *Quelea quelea:* Africa's Bird Pest. Oxford: Oxford University Press.

Brunner, B. 2015. Ornithomania. Geschichte einer besonderen Leidenschaft. Berlin: Galiani.

Bruun, M., M. I. Sandell & H. G. Smith. 1997. Polygynous male starlings allocate parental effort according to relative hatching date. Animal Behaviour 54 (1): 73–79.

Bullough, W. S. 1942. The reproductive cycles of British and Continental races of the Starling. Philosophical Transactions of the Royal Society B 231 (580): 165–246.

Bunn, D. S., A. B. Warburton & R. D. S. Wilson. 1982. The Barn Owl. Calton, UK: T. & A. D. Poyser.

Burke, T., N. B. Davies, M. W. Bruford & B. J. Hatchwell. 1989. Parental care and mating behaviour of polyandrous Dunnocks *Prunella modularis* related to paternity by DNA fingerprinting. Nature 338: 249–251.

Busche, G., H.-J. Raddatz & A. Kostrzewa. 2004. Nistplatz-Konkurrenz und Prädation zwischen Uhu *(Bubo bubo)* und Habicht *(Accipiter gentilis)*: erste Ergebnisse aus Norddeutschland. Vogelwarte 42 (3): 169–177.

Caffrey, C. 1999. Feeding rates and individual contributions to feeding at nests in cooperatively breeding western American Crows. Auk 116 (3): 836–841.

Calvert, A. M. et al. (7 authors). 2013. A synthesis of human-related avian mortality in Canada. Avian Conservation and Ecology (2013) 8 (2): 11, http://dx.doi.org/10.5751/ACE-00581-080211

Carter, J., N. J. Lyons, H. L. Cole & A. R. Goldsmith. 2008. Subtle cues of predation risk: Starlings respond to a predator's direction of eye-gaze. Proceedings of the Royal Society B 275: 1709–1715.

Caspers, B. & E. T. Krause. 2014. Gerade geschlüpfte Zebrafinken *Taeniopygia guttata* erkennen ihre Eltern am Geruch. Vogelwarte 52 (4): 301.

Caspers, B. A. et al. (5 authors). 2013. Olfactory imprinting as a mechanism for nest odour recognition in Zebra Finches. Animal Behaviour 86 (1): 85–90.

Chen, P.-J., Z.-M. Dong & S.-N. Zhen. 1998. An exceptionally well-preserved theropod dinosaur from the Yixian formation of China. Nature 391:147–152.

Chernetsov, N. S. 2016. Orientation and navigation of migrating birds. Biology Bulletin 43 (8): 788–803. (Originally published in Zoologicheskii Zhurnal [2016] 95, no. 2, p. 128–146.)

Chimchome, V. et al. (5 authors). 1998. Comparative Study of the breeding biology and ecology of two endangered hornbill species in Huai Kha Khaeng Wildlife Sanctuary, Thailand. In: P. Poonswad (ed.), The Asian Hornbills: Ecology and Coservation, p. 111–136. Thai Studies in Biodiversity, no. 2. BIOTEC & NSTDA, Thailand.

Cimadom, A. et al. (10 authors). 2014. Invasive parasites, habitat change and heavy rainfall reduce breeding success in Darwin's Finches. PLoS ONE 9 (9): e107518, doi:10.1371/journal-pone.0107518.

Clench, M. H. 1978. Tracheal elongation in birds-of-paradise. Condor 80 (4): 423–430.

Clout, M. N., G. P. Elliott & B. C. Robertson. 2002. Effects of supplementary feeding on the offspring sex ratio of Kakapo: a dilemma for the conservation of a polygynous parrot. Biological Conservation 107 (1): 13–18.

Cockrem, J. F. 2006. The timing of breeding in the Kakapo *(Strigops habroptilus)*. Notornis 53 (1): 153–159.

Cranmer-Byng, J. 1990. The early movement of Starlings into Ontario. Ontario Birds 8 (3): 92–97.

Crick, H. Q. P., R. A. Robinson & G. M. Siriwardena. 2002. Causes of the population declines: summary and recommendations. In: H. Q. P. Crick, R. A. Robinson, G. F. Appleton, N. A. Clark & A. D. Rickard (eds.), Investigation into the Causes of the Decline of Starlings and House Sparrows in Great Britain, BTO Research Report, no. 290, p. 265–292. London & Bristol: Department for the Environment, Food and Rural Affairs (DEFRA).

Curio, E. 2005. Ernst Mayr – der Darwin des 20. Jahrhunderts: 5.7.1904–3.2.2005. In: R. A. Steinbrecht (Hrsg.), Zoologie 2004/05, p. 77–85. Neuburg an der Donau: Biohistoricum; Marburg an der Lahn: Basilisken-Presse.

da Silva, A. et al. (5 authors). 2014. Artificial night lighting rather than traffic noise affects the daily timing of dawn and dusk singing in common European songbirds. Behavioral Ecology 25 (5): 1037–1047.

Davies, N. B. 2000. Cuckoos, Cowbirds and Other Cheats. London: Poyser. (Zitiert in Gärtner 2002.)

Davis, W. E., Jr. & B. M. Beehler. Nesting Behavior of a Raggiana Bird of Paradise. Wilson Bulletin 106 (3): 522–530.

Deckert, G. 1991. Spielverhalten bei Elstern, *Pica pica* (L.), und Grünflügelaras, *Ara chloroptera* G. R. Gray. Mitteilungen aus dem Zoologischen Museum in Berlin 67, Supplementheft: Annalen für Ornithologie 15: 55–64.

de Kort, S. R., N. J. Emery & N. S. Clayton. 2006. Food sharing in Jackdaws, *Corvus monedula*: what, why and with whom? Animal Behaviour 72 (2): 297–304.

Deegener, P. 1918. Die Formen der Vergesellschaftung im Tierreiche. Ein systematisch-soziologischer Versuch. Leipzig: Veit.

del Hoyo, J., A. Elliott, J. Sargatal & D. A. Christie (eds.). 1992–2013. Handbook of the Birds of the World, 17 vols. Barcelona: Lynx Edicions.

Diamond, J. 1986. Animal art: variation in bower decorating style among male bowerbirds *Amblyornis inornatus*. Proceedings of the National Academy of Sciences U. S. A. 83: 3042–3046.

Dietrich, V. et al. (5 authors). 2004. Pair identity: an important factor concerning variation in extra-pair paternity in the Coal Tit *(Parus ater)*. Behaviour 141 (7): 817–835.

Dingemanse, N. J. et al. (5 authors). 2002. Repeatability and heritability of exploratory behaviour in Great Tits from the wild. Animal Behaviour 64 (6): 929–938.

Dücker, G. 1966. Untersuchungen über geometrisch-optische Täuschungen bei Wirbeltieren. Zeitschrift für Tierpsychologie 23 (4): 452–496.

Dudaniec, R. Y. & S. Kleindorfer. 2006. Effects of the parasitic flies of the genus *Philornis* (Diptera: Muscidae) on birds. Emu 106 (1): 13–20.

Dumbacher, J. P. & B. West. 2010. Collecting Galapagos and the Pacific: how Rollo Howard Beck shaped our understanding of evolution, p. 211–243. In: M. T. Ghiselin & A. E. Leviton (eds.), Darwin and the Galápagos. Proceedings of the California Academy of Sciences, ser. 4, vol. 61, suppl. 2, no. 13.

Duncker, H.-R. 2000. Der Atemapparat der Vögel und ihre lokomotorische und metabolische Leistungsfähigkeit. Journal für Ornithologie 141 (1): 1–67.

Dunnet, G. M. 1955. The breeding of the Starling Sturnus vulgaris in relation to its food supply. Ibis 97 (4): 619–662.

Earl of Cranbrook, G. W. Lim, L. C. Koon & M. A. Rahman. 2013. The species of white-nest swiftlets (Apodidae, Collocaliini) of Malaysia and the origins of housefarm birds: morphometric and genetic evidence. Forktail 29: 107–119.

Eason, D. K. et al. (6 authors). 2006. Breeding biology of Kakapo (Strigops habroptilus) on offshore island sanctuaries, 1990–2002. Notornis 53 (1): 27–36.

Eck, S. 2001. Die neuen Vogelarten der Palaearktis. Zoologische Abhandlungen (Dresden) 51 (9): 105–118.

Edwards, P. J. 1985. Brood division and transition to independence in Blackbirds Turdus merula. Ibis 127 (1): 42–59.

Eens, M. 1997. Understanding the complex song of the European Starling: an integrated ethological approach. Advances in the Study of Behavior 26: 355–434.

Eens, M., R. Pinxten & R. F. Verheyen. 1991. Male song as a cue for mate choice in the European Starling. Behaviour 116 (3–4): 210–238.

Emery N. J. & N. S. Clayton. 2001. Effects of experience and social context on prospective caching strategies by Scrub Jays. Nature 414: 443–446.

Erlinger, G. 1984. Untersuchung zum Kuckucks-Brutparasitismus in einer Teichrohrsängerpopulation. Naturkundliche Station der Stadt Linz / Zeitschrift für Ökologie, Natur- und Umweltschutz 6 (1): 22–29.

Evans, P. G. H. 1988. Intraspecific nest parasitism in the European Starling Sturnus vulgaris. Animal Behaviour 36 (5): 1282–1294.

Feare, C. & A. Craig. 1998. Starlings and Mynas. London: Christopher Helm, A & C Black.

Feare, C. 1984. The Starling. Oxford, New York: Oxford University Press.

Feare, C. J. & S. E. Burham. 1978. Lack of nest site tenacy and mate fidelity in the Starling. Bird Study 25 (3): 189–191.

Feduccia, A. 2001. The problem of bird origins and early avian evolution. Journal für Ornithologie 142, Sonderheft 1: 139–147.

Fessl, B., S. Kleindorfer & S. Tebbich. 2006a. An experimental study on the effects of an introduced parasite in Darwin's finches. Biological Conservation 127 (1): 55–61.

Fessl, B., B. J. Sinclair & S. Kleindorfer. 2006b. The life-cycle of Philornis downsi (Diptera: Muscidae) parasitizing Darwin's finches and its impacts on nestling survival. Parasitology 133 (6): 739–747.

Fessl, B. et al. (7 authors). 2010. How to save the rarest Darwin's finch from extinction: the Mangrove Finch on Isabela Island. Philosophical Transactions of the Royal Society B 365: 1019–1030.

Fischer, A. B. 1969. Laboruntersuchungen und Freilandbeobachtungen zum Sehvermögen und Verhalten von Altweltgeiern. Zoologische Jahrbücher, Abteilung für Systematik, Ökologie und Geographie der Tiere 96: 81–132.

Franeker, J. A. van & R. Luttik. 2008. Colour and size variation in the Northern Fulmar *Fulmarus glacialis* on Bear Island, Svalbard. Series: Circumpolar Studies, vol. 4 (A Passion for the Pole), p. 39–58. Eelde (NL): Barkhuis.

Frank, F. 1939. Die Färbung der Vogelfeder durch Pigment und Struktur. Journal für Ornithologie 87 (3): 426–523.

Frankfurter Allgemeine Zeitung vom 20.1.2018. Regionalteil «Rhein-Main-Zeitung»: In Plauderlaune (trö.).

Franz, D. 1991. Paarungssystem und Fortpflanzungsstrategie de Beutelmeise *(Remiz p. pendulinus)*. Journal für Ornithologie 132 (3): 241–266.

Franzen, J. 2011. Farther away. In: The New Yorker, Apr 18, 2011.

Franzen, J. 2013. Weiter weg. Aus dem Englischen von B. Abarbanell, W. Freund, D. v. Gunsteren und E. Schönfeld. Reinbek: Rowohlt.

Franzen, J. 2018. Why birds matter, and are worth protecting. In: National Geographic 233, no. 1.

Frith, C. & D. Frith (2019). Superb Bird-of-paradise *(Lophorina superba)*. In HBW Alive. Barcelona: Lynx Edicions (https://www.hbw.com/node/60652 vom 15.2.2019).

Frith, C. B. 1992. Standardwing Bird of Paradise *Semioptera wallacii* displays and relationships, with comparative observations on displays of other Paradisaeidae. Emu 92 (2): 79–86.

Frith, C. B. 1994. Adaptive significance of tracheal elongation in manucodes (Paradisaeidae). Condor 96 (2): 552–555.

Fuller, R. A., H. P. Warren & K. J. Gaston. 2007. Daytime noise predicts nocturnal singing in urban Robins. Biology Letters 3 (4): 368–370.

Gärtner, K. 1981. Das Wegnehmen von Wirtsvogeleiern durch den Kuckuck *(Cuculus canorus)*. Ornithologische Mitteilungen 33 (5): 115–131.

Gärtner, K. 2002. Kuckucksgeheimnisse und ihre Erforschung: Wie verschwinden die Eier aus dem Nest? Falke 49: 232–238.

Genov, P. V,, P. Gigantesco & G. Massei. 1998. Interactions between Black-billed Magpie and Fallow Deer. Condor 100 (1): 177–179.

Gonzalez, J. 2014. Phylogenetic position of the most endangered Chilean bird: the Masafuera Rayadito *(Aphrastura masafuerae*; Furnariidae). Tropical Conservation Science 7 (4): 677–689.

Graham, R. R. 1934. The silent flight of owls. Journal of the Royal Aeronautical Society 38 (286): 837–843.

Griggio, M. & A. Pilastro. 2007. Sexual conflict over parental care in a species with female and male brood desertion. Animal Behaviour 74 (4): 779–785.

Grim, T., O. Kleven & O. Mikulica. 2003. Nestling discrimination without recognition: a possible defence mechanism for hosts toward Cuckoo parasitism. Proceedings of the Royal Society of London B 270, Suppl.: S73–S75.

Grubb, T. C., Jr. 1979. Olfactory guidance of Leach's Storm Petrel to the breeding island. Wilson Bulletin 91 (1): 141–143.

Günther, A. et al. (8 authors). 2018. Double-cone localization and seasonal expression pattern suggest a role in magnetoreception for European Robin Cryptochrome 4. Current Biology 28 (2): 211–223.

Haffer, J. 1988. Vögel Amazoniens: Ökologie, Brutbiologie und Artenreichtum. Journal für Ornithologie 129 (1): 1–53.

Haffer, J. 2001a. Ornithological research traditions in central Europe during the 19th and 20th centuries. Journal für Ornithologie 142, Sonderheft 1: 27–93.

Haffer, J. 2001b. Ernst Mayr: Ornithologe, Evolutionsbiologe, Historiker und Wissenschaftsphilosoph. Journal für Ornithologie 142 (4): 497–502.

Haffer, J. 2003. Christian Ludwig Brehm (1787–1864) über Spezies und Subspezies von Vögeln. Journal für Ornithologie 144 (2): 129–147.

Haffer, J. 2005. Prof. Dr. Dr. h. c. mult. Ernst Mayr (1904–2005). Vogelwarte 43 (2): 148–150.

Haftorn, S. 2000. Contexts and possible functions of alarm callings in the Willow Tit, *Parus montanus*; the principle of ‹better safe than sorry›. Behaviour 137 (4): 437–449.

Hahn, I., U. Römer & R. Schlatter. 2004 Nest sites and breeding ecology of the Másafuera Rayadito *(Aphrastura masafuerae)* on Alejandro Selkirk Island, Chile. Journal of Ornithology 145 (2): 93–97.

Hallmann, C. A. et al. (12 authors). 2017. More than 75 percent decline over 27 years in total flying insect biomass in protected areas. PLoS ONE 12 (10): e0185809, https://doi.org/10.1371/journal.pone.0185809

Hampton, R. R. 1994. Sensitivity to information specifying the line of gaze of humans in Sparrows *(Passer domesticus)*. Behaviour 130 (1–2): 41–51.

Hatch, S. A. & D. N. Nettleship. 1998. Northern Fulmar *(Fulmarus glacialis)*, no. 361. In: A. Poole & F. Gill (eds.), The Birds of North America. Philadelphia (PA), USA.

Hatchwell, B. J. & N. B. Davies. 1992. An experimental study of mating competition in monogamous and polyandrous Dunnocks, *Prunella modularis*: II. Influence of removal and replacement experiments on mating systems. Animal Behaviour 43 (4): 611–622.

Hayes, R. D., A. M. Baer, U. Wotschikowsky & A. S. Harestad. 2000. Kill rate by wolves on moose in the Yukon. Canadian Journal of Zoology 78 (1): 49–59.

HB = Handbuch der Vögel Mitteleuropas, Bde. 4 (1971/1979), 6 (1975: Teil 1. p. 772–777 [zum Kampfläufer]), 9 (1980), 10 (1985), 11 (1988), 12 (1991), 13 (1993), 14 (1997). Zuletzt Wiesbaden: Aula-Verlag

HBW = Handbook of the Birds of the World, vols. 1 (1992), 2 (1994), 5 (1999), 11 (2006), 14 (2009). Barcelona: Lynx Edicions.

Hediger, H. 1932. Zum Problem der «fliegenden» Schlangen. Revue Suisse de Zoologie 39 (5): 239–246.

Hediger, H. 1947. Ist das tierliche Bewußtsein unerforschbar? Behaviour 1 (2): 130–137.

Hediger, H. 1965. Mensch und Tier im Zoo: Tiergartenbiologie. Rüschlikon-Zürich: Albert Müller Verlag.

Hediger, H. 1980. Tiere verstehen. München: Kindler.

Hediger, H. 1990. Ein Leben mit Tieren im Zoo und in aller Welt. Zürich: Werd Verlag.

Heinrich, B. 1992. Die Seele der Raben. München, Leipzig: List Verlag.

Heinrich, B. 2002. Die Weisheit der Raben. München: List Verlag.

Heldbjerg, H., A. D. Fox, G. Levin & T. Nyegaard. 2016. The decline of the Starling *Sturnus vulgaris* in Denmark is related to changes in grassland extent and intensity of cattle grazing. Agriculture, Ecosystems and Environment 230: 24–31.

Herborn, K. et al. (6 authors). 2010. Personality in captivity reflects personality in the wild. Animal Behaviour 79 (4): 835–843.

Holyoak, D. & D. W. Snow. 2003. In: C. Perrin (ed.), The Encyclopedia of Birds, p. 345. Oxford: Oxford University Press.

Honza, M., V. Šicha., P. Procházka & R. Ležalová. Host nest defense against a color-dimorphic brood parasite: Great Reed Warblers *(Acrocephalus arundinaceus)* versus Common Cuckoos *(Cuculus canorus)*. Journal of Ornithology 147 (4): 629–637.

Hornbill Nest Adoption Report 2011 for GH#5 (p. 1–12), 2013 for WCH#11 (p. 1–12). *Hornbill Research Foundation,* Thailand Hornbill Project c/o Department of Microbiology, Faculty of Science, Mahidol University, Bangkok.

Hunt, G. R. & R. D. Gray. 2006. Tool manufacture by New Caledonian Crows: chipping away at human uniqueness. Acta Zoologica Sinica 52, Suppl.: 622–625.

Hüppop, K. & O. Hüppop. 2012. Wie erfolgreich brüten Helgoländer Eissturmvögel *(Fulmarus glacialis)?* Vogelwarte 50 (1): 3–7.

Hurd, C. R. 1996. Interspecific attraction to the mobbing calls of Black-capped Chickadees *(Parus atricapillus)*. Behavioral Ecology and Sociobiology 38 (4) 287–292.

Jackson, W. M. 1992. Relative importance of parasitism by *Chrysococcyx* cuckoos versus conspecific nest parasitism in the Northern Masked Weaver *Ploceus taeniopterus*. Ornis Scandinavica 23 (2): 203–206.

Jaeger, E. C. 1949. Further observations on the hibernation of the Poor-will. Condor 51 (3): 105–109.

Jansen, P. W. 2006. Kakapo recovery: the basis of decision-making. Notornis 53 (1): 184–190.

Jenner, E. 1788. Observations on the natural history of the cuckoo. Transactions of the Royal Society of London 78: 237–246. (Zitiert in Miculica et al. 2017.)

Ji, Q. & S. Ji. 1996. On the discovery of the earliest fossil bird in China *(Sinosauropteryx* gen. nov.) and the origin of birds. Chinese Geology 233: 30–33. (In Chinese; translated by Will Downs, 2001.)

Johnsson, K. 1994. Colonial breeding and nest predation in the Jackdaw *Corvus monedula* using old Black Woodpecker *Dryocopus martius* holes. Ibis 136 (3): 313–317.

Jouventin, P. et al. (5 authors). 2007. Extra-pair paternity in the strongly monogamous Wandering Albatros *Diomedea exulans* has no apparent benefits for females. Ibis 149 (1): 67–78.

Kaczensky, P., R. D. Hayes & C. Promberger. 2005. Effect of Raven *Corvus corax* on the kill rates of Wolf *Canis lupus* packs. Wildlife Biology 11 (2): 101–108.

Kannan, R. & D. A. James. 1997. Breeding biology of the Great Pied Hornbill *(Buceros bicornis)* in the Anaimalai Hills of southern India. Journal of the Bombay Natural History Society 94 (3): 451–465.

Kegel, B. 1999. Die Ameise als Tramp. Von biologischen Invasionen. Zürich: Ammann Verlag.

Keller, R. 1975. Das Spielverhalten der Keas (Nestor Gould) des Zürcher Zoos. Zeitschrift für Tierpsychologie 38 (4): 393–408.

Kelley, L. A. & J. A. Endler. 2012. Male Great Bowerbirds create forced perspective illusions with consistently different individual quality. Proceedings of the National Academy of Sciences U. S. A. 109: 20980–20985.

Kemp, A. C. 1990. The behavioural ecology of the Southern Ground Hornbill: are competitive offspring at a premium? Proceedings of the International Centennial Meeting of the Deutsche Ornithologen-Gesellschaft: Current Topics in Avian Biology (Bonn, 1988), p. 267–271. Verlag der Deutschen Ornithologen-Gesellschaft.

Kemp, A. 1995. The Hornbills. Oxford: Oxford University Press.

Kemp, A. C. & M. I. Kemp. 2007. What proportion of Southern Ground Hornbill nesting attempts fledge more than one chick? Data from the Kruger National Park. In: A. C. Kemp & M. I. Kemp (eds.), The Active Management of Hornbills and their Habitats for Conservation, p. 267–286. CD-ROM Proceedings of the 4th International Hornbill Conference, Mabula Game Lodge, Bela-Bela, South Africa. Pretoria: Naturalists & Nomads.

Kempenaers, B. et al. (5 authors). 2010. Artificial night lighting affects dawn song, extra-pair siring success, and lay date in songbirds. Current Biology 20 (19): 1735–1739.

Kinnaird, M. F. & T. G. O'Brien. 2007. The Ecology & Conservation of Asian Hornbills: Farmers of the Forest. Chicago: University of Chicago Press.

Kleindorfer, S. & F. J. Sulloway. 2016. Naris deformation in Darwin's finches: experimental and historical evidence for a post-1960s arrival of the parasite *Philornis downsi*. Global Ecology and Conservation 7: 122–131.

Knudsen, E. I. & P. F. Knudsen. 1985. Vision guides the adjustment of auditory localization in young Barn Owls. Science 230: 545–548.

Konishi, M. & E. L. Knudsen. The Oilbird: hearing and echolocation. Science 204: 425–427. (Zitiert in Birkhead 2015.)

Küpper, C. et al. (18 authors). 2016. A supergene determines highly divergent male reproductive morphs in the ruff. Nature Genetics 48 (1): 79–83 + online methods, doi:10.1038/ng.3443

Lack, D. 1943. The Life of the Robin. London: Witherby.

Lack, D. 1968. Ecological Adaptations for Breeding in Birds. London: Methuen. (Zitiert in Avise 1996: 16.)

Ligon, R. A. et al. (8 authors). 2018. Evolution of correlated complexity in the radically different courtship signals of birds-of-paradise. PLoS Biology 16 (11): e2006962, https://doi.org/10.1371/journal.pbio.2006962

Lille, R. 1988. Art- und Mischgesang von Nachtigall und Sprosser *(Luscinia megarhynchos, L. luscinia)*. Journal für Ornithologie 129 (2): 133–159.

Lim, H. C., N. S. Sodhi, B. W. Brook & M. C. K. Soh. 2003. Undesirable aliens: factors determining the distribution of three invasive bird species in Singapore. Journal of Tropical Ecology 19 (6): 685–695.

Linz, G. M. et al. (5 authors). 2007. European Starlings: a review of an invasive species with far-reaching impacts. In: G. W. Witmer, W. C. Pitt & K. A. Fagerstone, eds., Managing Invasive Species: Proceedings of an International Symposium, p. 378

continued. USDA / APHIS / WS, National Wildlife Research Center, Fort Collins, CO.

Lorenz, K. 1931. Beiträge zur Ethologie sozialer Corviden. Journal für Ornithologie 79 (1): 67–127.

Lorenz, K. 1935. Der Kumpan in der Umwelt des Vogels. Journal für Ornithologie 83 (2): 137–213 u. (3): 289–413.

Lorenz, K. 1963. Haben Tiere ein subjektives Erleben. In: Jahrbuch der Technischen Hochschule München.

Lottinger, J. 1776. Der Kukuk, auf eigene Erfahrungen gegründete Nachrichten über die Natur-Geschichte dieses wunderbaren Vogels. Strassburg: König. Übersetzung der französischen Ausgabe 1775. (Zitiert in Schulze-Hagen et al. 2009.)

Lovette, I. J. & J. W. Fitzpatrick (eds.). 2016. Cornell Lab of Ornithology's Handbook of Bird Biology. ed. 3. Chichester (W. Sussex), UK: Wiley.

Loyau, A. et al. (6 authors). 2005. Cross-amplification of polymorphic microsatellites reveals extra-pair paternity and brood parasitism in Sturnus vulgaris. Molecular Ecology Notes 5 (1): 135–139.

Ludwig, W. 1932. Das Rechts-Links-Problem im Tierreich und beim Menschen. Berlin: Springer.

Magige, F. J, B. G. Stokke & E. Røskaft. 2010. Do Ostriches Struthio camelus reject parasitic eggs by making use of colour as a cue? Ostrich 81 (3): 247–250.

Magrath, R. D., B. J. Pitcher & J. L. Gardner. 2007. A mutual understanding? Interspecific responses by birds to each other's aerial alarm calls. Behavioral Ecology 18 (5): 944–951.

Makowski. 1961/1965. Amsel, Drossel, Fink und Star... 4. (verbesserte) Aufl. Stuttgart: Franckh'sche Verlagshandlung.

Mallory, M. L. 2006. The Northern Fulmar (Fulmarus glacialis) in Arctic Canada: ecology, threats, and what it tells us about marine environmental conditions. Environmental Reviews 14 (3): 187–216.

Marler, P. 1955. Characteristics of some animal calls of birds. Nature 176: 6–8.

Marler, P. 1957. Specific distinctiveness in the communcation calls of birds. Behaviour 11 (1): 13–39.

Marler, P. 1959. Developments in the study of animal communication. In: P. R. Bell (ed.), Darwin's Biological Work, p. 150–206. Cambridge: Cambridge University Press. (Zitiert in Marler & Hamilton 1966/1972).

Marler, P. R. & W. J. Hamilton III. 1966. Mechanisms of Animal Behavior. New York: Wiley. (Deutsche Ausgabe: Tierisches Verhalten. 1972. München: BLV.)

Martin, G. R. 2011. Understanding bird collisions with man-made objects: a sensory ecology approach. Ibis 153: 239–254.

März, R. 1949. Der Raubvogel- und Eulenbestand einer Kontrollfläche des Elbsandsteingebirges in den Jahren 1932–1940. In: G. Creutz (Hrsg.), Beiträge zur Vogelkunde 1 (Festschrift für Erwin Stresemann): 116–146. Leipzig: Akademische Verlagses. Geest & Portig.

Marzluff, J. M. & T. Angell. 2005. In the Company of Crows and Ravens. New Haven & London: Yale University Press.

Marzluff, J. M., B. Heinrich & C. S. Marzluff. 1996. Raven roosts are mobile information centres. Animal Behaviour 51 (1): 89–103.

Mascha, E. 1905. Weiße und weißgefleckte Vögel. Gefiederte Welt 34 (52): 413–415.

Maser, C. 1975. Predation by Common Ravens on feral Rock Doves. Wilson Bulletin 87 (4): 552–553.

Massei, G. & P. Genov. 1995. Observations of Black-billed Magpie *(Pica pica)* and Carrion Crow *(Corvus corone cornix)* grooming Wild Boar *(Sus scrofa)*. Journal of Zoology (London) 236: 338–341.

Mayr, E. & J. Diamond. 2001. The Birds of Northern Melanesia. Oxford: Oxford University Press.

Mayr, E. 1942. Systematics and the Origin of Species from the Viewpoint of a Zoologist. New York: Columbia University Press.

McCoy, D. E., T. Feo, T. A. Harvey & R. O. Prum. 2018. Structural absorption by barbule microstructures of super black bird of paradise feathers. Nature Communications 9: 1, DOI: 10.1038/s41467-017-02088-w.

Mech, L. D. 1970. The Wolf: The Ecology and Behavior of an Endangered Species. New York: Natural History Press. (Zitiert in Heinrich 2002.)

Menzel, H. Zur Eiablage des Kuckucks *(Cuculus canorus)*. Vogelwelt 91 (4): 154.

Merkel, F. W. 1978. Sozialverhalten von individuell markierten Staren – *Sturnus vulgaris* in einer kleinen Nistkastenkolonie (1. Mitteilung). Gruppenbild um einen Starenmann. Luscinia 43 (5–6): 163–181.

Merkel, F. W. 1979. Lebenslauf eines Starenweibchens. Natur und Museum 109 (10): 348–352.

Mikula, P. & P. Tryjanowski. 2016. Internet searching of bird-bird associations: a case of bee-eaters hitchhiking large African birds. Biodiversity Observations (ISSN 2219-0341) 7.80: 1–6.

Mikulica, O., T. Grim, K. Schulze-Hagen & B. G. Stokke. 2017. Der Kuckuck: Gauner der Superlative. Stuttgart: Franckh-Kosmos.

Mitkus, M. 2015. Spatial vision in birds: anatomical investigation of spatial resolving power. Ph. Diss., Dept. of Biology, Lund University.

Motis, A. 1992. Mixed breeding pairs of European Starling *Sturnus vulgaris* and Spotless Starling *Sturnus unicolor* in the north-east of Spain. Butlletí del Grup Català d'Anellament 9: 19–23.

Müller, J., L. Schmid & D. Schmidt. 2008. Die Rückkehr des Fischadlers *Pandion haliaetus* als Brutvogel nach Bayern. Ornithologischer Anzeiger 47 (2–3): 105–115.

Nemeth, E. & H. Brumm. 2009. Blackbirds sing higher-pitched songs in cities: adaptation to habitat acoustics or side-effect of urbanization? Animal Behaviour 78 (3): 637–641.

Neo, M. N. 2012. A review of three alien parrots in Singapore. Nature in Singapore 5: 241–248.

Nevitt, G. A. 2008. Sensory ecology on the high seas: the odor world of the procellariiform seabirds. Journal of Experimental Biology 211 (11): 1706–1713.

Nevitt G. A. & F. Bonadonna. 2005. Seeing the world through the nose of a bird: new developments in an sensory ecology of procellariiform seabirds. Marine Ecology Progress Series 287: 292–295.

Nevitt, G. A., M. Losekoot & H. Weimerskirch. 2008. Evidence for olfactory search in Wandering Albatross, *Diomedea exulans*. Proceedings of the National Academy of Sciences U. S. A. 105: 4576–4581.

Nevitt, G. A. & K. Reid & P. Trathan. 2004. Testing olfactory foraging strategies in an Antarctic seabird assemblage. Journal of Experimental Biology 207 (20): 3537–3544.

Nicolai, J. 1956. Die Biologie und Ethologie des Gimpels (*Pyrrhula pyrrhula* L.). Zeitschrift für Tierpsychologie 13 (1): 93–132.

Nicolai, J. 1965. Der Brutparasitismus der Witwenvögel. n+m («Naturwissenschft und Medizin») 2 (1965), p. 3–15.

Nöhring, R. 1973. Erwin Stresemann † (Publikationsliste usw. angefügt p. 482–500). Journal für Ornithologie 114 (4): 455–471.

Ödeen, A. & O. Håstad. 2013. Correction: The phylogenetic distribution of ultraviolet sensitivity in birds. BMC Evolutionary Biology 13: 36, http://www.biomedcentral.com/1471-2148/13/36

Ouithavon, K., P. Poonswad, N. Bhumbhakpan & V. Laohajinda. 2005. Some characteristics of food of two sympatric hornbill species (Aves: Bucerotidae) and fruit availability during their breeding season in Huai Kha Khaeng Wildlife Sanctuary, Thailand. In: S. Lum & P. Poonswad (eds.), The Ecology of Hornbills: Reproduction and Populations, p. 75–85. Bangkok: Pimdee Karnpim Co., Ltd.

Partecke, J., T. J. Van't Hof & E. Gwinner. 2005. Underlying physiological control of reproduction in urban and forest-dwelling European blackbirds *Turdus merula*. Journal of Avian Biology 36 (4): 295–305.

Pepperberg, I. M., J. Vicinay & P. Cavanagh. 2008. Processing of the Müller-Lyer illusion by a Grey Parrot (*Psittacus erithacus*). Perception 37 (5): 765–781.

Perals, D., A. S. Griffin, I. Bartomeus & D. Sol. 2017. Revisting the open-field test: what does it really tell us about animal personality? Animal Behaviour 123: 69–79.

Perrins, C. (ed.). 2003. The Encyclopedia of Birds. Oxford: Oxford University Press.

Pilastro, A., L. Biddau, G. Marin & T. Mingozzi. 2001. Female brood desertion increases with number of available mates in the Rock Sparrow. Journal of Avian Biology 32 (1): 68–72.

Pinxten, R. & M. Eens. 1990. Polygyny in the European Starling: effect on female reproductive success. Animal Behaviour 40 (6): 1035–1047.

Pinxten, R. & M. Eens. 1994. Male feeding of nestlings in the faculative polygynous Starling: allocation patterns and effect on female reproductive success. Behaviour 129 (1–2): 113–140.

Pinxten, R., M. Eens, L. Van Elsacker & R. F. Verheyen. 1989a. An extreme case of polygyny in the European Starling *Sturnus vulgaris* L. Bird Study 36 (1): 45–48.

Pinxten, R., M. Eens & R. F. Verheyen. 1989b. Polygyny in the European Starling. Behaviour. 111 (1–4): 234–256.

Pinxten, R., M. Eens & R. F. Verheyen. 1993a. Male and female nest attendance during incubation in the facultatively polygynous European Starling. Ardea 81 (2): 125–133.

Pinxten, R., O. Hanotte, M. Eens, R. Frans, A. A. Dhondt & T. Burke. 1993b. Extra-pair paternity and intraspecific brood parasitism in the European Starling, *Sturnus vulgaris*: evidence from DNA fingerprinting. Animal Behaviour 45 (4): 795–809.

Plongmai, K., P. Poonswad, C. Sukkasem & P. Chuailua. 2005. The availability of ripe fruits in the annual hornbill life cycle. In: S. Lum & P. Poonswad (eds.), The Ecology of Hornbills: Reproduction and Populations, p. 131–140. Bangkok: Pimdee Karnpim Co., Ltd.

Podos, J. & M. Cohn-Haft. 2019. Extremely loud mating songs at close range in White Bellbirds. Current Biology 29 (20): R1068–R1069; DOI: 10.1016/j.cub.2019.09.028

Pollonara, E., T. Guilford, M. Rossi, V. P. Bingman & A. Gagliardo. 2017. Right hemisphere advantage in the development of route fidelity in homing pigeons. Animal Behaviour 123: 395–409.

Poonswad, P. 2012. Hornbills: A Thai Heritage – A World Heritage. Plaibang (Bangkruay/Nonthaburi), Thailand: Yin Yang Karn Phim.

Poonswad, P., A. Kemp & M. Strange. 2013. Hornbills of the world. A Photographic Guide. (For Great Hornbill, see p. 5 + 132–135.) Singapore: Draco Publ. & Bangkok: Hornbill Research Foundation.

Powlesland, R. G., D. V. Merton & J. F. Cockrem. 2006. A parrot apart: the natural history of the Kakapo *(Strigops habroptilus)*, and the context of its conservation management. Notornis 53 (1): 3–26.

Prior, H., A. Schwarz & O. Güntürkün. 2008. Mirror-induced behavior in the Magpie *(Pica pica)*: evidence of self-recognition. PLoS Biology 6 (8): e202.

Prozesky, O. P. M. 1964. Comprehensive bird concentration at Lake Ngami. Swarms of queleas massacred. African Wild Life 18: 137–142.

Quillfeldt, P. et al. (6 authors). 2018. Prevalence and genotyping of *Trichomonas* infections in wild birds in central Germany. PLoS ONE 13 (8): e0200798, https://doi.org/10.1371/journal.pone.0200798

Raethel, H.-S. 1969. Hilfe, die Blutschnabelweber kommen. Ein kleiner Vogel schädigt Afrikas Landwirtschaft. Vogelkosmos (Stuttgart) 6 (3): 77–81.

Rensch, B. 1973. Gedächtnis, Begriffsbildung und Planhandlungen bei Tieren. Berlin & Hamburg: Paul Parey.

Rensch, B. 1979. Lebensweg eines Biologen in einem turbulenten Jahrhundert. Stuttgart: Gustav Fischer Verlag.

Rensch, B. & R. Neunzig. 1925. Experimentelle Untersuchungen über den Geschmackssinn der Vögel II. Journal für Ornithologie 73 (4): 633–646.

Ricklefs, R. E. 1974 Energetics of reproduction in birds. In: R. A. Paynter Jr. (ed.), Avian Energetics, p. 152–292. Publ. no. 15 of The Nuttall Ornithological Club, Cambridge (MA), USA. (Zitiert in Yom-Tov et al. 1980.)

Robb, M., K. Mullarney & The Sound Approach. 2008. Petrels Night and Day. A sound approach guide. (Including 2 CDs.) Dorset, U. K.: The Sound Approach.

Robel, D. 2008. Turtles take Red-billed Quelea *(Quelea quelea)*. Lanioturdus 41: 13–15.

Robertson, B. C. et al. (5 authors). 2006. Sex allocation theory aids species conservation. Biology Letters 2 (2): 229–231.

Rodriguez, A., M. Hausberger & P. Clergeau. 2010. Flexibility in European Starlings' use of social information: experiments with decoys in different populations. Animal Behaviour 80 (6): 965–973.

Ronald, K. L., E. Fernández-Juricic & J. R. Lucas. 2012. Taking the sensory approach: how individual differences in sensory perception can influence mate choice. Animal Behaviour 84 (6): 1283–1294.

Rubenstein, D. R. 2007. Stress hormones and Sociality: intergrating social and environmental stressors. Proceedings of the Royal Society B 274: 967–975.

Rubenstein, D. R. 2016. 11 – Superb Starlings: cooperation and conflict in an unpredictable environment. In: W. D. Koenig & J. L. Dickinson (eds.), Cooperative Breeding in Vertebrates: Studies of Ecology, Evolution and Behavior, p. 181–196. Cambridge: Cambridge University Press.

Russell, A. F. & B. J. Hatchwell. 2001. Experimental evidence for kin-based helping in a cooperatively breeding vertebrate. Proceedings of the Royal Society of London B 268: 2169–2174.

Sandell, M. I., H. G. Smith & M. Bruun. 1996. Paternal care in the European Starling, *Sturnus vulgaris*: nestling provisioning. Behavioral Ecology and Sociobiology 39 (5): 301–309.

Schaefer, T. 2004. Video monitoring of shrub-nests reveals nest predators. Bird Study 51 (2): 170–177.

Scherzinger, W. 1996. Walddynamik und Biotopansprüche des Habichtskauzes *(Strix uralensis)*. Abhandlungen der Zoologisch-Botanischen Gesellschaft in Österreich 29: 5–16.

Schifferman, E. & D. Eilam. 2004. Movement and direction of movement of a simulated prey affect the success rate in Barn Owl *Tyto alba* attack. Journal of Avian Biology 35 (2): 111–116.

Schiffner, I., P. Fuhrmann & R. Wiltschko. 2013. Homing flights of pigeons in the Frankfurt region: the effect of distance and local experience. Animal Behaviour 86 (2): 291–307.

Schmidt-Koenig, K. 1980. Das Rätsel des Vogelzugs. Faszinierende Erkenntnisse über das Orientierungsvermögen der Vögel. Hamburg: Hoffmann & Campe.

Schneider, W. 1972. Der Star *Sturnus vulgaris*. 2., verbesserte Aufl. Wittenberg Lutherstadt: A. Ziemsen Verlag.

Scholes, E. & T. G. Laman. 2018. Distinctive courtship phenotype of the Vogelkop Superb Bird-of-Paradise *Lophorin niedda* Mayr, 1930 confirms new species status. PeerJ 6: e4621. DOI 10.7717 / peerj.4621.

Schulze-Hagen, K., B. G. Stokke & T. R. Birkhead. 2009. Reproductive biology of the European Cuckoo *Cuculus canorus*: early insights, persistent errors and the acquisition of knowledge. Journal of Ornithology 150 (1): 1–16.

Schüz, E. 1988. Ethologische Erfahrungen mit einem handzahmen Rotkardinal *(C. cardinalis)*. Vogelwarte 34 (4): 302–311.

Shayegani, M., W. B. Stone & G. E. Hannett. 1984. An outbreak of botulism in waterfowl and fly larvae in New York State. Journal of Wildlife Diseases 20 (2): 86–89.

Sick, H. 1970. Der Tanz der Manakins oder Tangarás. Gefiederte Welt 94 (1 u. 2): 1–2 u. 26–30.

Simcharoen, S. et al. 2007. How many tigers *Panthera tigris* are there in Huai Kha Khaeng Wildlife Sanctuary, Thailand? An estimate using photographic capture-recapture sampling. Oryx 41 (4): 447–453.

Snow, D. W. 1958. A Study of Blackbirds. London: British Museums. (Zitiert in Nemeth & Brumm 2009.)

Sol, D., A. S. Griffin & I. Bartomeus. 2012. Consumer and motor innovation in the Common Myna: the role of motivation and emotional responses. Animal Behaviour 83 (1): 179–188.

Sontag, W. A. 2016. Gefiederte Lebenswelten. Das endlose Band der Ornithologie. Minden: Media Natur Verlag.

Stahler, D., B. Heinrich & D. Smith. 2002. Common Ravens, *Corvus corax*, preferentially associate with Grey Wolves, *Canis lupus*, as a foraging strategy in winter. Animal Behaviour 64 (2): 283–290.

Steinmeyer, C., H. Schielzeth, J. C. Mueller & B. Kempenaers. 2010. Variation in sleep behaviour in free-living Blue Tits, *Cyanistes caeruleus*: effects of sex, age and environment. Animal Behaviour 80 (5): 853–864.

Stresemann, E. 1951. Die Entwicklung der Ornithologie: Von Aristoteles bis zur Gegenwart. Berlin: Peters.

Stuessy, T. F. 2009. Plant Taxonomy, ed. 2. New York: Columbia University Press.

Stuessy, T. F., D. J. Crawford, C. M. Baeza, P. López-Selpúveda & E. Ruiz (eds.). 2018. Plants of Oceanic Islands: Evolution, Biogeography, and Conservation of the Flora of the Juan Fernández (Robinson Crusoe) Archipelago. Cambridge (UK): Cambridge University Press.

Sudfeldt, C. et al. (11 Autoren). 2013. Vögel in Deutschland – 2013. DDA, BfN, LAG VSW, Münster.

Suzuki, T. N. 2016. Referential calls coordinate multi-species mobbing in a forest bird community. Journal of Ethology 34 (1): 79–84.

Svensson, L., P. J. Grant, K. Mullarney & D. Zetterström. 1999. Der neue Kosmos-Vogelführer. Aus dem Schwedischen von C. & P. H. Barthel, D. Singer & H. Schielzeth. Stuttgart: Franckh-Kosmos.

Sykes, B. R. 2017. The elephant in the room: addressing the Asian songbird crisis. BirdingAsia 27: 35–41.

Szulkin, M., J. R. Chapman, S. C. Patrick & B. C. Sheldon. 2012. Promiscuity, inbreeding and dispersal propensity in Great Tits. Animal Behaviour 84 (6): 1363–1370.

Templeton C. N. & E. Greene. 2007. Nuthatches eavesdrop on variations in heterospecific Chickadee mobbing alarm calls. Proceedings of the National Academy of Sciences 104 (13): 5479–5482.

Templeton, J. J. & L.-A. Giraldeau. 1995. Patch assessment in foraging flocks of European Starlings: evidence for the use of public information. Behavioral Ecology 6 (1): 65–72.

Thaler, E. 1979. Das Aktionssystem von Winter- und Sommergoldhähnchen *(Regulus regulus, R. ignicapillus)* und deren ethologische Differenzierung. Bonner Zoologische Monographien 12: 1–151.

Thaler, E. 1981. Nachruf auf zwei Goldhähnchen. Gefiederte Welt 105: 187–189. (Zitiert in HB 12 [1991].)

Thielcke, G. 1970. Vogelstimmen. Berlin, Heidelberg, New York: Springer-Verlag.

Thys, B. et. al. (6 authors). 2017. Exploration and sociability in a highly gregarious bird are repeatable across seasons and in the long term but are unrelated. Animal Behaviour 123: 339–348.

Toone, W. D. & A. C. Risser, Jr. 1988. Captive management of the California Condor Gymnogyps californianus. International Zoo Yearbook 27: 50–58.

Tratalos, J., R. A. Fuller, K. L. Evans, R. G. Davies, S. E. Newson, J. J. D. Greenwood & K. J. Gaston. 2007. Bird densities are associated with household densities. Global Change Biology 13: 1685–1695.

Trnka, A., M. Trnka & T. Grim. 2015. Do rufous Common Cuckoo females indeed mimic a predator? An experimental test. Biological Journal of the Linnean Society 116 (1): 134–143.

Vega, M. L. et al. (11 authors). 2016. First-time migration in juvenile Common Cuckoos documented by satellite tracking. PLoS ONE 11 (12): e0168940, doi:10.1371/journal. phone.0168940.

Versluijs, M., C. A. M. van Turnhout, D. Kleijn & H. P. van der Jeugd. 2016. Demographic changes underpinning the population decline of Starlings Sturnus vulgaris in The Netherlands. Ardea 104 (2): 153–165.

Vidal, D. et al. (7 authors). 2013. Environmental factors influencing the prevalence of a Clostridium botulinum Type C/D mosaic strain in nonpermanent Mediterranean wetlands. Applied and Environmental Microbiology 79 (14): 4264–4271.

Vishnudas, C. K. & N. V. Krishnan. 2013 Observations of breeding of Greater Painted-snipe Rostratula benghalensis in the rice paddies of Wayanad, Kerala. Indian Birds 8 (1):1–5.

Voipio, P. 1953. The hepaticus variety and the juvenile plumage types of the Cuckoo. Ornis Fennica 30 (4): 97–117.

von Bayern, A. M. P. & N. J. Emery. 2009. Jackdaws respond to human attentional states and communicative cues in different contexts. Current Biology 19 (7): 602–606.

von Uexküll, J. & G. Kriszat. 1956. Streifzüge durch die Umwelten von Tieren und Menschen / Bedeutungslehre / Vorwort von Adolf Portmann / Nachwort über den Verfasser von Georg Kriszat / Literaturhinweise. In: Rowohlts Deutsche Enzyklopädie, Nr. 13. Hamburg: Rowohlt Verlag.

Vucetich, J. A., R. O. Peterson & T. A. Waite. 2004. Raven scavenging favours group foraging. Animal Behaviour 67 (6): 1117–1126.

Wallace, A. R. 1869. The Malay Archipelago. 2 vols. London: Macmillan. – In Deutsch: Wallace, A. R. 1869. Der Malaiische Archipel. In zwei Bänden. Übersetzung von Adolf Bernhard Meyer. Braunschweig: Westermann. Neuausgabe dieser Fassung in der Edition Erdmann (Matrixverlag) 2014, worauf sich die Seitenangaben in den Endnoten beziehen.

Wallace, A. R. 2014. Abenteuer am Amazonas und Rio Negro. Herausgegeben von M. Glaubrecht. Aus dem Englischen von Anonymus und M. Schickenberg. Berlin:

Galiani. (Engl. Originalausgabe: A Narrative of Travels on the Amazon and Rio Negro, 1853.)

Walter, D. 2010. Brutbiologie, Phänologie und Bestandsentwicklung einer voralpinen Population des Sumpfrohrsängers *Acrocephalus palustris* im Allgäu (Bayern/ Deutschland). Ornithologischer Anzeiger 49 (23): 103–148.

Walters, J. R. et al. (6 authors). 2010. Status of the California Condor *(Gymnogyps californianus)* and efforts to achieve its recovery. Auk 127 (4): 969–1001.

Wang, K. & H. Zhao. 2015. Birds generally carry a small repertoire of bitter taste receptor genes. Genome Biology and Evolution 7 (9): 2705–2715.

Weidinger, K. 2009. Nest predators of woodland open-nesting songbirds in central Europe. Ibis 151 (2): 352–360.

Weidinger, K. 2010. Foraging behaviour of nest predators at open-cup nests of woodland passerines. Journal für Ornithologie 151 (3): 729–735.

Wessels, L., H. Sauer-Gürth & M. Wink. 2018. Mitochondriale Phylogeographie des Uhus *Bubo bubo* in Mitteleuropa und Zentralasien. Vogelwarte 56 (4): 342.

Whittaker, D. J. et al. (6 authors). 2010. Songbirds chemosignals: volatile compounds in preen gland secretions vary among individuals, sexes, and populations. Behavioral Ecology 21 (3): 608–614.

Wills, C. 2013. Symbiotic cleaning interaction between Common Myna *Acridotheres tristis* and Black-naped Hare *Lepus nigricollis* in Sri Lanka. BirdingAsia 19: 61–62.

Wiltschko, W., R. Wiltschko & D. S. Peters. 2003. Prof. D. Friedrich Wilhelm Merkel 27.8.1911–12.8.2002. Journal für Ornithology 144 (1): 111–113.

Woods, M. et al. (2003). Zitiert in Blancher (2013).

Wyllie, I. 1981. The Cuckoo. London: Batsford. (Zitiert in Gärtner 2002.)

Xing, X. & M. A. Norell. 2006. Non-avian dinosaur fossils from the Lower Cretaceous Jehol Group of western Liaoning, China. Geological Journal 41 (3–4): 419–437.

Yom-Tov, Y. 1980. Intraspecific nest parasitism in birds. Biological Reviews 55 (1): 93–108.

Yom-Tov, Y., G. M. Dunnet & A. Anderson. 1974. Intraspecific nest parasitism in the Starling *Sturnus vulgaris*. Ibis 116 (1): 87–90.

Young, L. C., B. J. Zaun & E. A. VanderWerf. 2008. Successful same-sex pairing in Laysan Albatros. Biology Letters 4 (4):323–325.

Zimmer, U. E. 1982. Birds react to playback of recorded songs by heart rate alteration. Zeitschrift für Tierpsychologie 58 (1): 25–30.

Zittra, C. et al. (7 Autoren). 2016. Ecological characterization and molecular differentiation of *Culex pipiens* complex taxa and *Culex torrentium* in eastern Austria. Parasites & Vectors 9: 197 (electronical Journal).

Verzeichnis der Tierarten

Hervorgehobene Seitenzahlen verweisen auf Abbildungen.